国家级物理实验教学示范中心系列教材
云南省普通高等学校"十二五"规划教材
科学出版社"十三五"普通高等教育本科规划教材

大学物理实验

（下册）

主编 张皓晶

科学出版社

北京

内 容 简 介

本书根据云南师范大学国家级物理实验教学示范中心多年来的教学研究和教学实践经验总结编写而成,全书系统介绍了大学物理实验课的学习方法和要求,分为基础性实验、提高性实验、设计性实验、综合性实验和开放型课外实验五个层次,实验除了简明扼要地给出实验原理、实验内容、可提供的器材和实验参数,还对实验方法、数据处理、实验误差、实验结果示例、实验教学中的疑难问题等进行了详尽的分析和讨论,并附有思考题.特别是书中收集了数十位作者在教学实践中设计的实验,这些实验均发表在国内外教学研究的期刊上(有的被 SCI 或 EI 收录),其中的测量方法提示、实验设计要求为教师教学工作和学生课内外学习提供方便.

本书可供高等院校理、工、农、医等各专业的学生作为大学物理实验课或普通物理实验课的教学用书或参考书,并可供其他从事物理实验的科技工作者参考.

图书在版编目（CIP）数据

大学物理实验. 下册 / 张皓晶主编. —北京：科学出版社，2023.1
国家级物理实验教学示范中心系列教材　云南省普通高等学校"十二五"规划教材　科学出版社"十三五"普通高等教育本科规划教材
ISBN 978-7-03-074657-3

Ⅰ.①大… Ⅱ.①张… Ⅲ.①物理学—实验—高等学校—教材
Ⅳ.①O4-33

中国版本图书馆 CIP 数据核字(2023)第 010305 号

责任编辑：窦京涛　杨　探 / 责任校对：杨聪敏
责任印制：张　伟 / 封面设计：无极书装

科学出版社 出版
北京东黄城根北街 16 号
邮政编码：100717
http://www.sciencep.com

涿州市般润文化传播有限公司 印刷
科学出版社发行　各地新华书店经销

*

2023 年 1 月第 一 版　开本：720×1000　1/16
2023 年 1 月第一次印刷　印张：17
字数：343 000

定价：59.00 元
（如有印装质量问题，我社负责调换）

序

物理学是以实验为基础的科学，物理实验教学是科学实验的雏形和先驱，物理实验课是对学生进行科学实验基本训练的重要基础课程，大学物理实验教学是培养学生科学素养和实践创新能力的重要环节．通过物理实验课的学习，学生可以在实验的设计思想、实验方法、实验手段、实验仪器操作能力等方面为科学实验打下坚实的基础．

多年来，云南师范大学国家级物理实验教学示范中心教学团队，在研究和创新物理实验方面做了一系列的工作．教学团队将物理理论教学和实验研究方法拓展到学科前沿进展和各门学科的学习研究中，老师们弘扬国立西南联合大学在困难时期因地制宜自制实验仪器的精神，培养学生运用先进科学仪器从事物理教学、科学研究及教具设计与制作的能力，培养学生因地制宜解决边疆民族地区中学物理实验教具、设备欠缺问题的能力，坚持"服务于边疆民族地区基础教育"人才培养的理念和方向，构建分层次教学的创新模式，强化学生实践创新能力的培养．在教学、科研一体化的平台基础上，以张皓晶副教授为首的实验教学示范中心教学团队，编写了这套特色鲜明的实验教材，所编教材按照实验内容的基础性、提高性、设计性、综合性、开放型分为上下两册．它的适应面很广、选择余地很大，在云南师范大学经过多年的教学实践并几次完善，在理工科大学生物理实验教学中发挥了重要作用，也适合在云南等边疆民族地区的各类高等学校使用，特别是这次修订融进了近几年教学改革的新成果，是一套渗透着时代气息的精品课教材，该书是国家级物理实验教学示范中心系列教材、云南省普通高等学校"十二五"规划教材、科学出版社"十三五"普通高等教育本科规划教材．

该书中的设计性实验颇具创新性．设计性实验是一种让学生独立自主对实验方法进行设计、对实验结果进行分析研究的实验，与传统的基础性实验和提高性实验相比，它更有利于培养学生的创新能力．教学团队在大学物理实验课程中开设了适合本科一、二年级的设计性实验35个，有近千名学生先后做了这些实验，教学实践表明这些实验是成功的，备受学生欢迎，并受到国内外同行的高度评价，由此成为获得第七届国家级高等学校教学成果奖的部分内容之一．

综合性物理实验是多年来在教学实践中曾经尝试过的题目，有的选题是获得诺贝尔物理学奖的重要实验，有的选题把发表在Science、Nature、PR、ApJS、AJ、MNRAS等杂志上的国际最新研究成果中包含的基本物理实验方法、技术手段、设计思想引入物理实验教学中，让学生学习到更多的前沿科技知识，接受良好的科研训练,获得了许多研究成果. 例如,通过"耀变体的CCD测光实验"(实验5.15)的学习,学生在国际学术期刊(*The Astrophysical Journal Supplement Series*, 2016, 24:24; *The Astronomical Journal*, 2015, 150:8; *Monthly Notices of the Royal Astronomical Society*, 2015, 451:4193-4206 等)发表多篇论文.

  通过多届学生的教学实践发现,进入开放型课外实验学习的学生,实践能力显著增强,初任职学生工作时不应期明显缩短,具有较强的后发优势,深受基层教育部门和用人单位的好评. 开放型课外实验设计研究中收录的15个实验,仅是学生完成的众多开放型课外实验的部分示例. 借助实验室现有的条件,结合边疆民族地区生源实际情况,总结了应用新材料、新方法改进的实验,给出了一些新的实验设计思想和方法提示.

  由张皓晶主编的《大学物理实验》是一套具有创新性的实验教材. 编者都是在教学科研第一线辛勤工作多年、具有丰富教学经验和科研背景的教师,教材融进了他们长年累月积淀的科研内容和教学思想、方法、成果,体现了"刚毅坚卓"的校训,反映出了"启智树人,教学相长"的教风,凝聚着广大实验工作者的智慧和心血. 学生们通过实验课学习,在国内外学术期刊所发表的几十篇论文和获奖经历也表明了他们的大学物理实验教学所达到的水平. 该书对大学物理实验教学的研究探索和创新是令人赞赏的,也确实是一套大学物理实验的好教材,在这里我愿把它推荐给大家,让物理实验课程担负起云南边疆少数民族地区培养学生创新精神、创新意识和创新能力的任务.

韩占文

2022年9月于昆明

前　言

　　物理学是一门研究物质的基本结构、基本运动形式、相互作用和转化规律的学科，也是一门理论与实践紧密结合的学科．它的基本原理渗透在自然科学的各个领域并广泛应用于生产实践中，是自然科学和工程技术的基础．物理学对人类生产和生活、社会文明进程及人文理念产生过并且还正在产生着十分深刻的影响．物理学是实验科学，物理实验是物理学的基础．

　　大学物理实验是理工科学生的一门必修课，是学生进入大学后的第一门实验课．在大学物理实验中，学生将受到系统的物理实验方法和实验技能的训练，这些训练将为学生以后的学习打下一个良好的基础，因此大学物理实验是整个实验教学体系中的一个非常重要的环节．

　　本书是张皓晶等教师在云南师范大学物理实验教研室前辈们编写的《大学物理实验》的基础上编写而成的．《大学物理实验》于1989年出版，至今已经使用了30余年．在此期间，随着科学技术的进步和教育改革的发展，大学物理实验课在教学体系、教学方法、实验技术、仪器设备等方面都发生了很大变化，物理实验教研室也发展壮大并于2008年建成国家级物理实验教学示范中心．2009年物理实验教研室成为国家级和云南省级"物理实验课程教学团队"，同年"基础物理实验"课程建成了国家级和云南省级精品课程，前辈们编写并长期使用的《大学物理实验》教材也多次修改．为了适应新的教学要求和条件，让大学物理实验课程担负起边疆民族地区培养学生创新精神、创新意识和创新能力的任务，解决边疆民族地区学生物理实验基础参差不齐、部分学生从未做过物理实验、各专业物理实验课教学整体进度难于统一、教学质量难于保证、教学目标难于实现等问题，物理实验课程教学团队结合大学物理实验教学的要求，拓展物理实验教学内容，针对边疆民族地区物理实验器材欠缺的问题，开展了培养学生自主设计、开发物理实验教具能力的研究．这就要求相应的大学物理实验课程与时俱进，对教学体系、教学内容、教学方法和教学手段进行深入的改革．为此重新编写了这本大学物理实验教材．

　　本书的内容是按分层次教学的需要而编排的．第1章为实验的基础知识和数据处理基本要求，这部分内容可根据教学中不同专业的实际情况选用．在实验内容上,本书按照五个教学层次编写. 第一层次为入门实验,即本书第 2 章基础性实验. 考虑到我国边疆民族地区中学物理教学的现状和不同地区学校的差异,这一章所选的实验题目主要是为学生学习大学物理实验课程做一些知识的准备,为高中和大学之间做一个衔接,且主要目的是训练学生对物理现象的观察能力,激发学生对物理实验的兴趣. 通过这些实验让学生学习基本物理实验方法和测量技术,熟悉基本物理实验仪器的工作原理和使用方法,学习实验数据处理和分析的基本方法. 第二层次为提高性实验,即本书第 3 章提高性实验,具体在介绍每个实验时,分别按照实验目的、实验原理、实验装置、实验内容和注意事项等展开. 实验目的是巩固学生在基本实验阶段的学习成果,开阔眼界及思路,提高学生对实验方法和技术的综合运用能力. 第三层次为设计性实验,即本书第 4 章设计性实验,设计性实验是物理实验课程改革中的一种新型教学实验,这些实验要求学生自己根据测量原理和方法提示,查阅参考文献,自己设计实验装置,完成实验设计要求,并对实验结果及误差进行分析与研究,故称此为设计性实验. 设计性实验是大学物理实验中一种较高层次的教学实验训练. 教学实践表明,学生做设计性实验时,能从失败与成功中得到更多的实验技能训练,整体素养和能力得到提高. 借助我们实验室现有的条件,结合边疆民族地区生源实际情况,我们总结了应用新材料、新方法改进的实验,给出了一些新的实验设计思想和方法提示. 这些内容是我们在国内学术刊物上发表的教学研究论文的总结. 近年来,教学团队指导学生通过设计性实验的训练,已经写出高质量的实验报告数十篇,其中有 20 余篇以论文形式在《物理教师》《物理实验》《物理通报》等多种学术刊物上发表,多篇被 SCI、EI 收录,有的论文参加全国大学生"挑战杯"和国内各种物理实验竞赛,均有获奖,这也是设计性实验备受学生欢迎之处. 第四层次为综合性实验,即本书第 5 章综合性实验,综合性实验是多年来在教学实践中曾经尝试过的题目,有的选题是获得诺贝尔物理学奖的重要实验,通过综合性实验的训练,使学生体验查阅资料、学习新颖的重要和经典实验方案的再设计、搭建实验设备、解决实验中出现的问题,以及分析实验结果等全过程,在整个实验过程中锻炼学生分析和解决实际物理问题的能力,提高学生的科学素养. 通过综合性实验的学习,锻炼学生对物理实验知识的综合运用能力和独立工作能力. 第五层次为开放型课外实验,即本书第 6 章开放型课外实验设计研究. 完成了前五章学习和考核的学生,在教师的引导下,进入开放型课外实验设计的学习,让学生学到更多的课外科技知识,接受良好的初步科研训练. 结合边疆民族地区高校的生源实际情况,按照边疆民族地区基础教育的需要,将科研成果和最新国际研究成果融入专业教学之中,优化物理理论和实验教学内容,把理论课中的科学思想、方法适时引入物理学理论与实验教学和实验数据处理中,同时把实验中数据处理方法上升到理论学习与研究,实现学生的理论基础与实验能力双促进;把发表在 Science, Nature, PRL, Nature Material, ApJ 等杂志上的国际最新研究成果中包含的基本物理实验方法、技术手段、设计思想引入物理实验教学中,使物理理论和实验教学内容贴近科学研究的前沿,实验方法与科学研究的前沿对接,如讲到光栅和光栅衍射实验时,介绍发表在 Phy. Rev. Lett. 2007, 99:174301 上关于声子晶体中的亚波长增强透射效应的论文,阐述声波与光波、声栅与光栅的区别与联系;将物理理论教学和实验研究方法拓展到学科前沿进展和各门学科的学习与研究中,弘扬国立西南联合大学在困难时期因地制宜自制实验仪器的精神,培养学生运用先进科学仪器从事物理教学、科学研究及教具设计与制作的能力,培养学生因地制宜解决边疆民族地区物理实验教具、设备欠缺问题的能力;坚持"服务于边疆民族地区基础教育"人才培养的理念和方向,构建多元化的实验平台.强化学生实践创新能力的培养,在教学、科研一体化的平台基础上,使学生学到更多的课外科技知识,接受良好的科研训练,获得了许多奖项和成果.进入开放型课外实验学习的学生,实践能力显著增强,初任职学生工作时不应期明显缩短,具有较强的后发优势,深受基层教育部门和用人单位的好评.第6章收录的15个实验,仅是学生完成的众多实验设计的部分示例.

  全书收集了153个实验.这些实验都在云南师范大学物理实验教学中心的"大学物理实验"课程教学中实践过,结果证明可行且效果较好.本书把实验教学内容与教学问题分析讨论结合在一起,对实验教学具有较强的指导性,在对一些具体实验现象、问题的剖析和讨论中,力图提高物理概念的准确性和实验原理的严密性,较为重视实验中理论的指导作用.本书是国家级物理实验教学示范中心系列教材、云南省普通高等学校"十二五"规划教材、科学出版社"十三五"普通高等教育本科规划教材.此外,大学物理实验课是一门体现集体智慧和劳动结晶的课程,是云南师范大学物理实验教研室前辈和广大教师日积月累、逐步完善、发展和升华的结果.在这里,我们要感谢物理实验教研室在《大学物理实验》教材编写和历次修改中已退休的胡世强、宋建业、丁丽芬、尚鹤龄、李静义、孔正坤、王瑞丽、曾华、杨和仙、刘燕、李星等教师.在编写本书的过程中,我们参阅了国内外大量文献资料,参考了国内外一些高校的普通物理实验教材及普通物理教科书,吸收了在实验教学第一线辛勤耕耘多年、在实验教学方面有较高造诣的众多研究者的经验,在所收录和应用的参考文献中如有疏漏处,请给予谅解.在此,对被引用文献的各位潜心从事物理实验教学研究的专家和同行致以衷心的感谢.

本书由张皓晶主编,全书最后由张皓晶统稿加工. 本书也是云南师范大学国家级物理实验教学示范中心教职工近几年教学改革成果的结晶,参加编写的还有郑永刚、杨卫平、石俊生、徐云冰、彭桦、易庭丰、梁红飞、吕宪魁、蔡武德、毛慰明等. 本书在出版过程中,得到了科学出版社编辑的帮助和指导,在此一并致谢.

感谢"云南省中青年学术和技术带头人后备人才"项目(2017HB020)的支持.

由于作者水平有限,书中不妥之处在所难免,恳请各位专家、同行和同学们指正.

编　者

2022 年 8 月于昆明呈贡大学城

目 录

序
前言
第 4 章 设计性实验 ·· 1
  4.1 用 A4 纸测量重力加速度 ··· 1
  4.2 测量可溶性固体颗粒密度 ··· 4
  4.3 声速的测定 ·· 9
  4.4 验证机械能守恒定律实验 ··· 13
  4.5 一种模拟开普勒面积定律的简易实验 ···································· 16
  4.6 简易大气压强计的制作 ··· 20
  4.7 测定橡胶杨氏模量 ·· 24
  4.8 夫琅禾费衍射方法测金属杆的线胀系数 ································· 26
  4.9 用智能手机传感器测量弹簧的劲度系数 ································ 28
  4.10 用智能手机软件测量运动学变量 ·· 29
  4.11 多量程电压和电流表的设计与组装 ······································ 34
  4.12 自组电桥测电阻 ·· 36
  4.13 测定光电二极管的伏安特性 ·· 38
  4.14 太阳能电池基本特性的测量 ·· 41
  4.15 电磁感应与磁悬浮力 ·· 44
  4.16 用霍尔器件研究螺线管的磁场 ·· 47
  4.17 白炽灯伏安特性曲线的研究 ·· 50
  4.18 导线熔断电流和直径关系的研究 ·· 51
  4.19 研究电磁铁的作用力 ·· 54
  4.20 用正切电流计对地磁场水平分量的测量 ······························ 56
  4.21 用等边三棱镜调节分光仪 ·· 59
  4.22 用平行光管和望远镜测量棱角 ·· 61
  4.23 珀罗棱镜的折射率测定 ·· 62
  4.24 用自准直法测定薄凹透镜的焦距 ·· 64
  4.25 利用透镜组测定液体的折射率 ·· 65
  4.26 用双棱镜测氦氖激光波长 ·· 66
  4.27 用透射光方法测定透镜曲率半径 ·· 67
  4.28 用衍射方法测量金属丝直径 ·· 68

    4.29   夫琅禾费衍射方法测微小长度 ··· 69
    4.30   简易法测量光栅常量 ·· 70
    4.31   用简易方法测定钠光灯波长 ··· 71
    4.32   辨别左旋圆偏振光和右旋圆偏振光的实验 ····································· 73
    4.33   椭圆偏振光法测定介质薄膜的厚度和折射率 ································· 74
    4.34   用分光仪观察并比较几种光谱 ··· 76
    4.35   用塞曼效应现象测定 e/m ·· 77

第 5 章 综合性实验 ··· 79
    5.1   总结单摆周期经验公式 ··· 79
    5.2   旋转液体测量重力加速度 ··· 82
    5.3   手机测物体惯性质量 ··· 88
    5.4   用频闪照相法测定重力加速度 ··· 94
    5.5   声光衍射与液体中声速的测定 ··· 98
    5.6   密立根油滴实验 ··· 103
    5.7   电介质相对介电常量的测定 ··· 108
    5.8   地磁场的测量 ·· 113
    5.9   非平衡测温电桥的设计与定标 ··· 116
    5.10   磁致伸缩系数的测量 ··· 120
    5.11   微波段电子自旋共振 ··· 124
    5.12   核磁共振 ··· 130
    5.13   光栅单色仪 ·· 137
    5.14   永磁式塞曼效应实验仪 ·· 141
    5.15   用 CCD 较差测光方法绘制变星的光变曲线 ······························ 149
    5.16   光泵磁共振 ·· 156

第 6 章 开放型课外实验设计研究 ·· 161
    6.1   应用计算机鼠标器做力学实验研究 ·· 161
    6.2   用阿特伍德机验证牛顿第二定律 ·· 165
    6.3   用游标卡尺测定杨氏模量的实验研究 ······································· 170
    6.4   声卡在力学实验中的应用 ·· 173
    6.5   用声音的共振测量声速的研究 ··· 180
    6.6   用光电计时器测定液体黏滞系数 ·· 185
    6.7   用细玻璃管测液体表面张力系数 ·· 188
    6.8   用电磁打点计时器测定电容量 ··· 192
    6.9   气体介电常量 ε 的测量 ·· 194
    6.10   凹透镜折射率测定的实验研究 ··· 200

6.11 斜入射的光栅衍射实验研究 …………………………………… 206
6.12 弱磁场中的法拉第磁光效应 …………………………………… 212
6.13 液体表面张力系数课外实验设计 ……………………………… 216
6.14 用恒定电流场模拟静电场的数据处理方法示例 ……………… 224
6.15 牛顿环实验教学研究 …………………………………………… 232
附表 物理常数表 …………………………………………………………… 243

第 4 章 设计性实验

4.1 用 A4 纸测量重力加速度

【实验室提供的仪器用具】

A4 纸(质量已知)、秒表(智能手机可以代替)、直尺.

【实验设计思想】

用 A4 纸测量重力加速度的方法,能帮学生更好地理解实验原理,且教师在教学过程中利用低成本实验器材,研究出新颖的实验方法,可以在一定程度上引起学生的学习兴趣和激发学生的创新意识,实验仪器简单、低成本可以让学生有更多自己动手实验的机会,这对中学生科学素养的培养有一定的作用. 虽然本实验也有自身的缺陷,例如,与传统的测量方法相比,没有传统实验的数据精确,需要很安静的实验环境,但是由于该实验仪器简单,只需一张 A4 纸和一部手机计时,不需要其他高级的设备,作为创新性和设计性实验,在物理实验教学实践中效果较佳.

另外,作为探究教学实验方法的案例,实验原理部分可以为将来著名的密立根油滴实验和液体黏度的测量(落球法)等经典实验的学习,打下坚实的基础.

【测量原理和方法提示】

1. 测量原理

选取一张普通的 A4 纸,从离地面 1m 的高度水平下落,如图 4-1-1 所示. S 为 A4 纸的面积($S = 210\text{mm} \times 297\text{mm}$),$F_{\text{air}}$ 为空气阻力,v 为 A4 纸下落的速度,$v\delta_t$ 为 A4 纸下落时间 δ_t 时空气层的厚度,m_S 为 A4 纸的质量.

空气阻力为

$$F_{\text{air}} = \frac{\delta_p}{\delta_t} = Spv^2 \tag{4-1-1}$$

则完整的纸张的运动方程包括两个部分

$$\frac{\mathrm{d}v}{\mathrm{d}t} = g - \frac{Spv^2}{m_S} \tag{4-1-2}$$

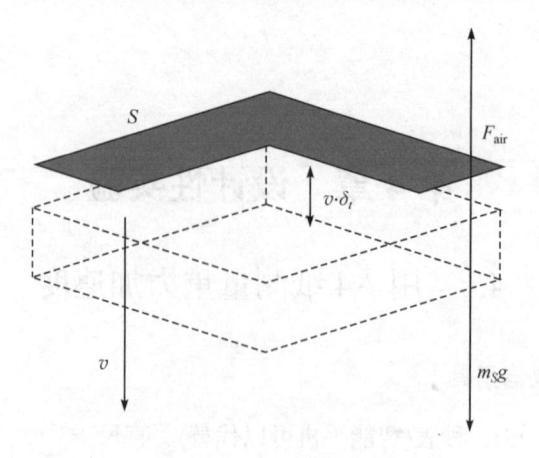

图 4-1-1 实验原理示意图

将 $\dfrac{\mathrm{d}v}{\mathrm{d}t}=0$ 代入运动方程(4-1-2)可得(Thompson et al., 2013)

$$p = \frac{gm_S}{Sv^2} \tag{4-1-3}$$

所以

$$g = \frac{Spv^2}{m_S} \tag{4-1-4}$$

2. 测量方法

(1) 普通 A4 纸(质量已知)、秒表(智能手机可以代替)、直尺等实验仪器用具如图 4-1-2 所示.

图 4-1-2 实验仪器用具

基于动量定理(或牛顿定律)我们能推导出动态空气压力的公式. 假设面积为 S、质量为 m_S 的纸张以速度 v 下落, 在时间 δ_t 内, 与厚度为 $\delta_l = v\delta_t$, 质量为 $\delta_m = S\delta_l \rho$ 的空气产生相互作用. 纸张失去的动量为 $\delta_p = v\delta_m$.

(2) 选一张质量为 5g 的 A4 纸(80mg/cm²), 然后用智能手机代替秒表记录纸张匀速下落的时间, 如图 4-1-3 所示. 由 A4 纸下落的时间和 A4 纸下落的高度, 计算出 A4 纸从 1m 的高度水平下落的速度 v 和标准误差.

图 4-1-3 实验方法

【实验设计要求】

(1) 阅读参考文献, 写出实验方法和过程.
(2) 简述实验设计思想.
(3) 计算出 A4 纸从 1m 的高度水平下落的速度 v 和标准误差.
(4) 计算出重力加速度的值, 讨论实验误差.
(5) 完成实验报告.
(6) 如果已知当地重力加速度的值, 实验室提供的仪器用具不变, 试设计一个测量空气密度的实验.

【实验参数】

A4 纸的质量 $m_S = 5\text{g}$, 面积 $S = 210\text{mm} \times 297\text{mm}$, 昆明的空气密度(张雄等, 2001) $\rho = 1.2\text{kg}/\text{m}^3$. 测量时我们实验室的大气压强为 600.05mmHg(1mmHg=1.33322× 10^2Pa). 实验中 $\dfrac{\mathrm{d}v}{\mathrm{d}t} = 0$ 作了近似.

【参考文献】

雷庆. 2009. 利用低成本物理实验培养学生创新能力的研究[D]. 重庆: 西南大学.
王慧君. 2009. 中学教师物理教学科研发展特点及影响因素研究[D]. 重庆: 西南大学.
威廉 H. 卫斯特发尔. 1964. 物理实验[M]. 王福山, 译. 上海: 上海科学技术出版社.
吴先球, 熊予莹. 2009. 近代物理实验教程[M]. 北京: 科学出版社: 48-52.
杨述武, 孙迎春, 沈国土, 等. 2015. 普通物理实验(1)力学、热学部分[M]. 5版. 北京: 高等教育出版社: 9-12.
张雄, 王黎智, 马力, 等. 2001. 物理实验设计与研究[M]. 北京: 科学出版社: 24-25.
Thompson M, Kolesnyk V, Stepanov A. 2013. Measuring the density of air [J]. Phy. Educ., 48(4): 429.

(张皓晶编)

4.2 测量可溶性固体颗粒密度

【实验室提供的仪器用具】

注射器、白砂糖、食用盐、棉花、万用电表、托盘天平、压强传感器、压强传感计数器.

【实验设计思想】

密度测量实验是大学物理中常见的实验之一, 我们都知道对于形状不规则的固体, 通常采用流体静力称衡法来测其体积. 但是此方法针对的待测物质是不溶于水、不吸水或与水不发生化学反应的, 那么对于易溶于水、吸水或与水会发生化学反应的物质的密度应该如何测量呢? 有些物质的体积是很难确定的, 比如食盐、白砂糖等固体小颗粒. 鉴于这些困难, 本实验将从原理上对传统的实验方案进行改进, 把传统测量不规则固体密度的液体换成气体, 在实验中取得了较好的效果, 该方法可以培养学生的创新思维能力, 让学生积极参与实验. 测量可溶性固体颗粒体积的实验设备在商业、工业上具有实用价值, 所以此实验装备不仅可以在中学和大学教学中推广使用, 还可以在工商业中得到利用. 本实验以白砂糖为例.

密度是材料的基本物理性质之一, 其测量在教学中和工程上有着重要的意义, 密度 ρ 是质量 m 和体积 V 的比值, 即 $\rho = \dfrac{m}{V}$, 因此准确测量质量 m 和体积 V 是最关键的. 那么测量可溶性固体的密度, 其关键也在于准确测量固体的体积及质量. 一般情况下, 固体的体胀系数和温胀系数都非常小, 与气体相比可以忽略不计, 所以在此实验中, 我们默认固体的体积不随压强、温度的变化而变化, 在恒温恒压下测出可溶性固体的密度.

【测量原理和方法提示】

取质量为 $m(m=20\text{g})$ 的白砂糖装入气密性较好的注射器中，注射器中气体初始状态的大气压强为 p_0，白砂糖的体积为 V_x，气体与固体的体积为 V，保持温度不变，改变注射器内气体的体积(注射器内的体积从 50mL 开始下降)，压强传感器输出的压强为 p，压强传感计数器输出的电压为 U (电压的范围为 $(-50 \pm 50)\text{mV}$)，这里得到 $\dfrac{p}{p_0}$ 与 $f(U)$ 的一个函数关系式

$$\Delta p = p - p_0 = a + bU \tag{4-2-1}$$

式中 a 表示偏移量，b 表示线性系数. (4-2-1)式同时除以 p_0 得

$$\frac{p}{p_0} = \frac{p_0 + a}{p_0} + \frac{b}{p_0}U \tag{4-2-2}$$

或者

$$\frac{p}{p_0} = A + BU \tag{4-2-3}$$

式中 $A = \dfrac{p_0 + a}{p_0}$，$B = \dfrac{b}{p_0}$.

在恒温恒压下进行该实验，在等温条件下有

$$\frac{V_0}{V} = \frac{p}{p_0} \tag{4-2-4}$$

根据(4-2-3)式和(4-2-4)式得到以下关系式：

$$\frac{V_0}{V} = \frac{p}{p_0} = A + BU \tag{4-2-5}$$

实验中测出数据并利用函数关系式 $\dfrac{V_0}{V} = \dfrac{p}{p_0} = f(U)$，画出图像，利用数学中的两点式确定(4-2-5)式中的 A 和 B，利用以上的函数关系式求出白砂糖晶体的体积. 我们知道，根据玻意耳定律，在等温过程中

$$pV' = c \ (c\text{是一个常量}) \tag{4-2-6}$$

式中 $V' = V - V_x$. V' 表示注射器内气体的体积，V 表示注射器体积的读数，V_x 表示白砂糖晶体的体积. 变形(4-2-6)式得

$$\frac{p}{p_0}V = c + V_x \frac{p}{p_0} \tag{4-2-7}$$

根据(4-2-5)式、(4-2-7)式及实验测出的相关数据即可求出白砂糖晶体的体积 V_x. 然后由密度公式 $\rho = \dfrac{m}{V_x}$ 计算出待测物质的密度(Tsutsumanova et al., 2012).

实验装置如图 4-2-1 所示，由注射器、压强传感器、压强传感计数器组合而成.

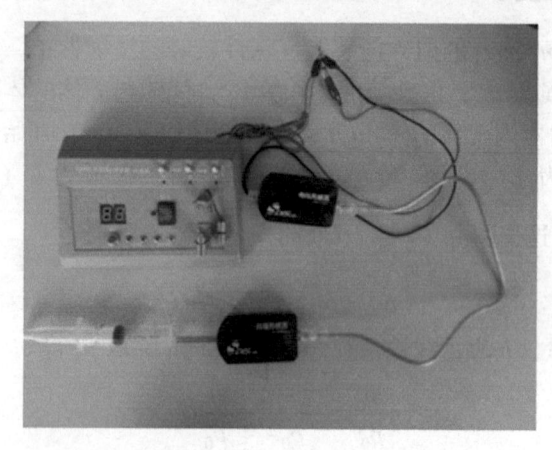

图 4-2-1　实验装置

测量方法提示：取适量的白砂糖，用托盘天平称出其质量后放入注射器中，在注射器的开端放一团棉花用以防止白砂糖晶体进入传感器中. 缓慢推动活塞，改变注射器内密封气体的体积(从 50mL 计量开始，每次减少 4mL)，通过压强传感器和压强传感计数器，读出电压的数值 U，记录活塞所在位置刻度的体积 V.

【实验结果示例】

当注射器中没有可溶性固体时，测出 V、$V_0/V = p/p_0$、U.

根据表 4-2-1 中的数据，利用(4-2-5)式计算出 A 和 B 的值，$A = 1.084$，$B = -0.020$.

表 4-2-1　注射器中无可溶性固体时的测量值

实验次数	气体体积 V/mL	$V_0/V = p/p_0$	计数电压 U/mV
1	50	1.00	4.2
2	46	1.09	−1.8
3	42	1.19	−5.2
4	38	1.31	−8.6
5	34	1.47	−10.4
6	30	1.67	−16.2
7	26	1.92	−20.4
8	22	2.27	−28.6
9	18	2.78	−36.2
10	14	3.57	−48.7

在注射器里面装入质量 $m=20\text{g}$ 的白砂糖，实验测得 V、p/p_0、U、Vp/p_0 如表 4-2-2 所示.

表 4-2-2　注射器中有白砂糖时的测量值

实验次数	气体体积 V/mL	p/p_0	计数电压 U/mV	(Vp/p_0)/mL
1	50	0.488	4.4	24.400
2	46	0.589	−1.1	27.094
3	42	0.721	−5.6	30.282
4	38	0.902	−7.8	34.276
5	34	1.128	−8.4	38.352
6	30	1.358	−14.2	40.740
7	26	1.580	−22.4	41.080
8	22	2.001	−28.6	44.022
9	18	2.520	−38.2	45.350
10	14	3.440	−46.7	48.160

利用表 4-2-2 中的数据，根据(4-2-7)式计算出 $V_x=13.15\text{mL}$ 时，白砂糖的密度 $\rho=1.525\text{g/mL}$，白砂糖的标准密度 $\rho_{标}=1.582\text{g/mL}$，实验误差 $\sigma=3.6\%$，通过算出的实验结果可知，此实验误差较小，这种方法可用于测量可溶性固体颗粒的密度，其原理清晰、操作简单，易于推广使用.

【分析讨论】

这个实验装置是根据生活中有的固体可溶于水或者具有吸水性等特性进行设计的，实验结果示例表明，这样的实验装置是可行的. 利用此方法可以解决可溶性固体小颗粒和吸水性固体颗粒物质体积测量的困难，更进一步解决了上述物质密度难测的问题. 利用该方法测量固体密度，在传统实验的基础上有所改进，实验器材简单、成本较低、测量方法可靠、实验误差较小，为测定固体密度提供了一种新方法. 该方法简单易懂，可以培养学生的创新思维、动手能力，可以在物理实验教学中推广使用.

固体颗粒密度的测量有着各种各样的方法，但是有的物质易溶于水，有的物质具有吸水性，特别是有些不规则的小颗粒状固体小而溶于水，这给测量物质的体积带来了极大的挑战. 在本实验中提出了一种测量物质密度的新方法，本实验装置成本低，操作简单，实验现象明显. 把传统实验的液体换成气体，利用理想气体状态方程，即可测量出可溶性、吸水性物质的体积，特别是可以测量易溶于水的小固体颗粒的体积. 测出物质的体积后，利用托盘天平称量出物质的质量，即可以求出不规则固体颗粒的密度. 这种方法给我们测量可溶性物质的密度带来了方便, 扩大了测量物质密度的范围.

【实验设计要求】

(1) 阅读参考文献, 写出实验方法和过程.

(2) 简述实验设计思想.

(3) 测量白砂糖的密度, 分析实验的误差.

(4) 将实验装置中的压强传感计数器换成数据采集器, 根据玻意耳定律, 设计一个测量食用盐密度的实验.

(5) 测量白砂糖的密度, 分析实验的误差.

由玻意耳定律测量食用盐密度提示: 取质量为 $m(m=20g)$ 的食用盐装入气密性较好的注射器中, 注射器中气体初始状态的大气压强为 p_0, 食用盐的体积为 V_x, 气体与固体的体积为 V_1, 保持温度不变, 改变注射器内气体的体积(注射器内的体积从 50mL 开始下降), 压强传感器输出的压强为 p, 后来的体积变为 V_2. 据玻意耳定律, 在等温过程中 $pV = c$(c 是一个常量), 所以有

$$p_0(V_1 - V_x) = p(V_2 - V_x) \quad (4\text{-}2\text{-}8)$$

整理方程, 可得固体的体积为

$$V_x = \frac{p_0 V_1 - p V_2}{p_0 - p} \quad (4\text{-}2\text{-}9)$$

在(4-2-8)式中 p_0、p、V_1、V_2 都是实验中可以测得的物理量, 由此得出待测物质的体积 V_x, 然后由密度公式 $\rho = \dfrac{m}{V_x}$ 计算出待测物质的密度(董丽花等, 2004).

【参考文献】

曹惠贤. 2004. 可溶性物质质量密度的测量[J]. 大学物理, 23(1): 37-38.

董丽花, 俞晓明, 何捷. 2004. 测量可溶性固体物质密度的两种方法[J]. 物理教学探讨, (6): 52-53.

刘艳峰. 2011. 吸水性物质密度测量的一种新方法[J]. 大众科技, (5): 111-112.

杨述武. 2000. 普通物理实验(一、力学及热学部分)[M]. 3 版. 北京: 高等教育出版社: 79-82,262.

张瑛, 李艳茹, 张皓晶. 2016. 测量可溶性固体颗粒密度的新方法[J]. 物理教师, 37(9): 51-53.

赵雪政. 2000. "固体和液体密度测量" 实验的又一装置[J]. 景德镇高专学报, 15(2): 43-45.

Tsutsumanova G G, Kirilov K M, Russev S C. 2012. A simple method for determination of the density of granular materials [J]. Physics Education, 47(2):234-238.

(张皓晶编)

4.3 声速的测定

【实验室提供的仪器用具】

(1) 空气中时差法测声速的仪器用具：SVX 型信号源、示波器、脉冲发生器、接收换能器、超声实验装置、控制电路.

(2) 液体中测声速的仪器用具：铁锤(质量 $m=0.2\text{kg}$)、物理支架、活塞(无磁性)、磁铁片、启动线圈、装满水的钢管(长 $l=1.4\text{m}$)、停止线圈、计时器.

【实验设计思想】

声速的测定是物理学中的一个基础实验，就目前而言已有多种测定方法可以供我们选择. 本实验介绍一种测声速的简单的新装置，其通过声波的反射、叠加，利用钢管中液体的振动来测定声音在液体中的传播速度. 该实验操作简单、实验仪器精度高、可行性高，可以在物理教学中推广使用.

在基础实验中提到声音可以在液体中传播，但并没有谈及利用实验装置来测量声音在液体中的传播速度. 测量声速常用的方法有三种：驻波法(共振干涉法)、相位比较法(李萨如图法)、时差法. 在这三种方法中，时差法的测量精度是最高的，因为驻波法和李萨如图法是通过观察者观察实验现象，实验时难免存在一种视觉上的误差，导致测量结果的精确度降低. 由于时差法的实验数据由仪器本身来记录，因此实验误差相对较小，测量精度最高，只需要考虑仪器本身的测量精度即可，所以在许多工程上都是采用时差法来测量声音的传播速度. 但是传统的时差法的实验装置存在设备难以调节、对示波器和信号源的操作要求较高、对学习者的要求较高等因素，不适用于所有的群体，有一定的特殊性，所以本实验介绍一个新型实用的实验装置以协助测定声音在液体中的传播速度.

【测量原理和方法提示】

1. 时差法测声速的实验装置及原理提示

时差法测声速的仪器用具有：SVX 型信号源、示波器、脉冲发生器、接收换能器、超声实验装置、控制电路. 时差法测声速的基本原理是基于速度 $v=\dfrac{s}{t}$，通过在已知的距离内计测声波传播的时间，从而计算出声波的传播速度，在一定的距离之间由控制电路定时发出一个声脉冲波，经过一段时间的传播后到达接收换能器. 接收到的信号经放大、滤波后由高精度计时电路求出声波从发出到接收在这个介质中传播经过的时间，从而计算出在某一介质中的传播速度. 本实验避免了人为反应时间，直接由仪器本身来计测，所以其测量精度较高. 实验装置如图 4-3-1 所示(杨述武等，2000).

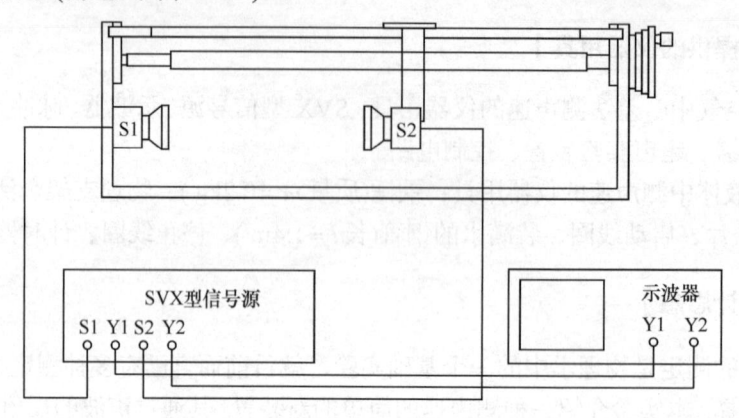

图 4-3-1　时差法测声速的实验装置图

2. 液体中测声实验装置介绍

新型实验装置结构如图 4-3-2 所示(Ward，2015)，包括铁锤(质量 $m=0.2\text{kg}$)、活塞(无磁性)、磁铁片、启动线圈、装满水的钢管(长 $l=1.4\text{m}$)、停止线圈、计时器. 铁锤用于敲击活塞，活塞放入钢管中 50mm，钢管装满水，启动线圈(600 匝)上端有磁铁片连接应变计，把信号送给计时器，此时计时器开始计时，当声波和水波一起运动到停止线圈时，停止线圈(3600 匝)处的应变计把驻波信号传给计时器，此时计时器停止计时.

启动线圈的内部组成：钢螺钉、磁盘钕磁铁($10\text{mm} \times 4\text{mm}$)、钢锋、600 匝的线圈、15 mm 宽的铜管.

停止线圈的内部组成：钕磁铁、3600 匝的线圈、橡胶圈、橡胶塞子、木块.

1) 空心线圈传感器原理

将感应电压转换成电流，利用绕成的线圈产生反馈磁场. 感应式空心线圈传感器产生的电压由法拉第电磁感应定律得到

$$V = -n\frac{d\phi}{dt} = -nS\frac{dB}{dt}$$

式中 n 为线圈的匝数，ϕ 为磁通量，S 为线圈的截面积，B 为磁感应强度.

自感电动势的公式

$$E = \frac{-L\nabla I}{\nabla t}$$

L 为自感系数，∇I 为电流的变化.

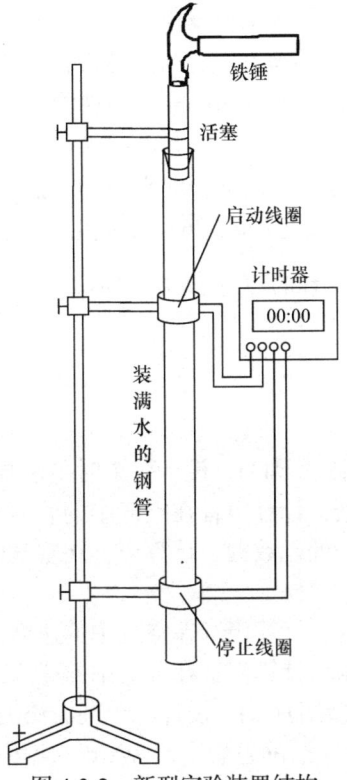

图 4-3-2 新型实验装置结构

启动线圈的工作原理：当铁锤敲击活塞时，活塞向下运动，线圈中磁盘的磁铁吸附在活塞上，线圈中的磁铁发生移动，使得线圈的磁通量发生变化，引起线圈中自感电压的变化，电流也发生变化，产生自感电动势，使得应变计开始工作，应变计把信息传递给计时器并开始计时.

2) 停止线圈的工作原理

当水波向下移动到底部，接触到钕磁铁时，线圈中的磁铁发生移动，使得通过线圈的磁通量发生变化，引起线圈中自感电压的变化，电流也发生变化，产生自感电动势，使得应变计开始工作，应变计把信息传递给计时器并停止计时.

3) 测声速实验原理

声速：就是声音的传播速度，单位时间内振动波传递的距离，也就是声波传播的速度. 声波是一种纵波，因此在利用图 4-3-2 的实验装置测声音在水中的传播速度时，就是利用声波的反射和叠加来产生纵波的驻波，声音驻波的振动使得水发生振动，声波顺着水波一起移动. 实验时用铁锤敲打活塞，活塞突然向下移动几毫米，此时管中的水将会出现一个波形，磁盘的磁铁吸附在活塞上将会运动，磁铁诱发启动线圈，线圈处的应变计打开计时器并开始计时，当波形到达底部时，它将使另一个磁盘的磁体向下移动诱发停止线圈，线圈处的应变计关闭计时器并停止计时. (钢棒的感应磁铁必须有效，当铁锤接触活塞的时候磁铁必须使启动线圈开始反应，木塞必须被浸入水中50mm，声波的能量通过水传给磁铁，水必须装满钢管并淹没在磁铁的上面，声波有足够的能量使得水波足够明显.)

计时器上的时间 t 就是声音在钢管即水中的传播时间. 根据钢管的长度和计时器所记录的时间. 测驻波的运动时间时，多做几次实验，测出每次实验的时间 t，利用公式 $\bar{t}=\dfrac{1}{n}\sum\limits_{i=1}^{n}t_i$，求出时间 t 的平均值，使用公式 $v=s/\bar{t}$ 计算出声音在水中的传播速度.

【实验设计要求】

根据实验室提供的仪器用具(1)，设计一个时差法测声速的实验，要求：
(1) 用作图法处理数据，计算声音在空气中的速度.
(2) 用一元线性回归法处理数据，计算声音在空气中的速度. 给出 A 类不确定度.
(3) 用逐差法处理数据，计算声音在空气中的速度.
(4) 用平均法处理数据，计算声音在空气中的速度.

根据实验室提供的仪器用具(2)，设计一个驻波法测声速的实验，要求：
(1) 阅读参考文献，该实验的思想来自 Ward，应用测声速装置(图 4-3-2)写出实验方法和过程.
(2) 简述实验设计思想.
(3) 改变钢管内液体或气体的密度、温度、湿度，测量声速.
(4) 根据钢管的长度和计时器所记录的时间. 测驻波的运动时间时，做多次实验，测出每次的时间和钢管的长度，计算标准误差，用误差传递公式计算声速的标准误差.
(5) 讨论实验误差，给出 A 类和 B 类不确定度及合成标准不确定度.
(6) 完成实验报告.

【参考文献】

曹志辉, 周有庆, 彭春燕, 等. 2010. 螺线管空心线圈电子式电压互感器[J]. 电力系统及其自动化学报, 22(2): 60-64.

符磊, 林君, 王言章, 等. 2013. 磁通负反馈空心线圈传感器的特性和噪声的研究[J]. 仪器仪表学报, 34(6): 1312-1318.

刘炎松. 2009. 物理实验创新研究: "非常规"物理实验设计制作能力培养[M]. 北京: 冶金工业出版社: 11-19.

杨述武. 2000. 普通物理实验(一、力学、热学部分)[M]. 3 版. 北京: 高等教育出版社: 229-231.

张瑛, 李艳茹, 张皓晶, 等. 2016. 一种测声速的新装置[J]. 物理通报, (5): 73-75.

Ward R J. 2015. Measuring the speed of sound in water [J]. Physics Education, 50(6):727-732.

(张皓晶编)

4.4 验证机械能守恒定律实验

【实验室提供的仪器用具】

(1) 打点计时器法的仪器用具：铁架台(带铁夹)、打点计时器、学生(交流)电源、导线、夹子、重物、纸带、米尺.

(2) 小球做平抛运动法的仪器用具：光滑斜槽、小钢球、木板(可调高度)、双面胶、刻度尺.

【实验设计思想】

1. 打点计时器法

当物体只有重力做功时，物体的重力势能和动能相互转化，物体机械能总量保持不变. 物体做自由落体运动时，只受重力作用，若某一时刻物体下落的瞬时速度为 v，下落高度为 h，则应有 $mgh = \frac{1}{2}mv^2$. 在现有的实验中，借助打点计时器，测出重物某时刻的下落高度 h 和该时刻的瞬时速度 v，即可验证机械能是否守恒，实验装置如图 4-4-1 所示. 在实验中测定第 n 点的瞬时速度的方法是 $v_n = \dfrac{h_{n+1} - h_{n-1}}{2\Delta T}$. 同时说明物体在只受重力的情况下只有势能和动能的相互转换. 在此实验中使用到的实验器材：铁架台(带铁夹)、打点计时器、学生(交流)电源、导线、夹子、重物、纸带、米尺.

2. 小球做平抛运动法

为了解决实验器材限制的问题，本实验设计提出了另一种验证机械能守恒定律(杨述武等，2000)的方法. 利用动能 E_k 和势能 E_p 变化量之间的关系，即 $\nabla E_k = -\nabla E_p$，因此准确

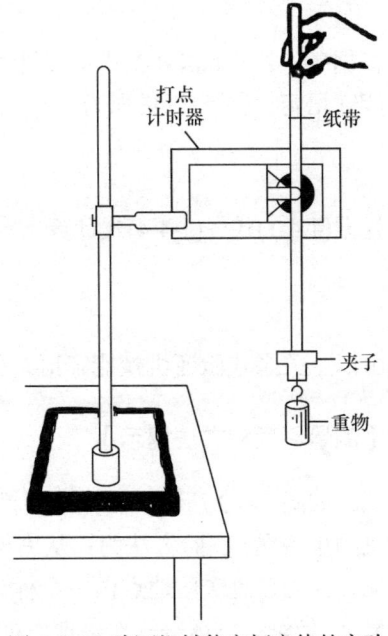

图 4-4-1 验证机械能守恒定律的实验装置(杨述武等，2000)

测量速度 v 和高度 h 是最关键的. 那么在测量 v 和 h 过程中小钢球的质量是一个定值. 忽略空气阻力的作用, 小钢球在光滑斜槽上运动时, 受重力和支持力, 支持力对小钢球不做功, 只有重力做功. 小钢球做平抛运动过程中只受重力作用, 所以机械能守恒. 如何利用生活用品来验证小钢球机械能守恒? 改进后的实验方案如下.

从斜槽的上端无初速度释放质量为 m 的小钢球, 小钢球顺着斜槽滚到高度为 H 的桌面边缘, 以初速度 v 做平抛运动, 忽略空气阻力的影响, 小钢球落地的水平位移为 x, 竖直高度为 H. 改变斜槽的高度 h, 测出小钢球水平抛出的水平位移. 在小钢球沿光滑斜槽下滑过程中, 受到支持力和重力的作用, 支持力对小钢球不做功, 只有重力对小钢球做功, 所以小钢球机械能守恒. 根据小钢球的运动情况可以得到以下关系式(Megan, 1981)(g 取 10m/s²).

竖直方向

$$H = \frac{1}{2}gt^2 \tag{4-4-1}$$

$$t = \sqrt{\frac{2H}{g}} \tag{4-4-2}$$

水平方向

$$x = vt \tag{4-4-3}$$

根据(4-4-2)式和(4-4-3)式可以计算出速度 v, 知道小钢球下落的高度, 根据机械能守恒定律得到(以桌面为零势能面)

$$mgh = \frac{1}{2}mv^2 \tag{4-4-4}$$

根据(4-4-1)式~(4-4-4)式计算出

$$x = 2\sqrt{hH} \tag{4-4-5}$$

$$x^2 = 4hH \tag{4-4-6}$$

由以上关系式验证机械能守恒, 即 $\nabla E_k = -\nabla E_p$.

【测量原理和方法提示】

如图 4-4-2 所示, 由光滑斜槽、小钢球、木板(可调高度)、双面胶、刻度尺组成测量装置. 实验方法为: 从斜槽上端轻放小钢球, 让其自由滑下, 使小钢球落地, 并且在每次落地点做一个标记, 不断改变斜槽的高度, 让小钢球从不同高度滑下, 记录小钢球每一次落地时的位置, 多做几次实验, 用刻度尺测出水平位移 x、小钢球距离课桌的高度 h、桌面距离地面的高度 H、小钢球从桌面飞出的位置跟落地点之间的水平位移, 在图 4-4-2 中用 x 来表示水平距离.

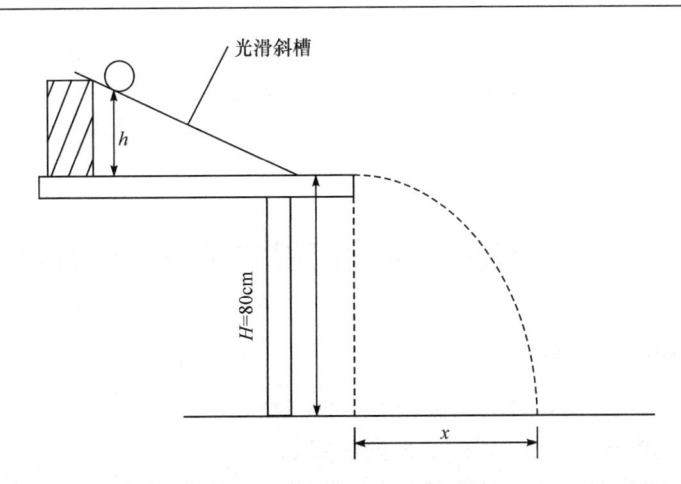

图 4-4-2 小球做平抛运动法的实验装置

【实验设计要求】

根据实验室提供的仪器用具(1)，设计一个用打点计时器法验证机械能守恒定律的实验，要求：

(1) 阅读参考文献，写出实验方法和过程.
(2) 简述实验设计思想.
(3) 讨论实验误差.
(4) 完成实验报告.

根据实验室提供的仪器用具(2)，设计一个用小球做平抛运动法验证机械能守恒定律的实验，要求：

(1) 阅读参考文献，写出实验方法和过程.
(2) 简述实验设计思想.
(3) 根据实验数据，使用误差公式 $W = \dfrac{v_{测量值} - v_{真实值}}{v_{真实值}} \times 100\%$ (张雄等，2001) 计算出每次实验的误差，通过算出的实验结果可知，$\nabla E_k \approx -\nabla E_p$ 时，此实验的误差极小，实验误差主要来自斜槽与桌面接触点部分有能量损耗，人为测量有读数误差. 讨论实验误差.
(4) 完成实验报告.

【参考文献】

杨述武. 2000. 普通物理实验(一、力学、热学部分)[M]. 3 版. 北京: 高等教育出版社: 79-82, 262.
张雄, 王黎智, 马力, 等. 2001. 物理实验设计与研究[M]. 北京: 科学出版社.
中华人民共和国教育部. 2003. 全日制普通高中物理新课程标准[M]. 北京: 人民教育出版社.

Megan C M. 1981. String & Sticky Tape Experiments[M]. New York: American Association of Physics Teachers Publications Department. Experiments 1.25.

(张皓晶编)

4.5 一种模拟开普勒面积定律的简易实验

【实验室提供的仪器用具】

(1) 频闪照相方法：普通数码相机、频闪光源、白色的摆球、细线、桌子、摆架、支架、黑纸、直尺、铅笔、薄的描图纸.

(2) 简易实验方法：底部戳有小孔的纸杯 1 个(注意小孔的大小要适中，允许每秒滴出少量几滴墨水)、细线 1 根、稀释后的墨水、玻璃珠约 16 个、报纸 1 张、摆架 1 个、桌子 1 张.

【实验设计思想】

开普勒第二定律，数学上的各种证明已经比较成熟，但相关教学实验较少. 学生对天体运动的学习仅是公式定律的学习，教学实验能够丰富对物理定律的直观感知. 行星的运动对于学生来说既神秘又难以想象，如果能设计一个直观、有趣的实验，就可以满足他们的好奇心，从而培养他们的学习兴趣和科学探究精神. 本实验用一种低成本的简易器材设计出的开普勒第二定律实验，以及低成本的水与纸杯简易实验,教学实践表明效果较好.

开普勒第二定律(面积相等定律)：对任意一个行星来说，它与太阳的连线在相等的时间内扫过相等的面积. 这一定律告诉我们，在围绕太阳运行的时候，行星是怎样改变其速度的.

为了直接记录、显示运动物体不同时刻在空间中的位置，常采用频闪照相，这在自由落体运动的研究中最为普遍(吴月江，2008). 把该实验方法运用到开普勒第二定律的验证上，将椭圆摆在平面内摆动成椭圆的轨迹，利用频闪照相技术，这样在同一张照片上便可获得清晰的小球椭圆运动的轨迹图像，但是实验成本高. 在借鉴了频闪照相的功能优点后，我们设计出在没有昂贵摄像机的条件下也能做的简单小实验.

【测量原理和方法提示】

1. 频闪照相法

利用频闪照相技术验证开普勒第二定律的实验器材为：普通数码相机、频闪光源、白色的摆球、细线、桌子、摆架、支架、黑纸、直尺、铅笔、薄的描图纸，实验时将摆架固定在桌子的边缘，在摆架上拴上摆球，在摆架旁边适当位置放置两个支架，一个用于固定数码相机，另一个用于固定频闪光源. 地面上放置黑色的纸，保证被拍摄运动物体的影像不受干扰(蔡兆峰, 2013). 构建好的装置如图 4-5-1 所示.

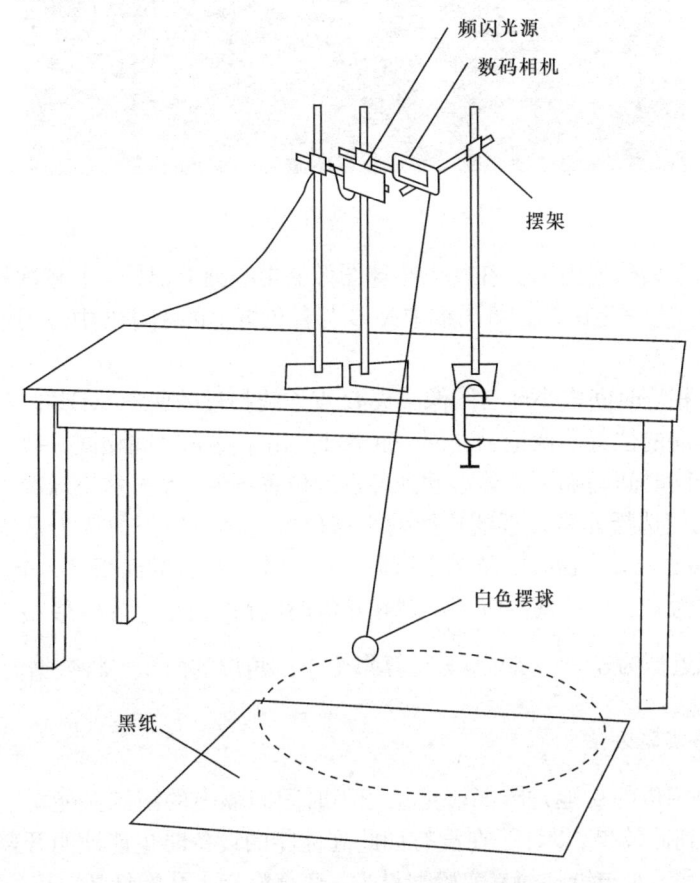

图 4-5-1 频闪照相实验装置

1) 拍摄照片
① 打开数码相机的快门，为了防止手按动快门时的抖动对照片的影响，可采用定时自动拍摄；② 按下快门后，待相机定时装置即将启动快门时手动启动频闪光源，同时在适合的角度放下摆球，在摆球完成一个周期的椭圆轨道运动后，关闭相机的快门. 摆球椭圆轨迹照片如图 4-5-2 所示.

2) 开普勒第二定律研究
画图工作：① 把薄的描图纸放在照片上，用铅笔将照片上的图像描绘下来；

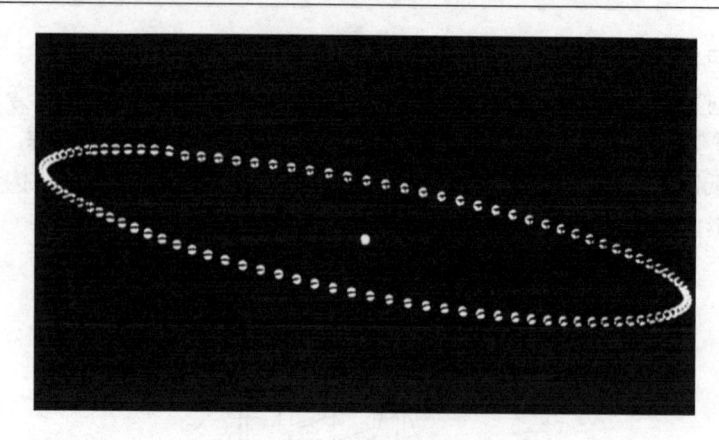

图 4-5-2　摆球椭圆轨迹照片

②找到图纸中央标记为 O，在每个小球图像的中心画上记号，并依次标记为 A_1，A_2，A_3，…；③拿走图纸，将图纸中央 O 与各位置上的小球的中心用铅笔画线连接起来。

计算在相等时间内小球与图像中央 O 点连线扫过的面积：①频闪照相将白色小球运动一周的位置图像记录在同一底片上。由于感光时间相同，照片上得到的是连贯的相同时间间隔下小球运动到各点的位置图像。②虽然小球的轨道是弯曲的，如果我们选择非常接近的连续的小球位置，则可以近似认为是直线段轨道(Haber-Schaim et al., 1991)。从图中可以看出，连线扫过的面积是一个三角形。三角形的高约为 R，它的底约等于小球在相等时间 t 内运动过的位移 Δr。因此，三角形的面积近似为 $S = \frac{1}{2} \times R \times \Delta r$。计算每个小三角形的面积，将数据记录于表中。

2. 简易实验方法

频闪照相机的功能是既能够记录相等时间间隔内的图像又能集于一张照片上。为了达到此效果，设计了在没有如此高性能的设备时也能证明开普勒第二定律的实验装置。水与纸杯简易实验器材为：底部戳有小孔的纸杯 1 个(注意小孔的大小要适中，允许每秒滴出少量几滴墨水)、细线 1 根、稀释后的墨水、玻璃珠约 16 个、报纸 1 张、摆架 1 个、桌子 1 张。实验时将摆架固定在桌子的边缘，用细线将纸杯连到摆架上，地面上铺一张报纸。构建好的装置如图 4-5-3 所示。

1) 水滴追踪杯子运动轨迹

在纸杯中装入约 16 个玻璃珠，用于稳定纸杯的运动。在纸杯中倒入适量的稀释后的墨水，在合适的角度摆动纸杯，确保纸杯能做一个椭圆摆运动。

2) 开普勒第二定律研究

画图工作：①待墨水干后，在报纸上用铅笔将墨水图像描绘出来；②找到

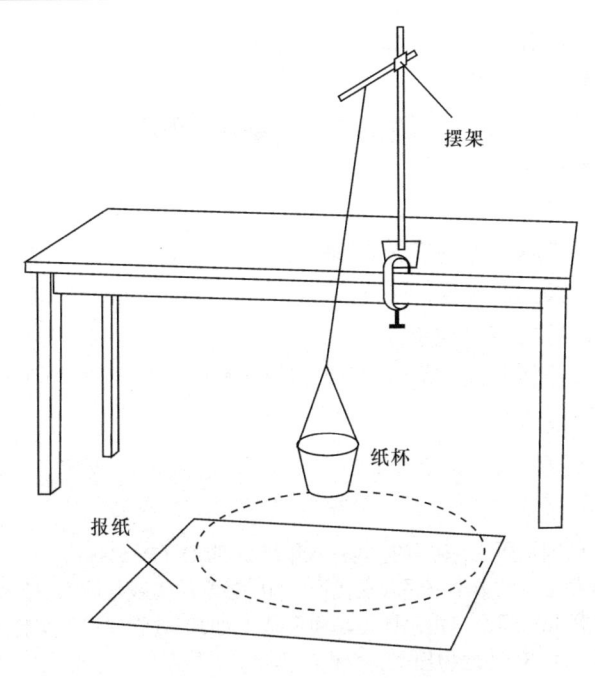

图 4-5-3 水与纸杯实验装置

图像中央，标记为 O，在每滴水印的中心画上记号，并依次标记为 $A_1, A_2, A_3, \cdots$；
③将图纸中央 O 与各位置上的水滴中心用铅笔画线连接起来．

从小孔落到报纸上的墨水可以追踪纸杯的椭圆运动轨迹．由于小孔允许每滴水落下的时间 Δt 相同，任意两滴墨水之间的时间间隔相等，所以墨滴的数量 $N \propto$ 物体运动时间 t，水滴的数量 $N \propto$ 线速度的倒数 $\frac{1}{v}$．从报纸上水滴连成的椭圆轨道可以看出，在远日点及其附近水滴的数量多，纸杯线速度 v 小，在近日点水滴的数量少，所以纸杯线速度 v 大．证明在相等时间内墨滴与图像中央 O 点间连线扫过的面积原理与频闪照相法相同．

实验得行星与太阳的连线在相等的时间内扫过相等的面积，也就是 $\frac{1}{2} \times r_1 \times \Delta r_1 = \frac{1}{2} \times r_2 \times \Delta r_2$，或者 $r_1 \Delta r_1 = r_2 \Delta r_2$．将上式除以 Δt，令 $\Delta t \to 0$，那么式子变为 $r_1 v_1 = r_2 v_2$ (吴业明，2005)，由于行星质量是常量，又可以得出 $m r_1 v_1 = m r_2 v_2$，mrv 是行星的角动量，因此，由开普勒第二定律可以推出在有心力场中运动的行星角动量守恒．

【实验设计要求】

频闪照相方法：

(1) 阅读参考文献，写出实验方法和过程.
(2) 简述实验设计思想.
(3) 设计实验记录表格，详细记录所观察到的现象.
(4) 讨论实验误差.

简易实验方法：
(1) 阅读参考文献，简述实验原理和方法.
(2) 记录所观察到的现象.
(3) 讨论观察到的实验现象.
(4) 比较频闪照相方法和简易实验方法的优劣.
(5) 完成实验报告.

【参考文献】

蔡兆峰. 2013. 谈谈频闪摄影[J]. 初中生世界(八年级物理版), (1): 51-53.
吴业明. 2005. 开普勒定律的数学解释及现代证明[J]. 数学的实践与认识, 35(12): 221.
吴月江. 2008. 用数码相机研究自由落体运动和平抛运动[J]. 教学仪器与实验, (12): 18-20.
张皓晶，张雄，吴惠. 2018. 普通物理实验教程(上册)[M]. 昆明: 云南人民出版社.
Haber-Schaim U, Dodge J H, Gardner R, et al. 1991. PSSC Physics[M]. Atlanta: Kendall Hunt Pub Co: 60.

(张皓晶编)

4.6 简易大气压强计的制作

【实验室提供的仪器用具】

一根50cm左右、测温泡被损坏的水银温度计，有半圆仪的木制丁字尺，石蜡.

【实验设计思想】

根据玻意耳定律，设毛细管横截面积S处处相等，在图4-6-1中，当开口分别向上和向下垂直放置时，毛细管的空气柱的压强满足下式：

$$l_1(p_0+p_h)=l_2(p_0-p_h) \tag{4-6-1}$$

式中p_0为大气压强，p_h为水银柱的压强，l_1为开口向上时空气柱的长度，l_2为开口向下时空气柱的长度. 由(4-6-1)式得

$$p_0=[(l_1+l_2)/(l_2-l_1)]\cdot p_h \tag{4-6-2}$$

应用(4-6-2)式，转动图 4-6-2 中的直尺 OB，分别使其开口竖直向上和向下，读出相应的空气柱长度 l_1、l_2 和水银柱的压强 p_h，可以得到大气压强 p_0．

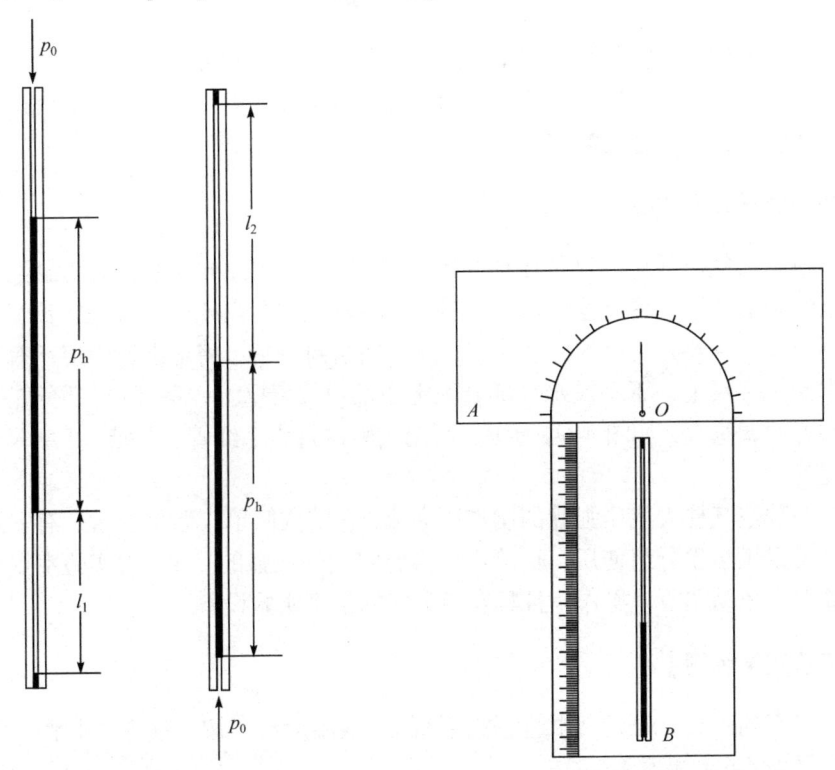

图 4-6-1 简易大气压强计的制作结构示意图　　图 4-6-2 空气柱大气压强计

当毛细管和垂直线有一夹角 θ 时，由玻意耳定律，空气柱的大气压强满足

$$(p_0 + p_h \cos\theta)l = c \tag{4-6-3}$$

式中 c 为常数，l 为空气柱的长度，θ 可以在 0°～90° 内任意改变，读数由半圆仪给出，由(4-6-3)式得

$$\cos\theta = \frac{c}{lp_h} - \frac{p_0}{p_h} \tag{4-6-4}$$

令 $y = \cos\theta$，$x = \frac{1}{l}$，截距 $a = -\frac{p_0}{p_h}$，斜率 $b = \frac{c}{p_h}$，(4-6-4)式为

$$y = a + bx \tag{4-6-5}$$

取不同角度 θ 并测出相应空气柱的长度，用回归法或作图法求出斜率和截距，从而得出大气压强 p_0 和常数 c，作数据处理的训练，也可以求出常数 c，应用(4-6-3)

式，刻出竖直悬挂的空气柱大气压强计的刻度，即

$$p_0 = \frac{c}{l} - p_h \tag{4-6-6}$$

毛细管和水银柱的长度选定以后，式中 p_h 和 c 为仪器常数，当大气压强不同时，空气柱长度 l 随之改变，从而得到一只只有刻度的毛细管空气柱大气压强计，用于实验室大气压强的测定．

【测量原理和方法提示】

简易大气压强计的测量原理和制作方法：取一根 50cm 左右、测温泡被损坏的水银温度计，水平放置，切断高温端，测量毛细管内残留水银柱的长度，水银柱调至如图 4-6-1 所示的位置最佳，用石蜡密封一端，将毛细管固定在有半圆仪的木制丁字尺上，丁字尺水平部分固定在桌边或墙壁上，保证 OA 部分能正常转动和方便调垂直，如图 4-6-2 所示．所用实验器材为毛细管、石蜡、丁字尺、水银温度计．

一种空气柱大气压强计的制作即完成．它结构简单，取材容易，有一定的精度，可以供学生分组使用，也能用于实验室大气压强的测定．为实验室提供了一种简单、容易调节、操作，且具有稳定性的精密实验设备．

【实验结果示例】

我们利用长 50cm、测温泡被损坏的水银温度计，按上述方法制作，测到的数据见表 4-6-1 和表 4-6-2．

表 4-6-1　实验测量结果记录(1)

l / cm	l_2 / cm	$p_h (=l) $ / cmHg
11.20	20.20	17.80
11.00	20.15	17.80
10.80	20.20	17.80

改变 θ（室温 $t = 14$ ℃）．

表 4-6-2　实验测量结果记录(2)

θ / (°)	l / cm	$x(=1/l)$ / cm^{-1}	$y = \cos\theta$
0.0	10.99	0.091	1.000
25.0	11.25	0.089	0.906
35.0	11.48	0.087	0.819
45.0	11.80	0.085	0.707
55.0	12.21	0.082	0.574

续表

$\theta/(°)$	l/cm	$x(=1/l)/\text{cm}^{-1}$	$y=\cos\theta$
65.0	12.66	0.079	0.423
75.0	13.26	0.075	0.259
80.0	13.59	0.074	0.174
85.0	13.95	0.072	0.087
90.0	14.24	0.070	0.000

$$p_0 = \frac{\overline{l_1}+\overline{l_2}}{l_2-l_1}\overline{l} = 60.22\text{cmHg}$$

用回归法处理数据：相关系数 $r = 0.999597$；斜率 $b = 47.8438$；截距 $a = -3.35174$. 则

$$p_0 = p_h a = 59.14\text{cmHg}$$
$$c = bp_h = 848.27$$
$$y = 47.8438x - 3.35174$$

昆明地区的大气压强为 60.00~60.50cmHg，相对误差

$$\Delta E = \frac{60.25-59.14}{60.25}\times 100\% = 1.8\%$$

用作图法处理数据如图 4-6-3 所示.

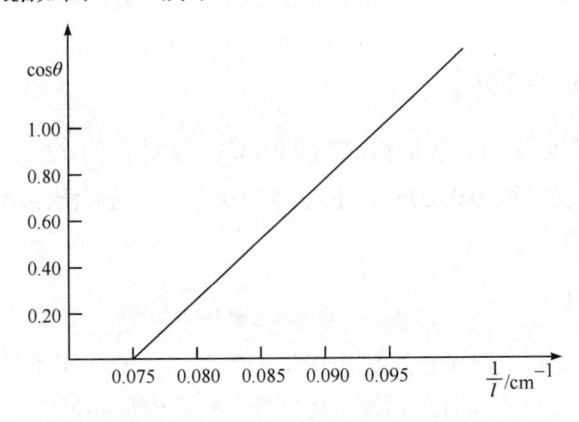

图 4-6-3　$\cos\theta$ 与空气柱长度 l 的关系

$$b = \tan\theta = \frac{1}{0.091-0.070} = 47.62, \quad a = -3.3$$

$$p_0 = p_h a = 59.05\text{mmHg}, \quad c = 844.44$$

若没有被损坏的水银温度计，可以取同样长度、内径1mm左右的毛细管按上

述方法制作，毛细管内水银柱用注射器进行调节，能得到同样精度的结果.

开口竖直向上和向下放置(室温 $t=14℃$).

【实验设计要求】

(1) 写出简易大气压强计的测量原理和制作方法.

(2) 阅读参考文献，简述实验设计思想. 如果要计算大气压强的标准误差，设计测量方法，给出测量记录表.

(3) 用一元线性回归法处理数据，给出斜率 b 和截距 a 的误差表达式，给出不确定度的估计.

(4) 讨论实验中引入的最大误差.

(5) 比较作图法和回归法的优劣，完成实验报告.

【参考文献】

泰勒 F. 1990. 物理实验手册[M]. 张雄，伊继东，译. 昆明：云南科技出版社.
张雄，等. 1994. 初中物理实验教学法[M]. 昆明：云南教育出版社.
张雄，王黎智，马力，等. 2001. 物理实验设计与研究[M]. 北京：科学出版社.

(张皓晶编)

4.7 测定橡胶杨氏模量

【实验室提供的仪器用具】

橡胶 1 块(硬度为 20，表面积 S 为 $0.01m^2$，厚度 L 为 $0.1m$)、长方体木块 1 块(质量为 4kg，表面积为 $0.02m^2$)、长方体铝块 2 块、砝码(质量不等)若干、直尺(量程为 0~20cm).

【实验设计思想】

在大学物理实验中测量金属杨氏模量的实验，主要运用了光杠杆法(杨述武等，2007)，实验器材主要有望远镜、光杠杆、杨氏模量测量仪、直尺、砝码. 使用该方法测量杨氏模量，学生对相关的实验器材不了解，比如望远镜，其原理比较复杂，在读数和调节过程中比较困难，影响了测量的精确度，这种方法并不能让学生直接定量、定性地测量物体的杨氏模量. 利用生活中常见的物体作为实验器材，设计了一种测量非金属杨氏模量的简易实验装置，该实验装置成本低、操作简单、实验的准确度高.

杨氏模量可视为衡量材料产生弹性变形难易程度的指标，其值越大，使材料发生一定弹性形变的应力也越大，即材料刚度越大，亦即在一定应力作用下，发生弹性变形越小．生活中，学生可以利用这个简单的装置去测量非金属的杨氏模量(杨述武等, 2007; Pestka, 2008)，对其他一些有弹性非金属的杨氏模量进行验证，完成课外延伸实验，培养学生的自主探究能力，创新性地开设实验．

【测量原理和方法提示】

实验时把橡胶正放在桌面上，将一块木块正放在橡胶上，其余两块铝块正放在橡胶的两边，稳定和支持着正压在橡胶上的木块，让木块正压在橡胶上，并在木块上依次增加砝码(Pestka, 2008)．砝码和木块的重力大小等于橡胶受到的正压力大小 $F(F=mg)$，橡胶被压缩，读出橡胶的压缩量 ΔL，则橡胶单位面积上受到的垂直作用力 $\dfrac{F}{S}$ 称为正应力，橡胶的相对压缩量 $\dfrac{\Delta L}{L}$ 称为线应变．在弹性范围内，由胡克定律可知物体的正应力与线应变成正比(杨述武等, 2007)，即

$$\frac{F}{S} = Y\frac{\Delta L}{L}, \quad Y = \frac{F}{S}\frac{L}{\Delta L}$$

比例系数 Y 即为杨氏模量．它表征材料本身的性质，Y 越大的材料，要使它发生一定的相对形变，单位横截面积上所需要的作用力也越大．Y 的国际单位制单位为帕斯卡，记为 Pa．

【分析讨论】

在测量橡胶的杨氏模量时，在实验的过程中，由于要在橡胶上不断添加砝码，这给测量橡胶高度的变化量 ΔL 带来一定的误差，但是正压在橡胶上的木块和砝码的质量读数是准确的，橡胶的表面积一定，这可以适当减少对实验结果的影响．可运用一元线性回归法来处理数据，进一步减小了实验的误差(张雄等, 2001; 张瑛等, 2016)．本实验装置还可以把橡胶换成其他有弹性的物体，使用同样的实验方法测量出相应的杨氏模量．

大学物理中测量金属杨氏模量的实验通常采用拉伸法和梁弯曲法，但是利用该种方法在做实验的过程中存在光杠杆调节困难、读数有误差、实验的成本较高等缺点．而且该设备对测量非金属的杨氏模量无法操作．为了使该实验问题具体化，实验仪器简单化，实验现象明显可靠，本实验介绍了一种测量非金属杨氏模量的简易实验装置．

【实验设计要求】

(1) 阅读参考文献，简述实验设计思想．

(2) 简述作图处理数据的方法，并给出实验记录用表.

(3) 用实验室提供的仪器用具，设计一种测量非金属杨氏模量的简易实验装置，给出所测值不确定度的估计.

(4) 依据参考文献，比较非金属杨氏模量与金属杨氏模量测量实验装置的优劣，讨论实验中引入的最大误差，优化设计方案.

(5) 完成实验报告.

【参考文献】

杨述武, 赵立竹, 沈国土. 2007. 普通物理实验 1. 力学、热学部分[M]. 4 版. 北京: 高等教育出版社: 91.
张皓晶, 张雄, 吴惠. 2018. 普通物理实验教程(上册)[M]. 昆明: 云南人民出版社: 218-219.
张雄, 王黎智, 马力, 等. 2001. 物理实验设计与研究[M]. 北京: 科学出版社.
张瑛, 李艳茹, 谢慧玲, 等. 2016. 一种测定橡胶杨氏模量的方法[J]. 物理通报, (8): 70-71, 74.
Pestka K A. 2008. Young's modulus of a marshmallow[J]. The Physics Teacher, (3): 140-141.

(张皓晶编)

4.8 夫琅禾费衍射方法测金属杆的线胀系数

【实验室提供的仪器用具】

激光光源、$f = 50\text{mm}$ 的凸透镜、可调单缝、$f = 300\text{mm}$ 的凸透镜、二维可调整架、测微目镜(去掉其物镜头的读数显微镜)、读数显微镜架、三维底座、金属杆线胀系数实验装置.

【测量原理和方法提示】

图 4-8-1 是利用夫琅禾费单缝衍射测量金属杆线胀系数的实验装置示意图. 该装置使用的是实验室中的线胀系数测定仪，对其进行改造，将金属杆与可调单缝相连，当激光束垂直入射单缝时，在白屏上产生衍射条纹. 加热线胀系数测定仪，金属杆的微小变化 ΔL 经传杆带动单缝的活动片，使狭缝缝宽发生变化，从而使衍射条纹发生变化，通过测量衍射条纹间的唯一变化量来确定狭缝缝宽的变化量，从而确定金属杆的线胀系数.

设当温度由 t_0 升高到 t 时，金属杆的长度由 L_0 变为 L_1，金属杆的伸长量为 ΔL，相应地，金属杆长度为 L_0 时缝宽为 a_1，第 k 级暗纹中心位置为 x_{k1}；金属杆长度为 L_1 时缝宽为 a_2，第 k 级暗纹中心位置为 x_{k2}，由缝宽的变化量 $\Delta a = a_1 - a_2 =$

$k\lambda z\left(\dfrac{1}{x_{k1}}-\dfrac{1}{x_{k2}}\right)$，可得金属丝长度变化量 $\Delta L = k\lambda z\left(\dfrac{1}{x_{k1}}-\dfrac{1}{x_{k2}}\right)$，式中 z 为单缝到白屏的间距(杨述武等, 2007). 若膨胀系数为 α，则 $\Delta L = \alpha L_0(t_0 - t)$，得

$$\alpha = \dfrac{\Delta L}{L_0(t_0 - t)} = \dfrac{z\lambda\left(\dfrac{1}{\Delta x_2} - \dfrac{1}{\Delta x_1}\right)}{L_0(t_0 - t)}$$

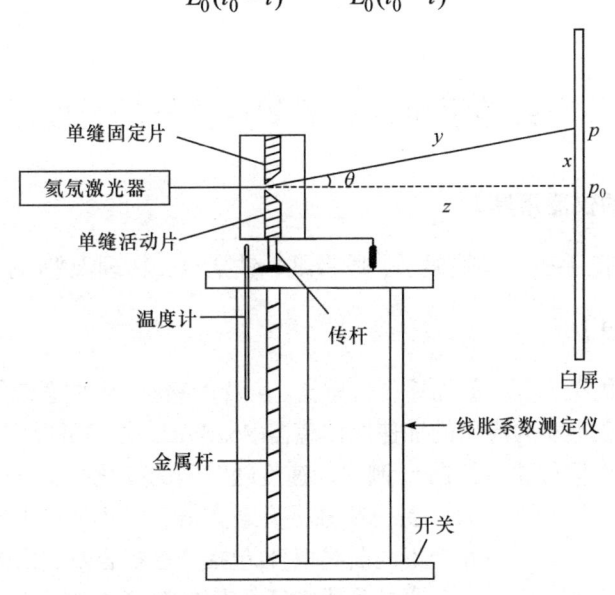

图 4-8-1 夫琅禾费单缝衍射测金属杆线胀系数的实验装置

【实验设计要求】

(1) 写出实验方法和测量主要步骤.
(2) 阅读参考文献，简述实验设计思想.
(3) 讨论实验中引入的最大误差.
(4) 完成实验报告.
(5) 讨论解决实际组合实验中引入的误差.
(6) 比较用光杠杆方法与夫琅禾费单缝衍射法测量金属线胀系数的实验误差.

【参考文献】

楼枚. 1994. 从单缝衍射到动态测量单丝直径[J]. 大学物理实验, 7(4): 22-24.
杨述武, 赵立竹, 沈国土. 2007. 普通物理实验 1. 力学、热学部分[M]. 4 版. 北京: 高等教育出版社: 48-49, 193.
杨述武, 赵立竹, 沈国土. 2007. 普通物理实验 3. 光学部分[M]. 4 版. 北京: 高等教育出版社:

87-91.

姚启钧. 2008. 光学教程[M]. 4 版. 北京: 高等教育出版社: 82-89.

张皓辉, 武旭东, 吕宪魁, 等. 2009. 单缝衍射法测量金属线胀系数[J]. 云南师范大学学报(自然科学版), 29(1): 53-57.

张雄, 王黎智, 马力, 等. 2001. 物理实验设计与研究[M]. 北京: 科学出版社: 38-83.

郑光平, 李锐峰. 2008. 单缝衍射测量金属膨胀系数[J]. 物理实验, 28(9): 36-37.

(张皓晶编)

4.9 用智能手机传感器测量弹簧的劲度系数

【实验室提供的仪器用具】

弹簧、智能手机、弹簧振子、胶带纸、铁架台、物理天平(测手机的质量).

【实验设计思想】

手机中有很多传感器,如加速度传感器、声音传感器、定位系统等,这些传感器可用于物理实验,本实验应用的加速度传感器(Sparlvue 软件)可以实时测量手机加速度的变化,并根据传感器数据,绘制出加速度随时间的变化图像,该软件内置的统计工具分析数据有最大值、最小值、平均偏差等,可从 6 个不同曲线拟合(包括线性拟合及二次拟合)中进行选择. 通过蓝牙接口可连接 70 多个 Pasco 传感器,实时查看 pH、温度、受力、二氧化碳水平等信息. 本实验利用内部加速度传感器记录数据,不需要额外的硬件.

【测量原理和方法提示】

用弹簧和智能手机组成弹簧振子,中间用胶带连接,将弹簧振子挂在铁架台上,如图 4-9-1 所示. 用物理天平测出手机的质量,用手机中已安装的 Sparlvue 软件(Wogt and Kuhu, 2012)测出弹簧振子的周期,利用弹簧振子的周期公式 $T = 2\pi\sqrt{m/k}$,计算出弹簧的劲度系数.

由于在实验的过程中,手机有轻微晃动,影响了弹簧振动周期的测量,但手机中的 Sparlvue 软件测量时间的精度极高,可以适量地抵消由手机晃动带来的影响. 此外,本实验还可用胶带在手机另一端加砝码

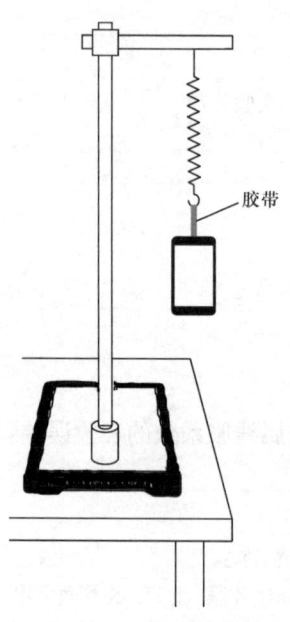

图 4-9-1 实验装置图

从而通过改变振子的质量得到不同的弹簧振动周期，拟合出 T-m 曲线，用一元线性回归的方法(漆安慎，杜婵英，2005；张雄等，2001)来处理数据，也可提高实验结果的精确度.

【实验设计要求】

(1) 写出测量原理和方法. 分别简述作图法和逐差法处理数据时测量的方法，并给出实验记录用表.

(2) 阅读参考文献，简述实验设计思想.

(3) 用一元线性回归法处理数据，给出斜率 b 和截距 a 的误差，给出不确定度的估计值.

(4) 讨论实验中引入的最大误差.

(5) 比较作图法和回归法的优劣，完成实验报告.

【参考文献】

漆安慎, 杜婵英. 2005. 普通物理学教程. 力学[M]. 2 版. 北京: 高等教育出版社.

张皓晶, 张雄, 吴惠. 2018. 普通物理实验教程(上册)[M]. 昆明: 云南人民出版社: 222.

张雄, 王黎智, 马力, 等. 2001. 物理实验设计与研究[M]. 北京: 科学出版社.

朱镜红, 张雄. 2016. 用智能手机传感器测量弹簧的劲度系数[J]. 物理通报, (3): 91-92.

Wogt P, Kuhu J. 2012. Analyzing free fall with a smartphone acceleration sensor[J]. The Physics Teacher, 50(3): 182-183.

(张皓晶编)

4.10 用智能手机软件测量运动学变量

【实验室提供的仪器用具】

弹簧、智能手机、弹簧振子、胶带纸、铁架台、物理天平(测手机的质量).

【实验设计思想】

运动学变量的测定是物理基础实验，在传统的实验教学过程当中，已经有多种方法可以选择，随着信息化的发展，手机软件在物理实验教学中的运用也越来越普遍. 本实验主要介绍了通过 Sensor Kinetics 软件测量大学物理中的运动学变量. 该实验操作简单，实验仪器精度较高，作为理工科大学生的设计性实验，拓宽了实验设计内容.

随着信息技术的发展和软件技术的更新，教师的教学活动越来越多媒体化，教师的讲授活动也不再仅限于传统的实验器材,教师可以运用手机软件,并将其融入教学活动当中,以激发学生的学习兴趣,提升课堂的效率.在大学物理的运动学章节中,有大量的实验需要测量运动学变量,而主要的测量器材就是气垫导轨或纸带和打点计时器,但是由于在测量过程当中纸带与打点计时器有摩擦,影响纸带上点的位置,加之不能保证实验者松开纸带的一瞬间打点计时器的振针恰好打在纸带上等情况,影响了实验的精度(杨国亮,2001).因此,本实验将介绍一个手机软件 Sensor Kinetics 在测量运动学变量过程当中的运用.

  Sensor Kinetics(Rotoview, 2015)是 Innoventions 公司推出的一个传感器应用程序(图 4-10-1),该应用程序可以安装在 iOS 系统和 Android 系统,教师可以利用此软件测量磁场强度、加速度、重力加速度等.本实验主要利用 Sensor Kinetics 的磁传感器测定功能以及小型钕磁铁测量物体直线运动过程当中通过特定位置的时间,并在此基础之上得出物体的运动学变量,为教师实验教学提供了一种实用的新方法.

图 4-10-1   Sensor Kinetics 功能界面

【测量原理和方法提示】

  利用 Sensor Kinetics 探究匀变速直线运动的规律:实验装置如图 4-10-2 所示,在可以移动的玩具小车上放置带有磁传感器的智能手机并连接上绳牵引,在小车运动的直线上等距离放置 8～10 个小型钕磁铁,在绳子末端放上一个可以牵引小车运动的重物.随着重物的牵引,小车开始做匀加速直线运动,手机的磁传感器在通过磁铁后，会通过 Sensor Kinetics 记录下磁场的峰值和时间并在图中显示出峰值变化(图 4-10-2).

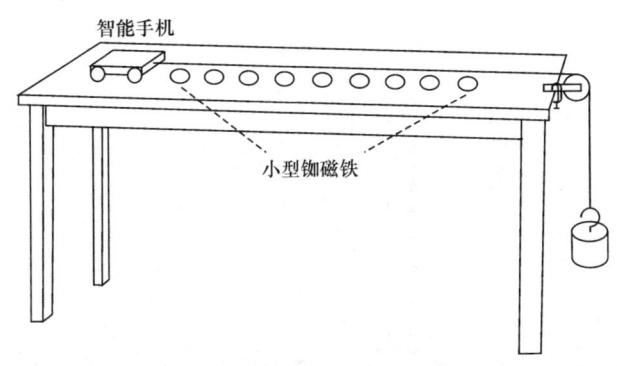

图 4-10-2　探究匀变速直线运动实验结构原理图

利用 Sensor Kinetics 探究自由落体运动的规律：通过智能手机的数据可知，由于磁力计受到的刺激是已知的，即当小车靠近磁铁时磁传感器的磁感应强度达到峰值，小车的位置和时间就可以确定，因此在小车运动结束后从手机上导出磁场强度达到峰值的时间($t_1, t_2, \cdots, t_n$)以及所对应的位置($x_1, x_2, \cdots, x_n$)，利用公式就可以得出平均速度 $\bar{v}$ 的值. 具体的计算公式为 $\bar{v} = \dfrac{\Delta x}{\Delta t} = \dfrac{x_n - x_{n-1}}{t_i - t_{i-1}} = \dfrac{d}{t_i - t_{i-1}}$，并在此基础上求出斜率即可得到加速度 a 的值(Temiz and Yavuz, 2016).

利用 Sensor Kinetics 探究自由落体运动的规律的实验结构如图 4-10-3 所示.

在一个定滑轮上悬挂相同质量的钩码使其保持静止，在左端钩码上挂上带有磁传感器的手机，在如图 4-10-3 所示直尺上等距离放置 5~8 个小型铷磁铁. 随着手机的牵引，整个系统由于受到重力作用从静止开始向下滑动，手机的磁传感器在通过磁铁后，会通过 Sensor Kinetics 记录下磁场的峰值和时间，在手机滑动到底端后导出磁场强度达到峰值的时间($t_1, t_2, \cdots, t_n$)以及所对应的位置($h_1, h_2, \cdots, h_n$)，利用 Excel 描绘出 x-t 的关系图，并在此基础上求得下落时系统加速度 a 值的大小. 忽略滑轮组和轻绳的质量，根据牛顿运动定律可得重力加速度 g 值为(栾照辉, 2006)

$$g = \dfrac{m_{手机} + 2m_{钩码}}{m_{手机}} a$$

在实验前测得 $m_{手机}$=175g、$m_{钩码}$ = 200g，昆明地区的重力加速度值 g = 9.782m/s^2，可得系统加速度的理论值为 a = 2.98m/s^2.

在实验的过程中设置 6 个小磁铁作为计时点，开启 Sensor Kinetics 磁传感器后手机记录经过计时点的位移和时间，在 Excel 中作图后可得到 x-t 图，如图 4-10-4

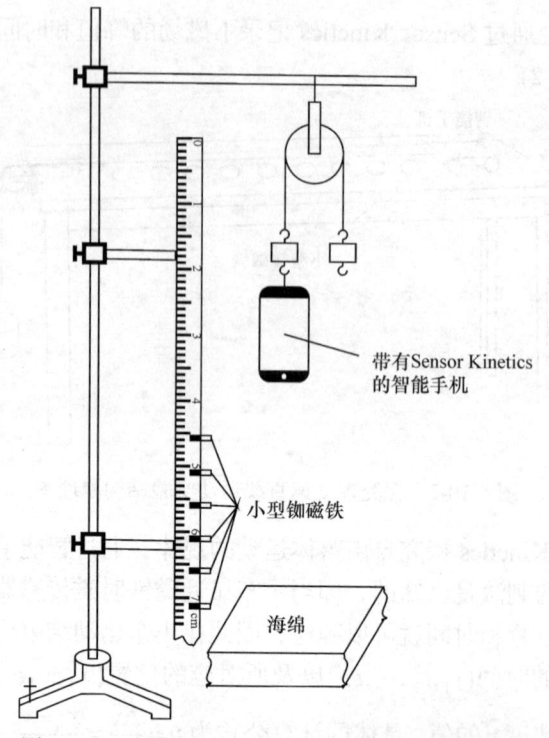

图 4-10-3　探究自由落体运动的规律的实验结构图

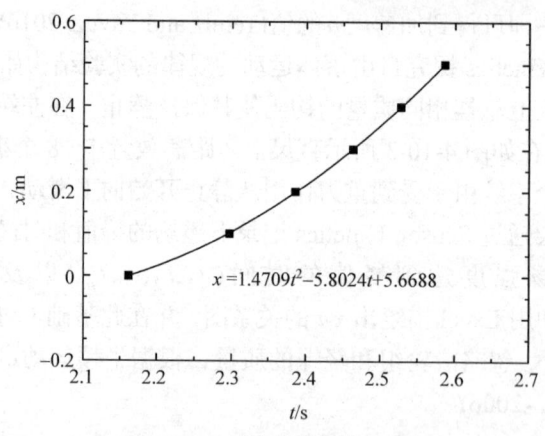

$x = 1.4709t^2 - 5.8024t + 5.6688$

图 4-10-4　运动系统的 x-t 图

所示，从图中可得系统的加速度 $a = 2.941\text{m/s}^2$，在此基础上求得实验过程中的重力加速度 g 的值为 9.646m/s^2。通过实验结果可以看出，运用本实验装置所测得的加速度与昆明重力加速度的实际值较为接近，因此，此方法可以运用在学校的实验教学过程当中，从而代替昂贵的实验器材，例如，运动传感器和照片门等，从而拓宽物理教学过程中的测量工具和手段，为物理教师的实验教学提供了新的途径. 其次，和传统测量重力的伽利略理想斜面实验相比，将手机悬空放置，测量数据不存在导轨和物体间的摩擦以及打点计时器和纸带间的摩擦，使得实验的数据更加精确.

【分析讨论】

运用 Sensor Kinetics 测量运动学变量的思想来自 BurakKağan Temiz，在开发出这套实验装置后运用 Pasco 运动传感器对 Sensor Kinetics 测量的精确度进行了验证，结果发现 Sensor Kinetics 的精确度非常高，因此，运用该装置进行实验教学是十分可靠的. 测量原理和方法提示，只是大致地介绍了 Sensor Kinetics 在测量运动学变量中的两个示例，Sensor Kinetics 携带的加速度计功能、光传感器功能、距离传感器功能都可以运用在运动学变量的测定当中，以及其他的物理实验当中. 可以适当地将手机软件运用到物理教学的过程当中来辅助完成教学任务，这能够吸引学生的兴趣从而提升课堂效率，也能够培养学生的创新意识，提升学生将课本当中的知识和生活相结合的能力.

【实验设计要求】

(1) 阅读参考文献，简述实验设计思想.
(2) 写出测量原理和方法. 简述作图处理数据的方法，并给出实验记录用表.
(3) 用实验室提供的仪器用具，设计测重力加速度的方法，并给出对所测重力加速度不确定度的估计.
(4) 依据参考文献，比较打点计时器与阿特伍德机方法测量重力加速度的优劣，讨论实验中引入的最大误差，优化设计方案.
(5) 完成实验报告.

【参考文献】

邓蒙, 张雄, 杨为民, 等. 2016. 手机软件在物理实验中的运用[J]. 物理通报, (2): 66-67,70.
栾照辉. 2006. 用阿特伍德机测量重力加速度[J]. 大学物理实验, 19(4): 17-18.
杨国亮. 2001. 打点计时器的缺陷对两个学生实验的影响[J]. 物理实验, 21(6):27.
Rotoview. 2015. Sensor kinetics pro for android. https://play.google.com/store/apps/details? id=com. innoventions.sensor kinetics.
Temiz B K, Yavuz A. 2016. Magnetogate: Using an iPhone magnetometer for measuring kinematic variables[J]. Physics Education, 51(1).

(张皓晶编)

4.11 多量程电压和电流表的设计与组装

【实验室提供的仪器用具】

数字万用电表(改装、校准表各一块)、直流稳压电源一台、电阻箱三个、滑动变阻器两个、开关一个、导线若干.

【测量原理和方法提示】

根据串联电路的分压原理,在表头上串联一只比表头内阻适当大的电阻 R_P 就能改装成一个扩大了原量程的电压表. 根据并联电路的分流原理,选取一个比表头内阻适当小的电阻 R_S 与之并联,使超过表头所能承受的那部分电流从 R_S 通过. 则由表头和分流电阻 R_S 组成的整体,就成为一个扩大了原量程的电流表.

1. 扩大电流表的量程

如图 4-11-1 所示,若电流表的内阻为 R_g,满度电流值为 I_g,欲将其量程扩大为 I,可用分流电阻 R_S 与之并联. 由并联电路分流原理可知

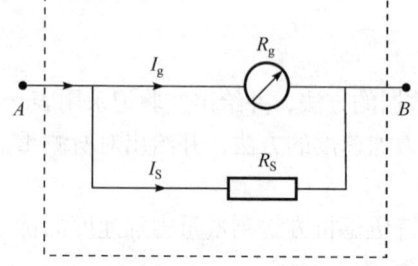

$$\frac{I_g}{I_S} = \frac{R_S}{R_g}$$

而

$$I_S = I - I_g$$

所以

$$R_S = \frac{I_g}{I - I_g} \cdot R_g \tag{4-11-1}$$

图 4-11-1 扩大电流表量程

设 $I = nI_g$,代入(4-11-1)式得

$$R_S = \frac{R_g}{n-1} \tag{4-11-2}$$

可见,若事先测出表头的参数 I_g、R_g,欲将一表头扩大量程为原量程的 n 倍,只需在该表头上并联一已知阻值为 $\frac{R_g}{n-1}$ 的分流电阻 R_S 即可,而且并联的分流电阻 R_S 越小,改装后扩程范围越大,扩大了量程后的电流表比原表头具有更小的内阻,从而减小了对待测电路的影响.

2. 将表头改装成电压表

由于表头在满度时的电压降 $U_g(=I_g R_g)$ 很小，一般只有零点几伏，不能用来测量较高的电压，而且 R_g 阻值不大，若与待测电路并联，必会分流过多，引起很大的测量误差。因此，欲将一表头改装成电压表，必须根据串联电路的分压原理，把一个较大阻值的电阻 R_P 与表头串联，使在 R_P 上产生较大的电压降落，而加在表头两端的电压仍为 $U_g(=I_g R_g)$，改装后的电压表的内阻比原表头的内阻要大得多，这就减小了对待测电路的分流影响。

如图 4-11-2 所示，设待改装表头的满度电流为 I_g，内阻为 R_g，改装的电压表量程为 U，由欧姆定律知 A、B 间的电势差为 $U_g = I_g(R_g + R_P)$，故所需串联的分压电阻为

$$R_P = \frac{U}{I_g} - R_g$$

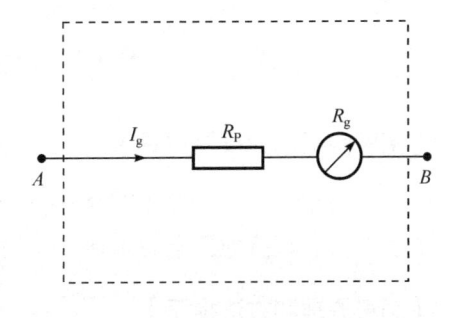

图 4-11-2 表头改装成电压表

【实验设计要求】

(1) 用 200 mV 直流数字电压表(内阻视为无穷大)组装量程分别为 2V 和 20V 的直流电压表。要求组装后的直流电压表各量程内阻均为 $100 k\Omega$.

(2) 用 200mV 直流数字电压表(内阻视为无穷大)组装量程分别为 200μA、2mA 和 20mA 的直流电流表.

(3) 简述实验原理、实验操作步骤.

(4) 设计校准电压表、电流表的电路，绘制电路图.

(5) 组装完成多量程数字电压表、电流表.

(6) 对组装的电压表、电流表各量程进行校准.

(7) 对组装的电压表、电流表列表记录：

(i) 校准前、后对应标准表各量程的显示值；

(ii) 校准前、后各电阻值、各量程的内阻值.

【参考文献】

泰勒 F. 1990. 物理实验手册[M]. 张雄, 伊继东, 译. 昆明: 云南科技出版社.

吴平. 2005. 大学物理实验教程[M]. 北京: 机械工业出版社.

吴永汉, 田文杰. 1995. 普通物理实验(电磁学、光学)[M]. 昆明: 云南大学出版社.

杨述武, 赵立竹, 沈国土. 2007. 普通物理实验 2. 电磁学部分[M]. 4 版. 北京: 高等教育出版社.
张皓晶. 2019. 普通物理实验教程(中册)[M]. 昆明: 云南人民出版社.
张雄, 王黎智, 马力, 等. 2001. 物理实验设计与研究[M]. 北京: 科学出版社.

(张皓晶编)

4.12 自组电桥测电阻

【实验室提供的仪器用具】

电阻箱 3 个、待测电阻 3 个(几十欧、几百欧和几千欧的各 1 个)、数字万用电表 1 块、直流稳压电源 1 台、开关 1 个、导线若干.

【测量原理和方法提示】

电桥的测量原理是基于电势比较法, 为适应不同的测量需要, 电桥有许多类型, 其中最简单的是直流单臂电桥, 即惠斯通电桥, 适于测量中值电阻($10\sim10^6\Omega$).

直流单臂电桥的线路如图 4-12-1 所示, 四个电阻 R_1、R_2、R_3 和 R_4 联成一个四边形, 四边形的对角 A、C 接直流电源, B、D 接检流计, 所谓"桥"就是指 B、D 这条对角线, 检流计的作用就是将"桥"两端的电势 U_B 和 U_D 直接进行比较. 而四边形的每一条边称为电桥的一个桥臂, 改变桥臂电阻的阻值, 可改变 U_B 和 U_D 的大小, 当 $U_B = U_D$ 时, 检流计指零, 此时称电桥处于平衡状态. (杨述武等, 1985)

电桥平衡时, $I_g = 0$、$I_1 = I_2$、$I_3 = I_4$, B、D 两点的电势相等, 即

$$U_{AB} = U_{AD}, \quad U_{BC} = U_{DC}$$

或

$$I_1 R_1 = I_4 R_4$$
$$I_2 R_2 = I_3 R_3$$

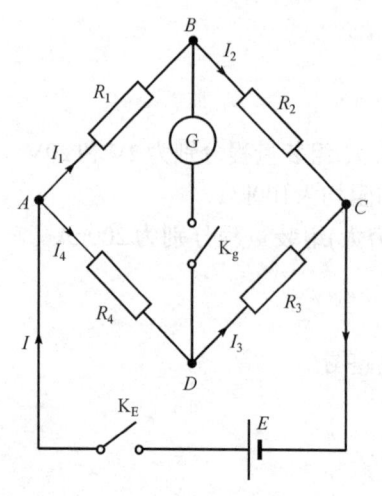

图 4-12-1 直流单臂电桥的线路

两式相除得

$$\frac{R_1}{R_2} = \frac{R_3}{R_4} \tag{4-12-1}$$

或改写为

$$R_1R_4 = R_2R_3 \tag{4-12-2}$$

(4-12-2)式即为电桥的平衡条件，它表示电桥平衡时，各相对臂电阻的乘积相等. 若 $R_x(R_1)$ 为被测电阻(图 4-12-1)，根据平衡条件，$R_x(R_1)$ 就可通过已知的三个桥臂电阻 R_2、R_3、R_4 值求出，即

$$R_x = \frac{R_2}{R_3}R_4 \tag{4-12-3}$$

式中 $\frac{R_2}{R_3}$ 称为电桥的比率臂，R_4 为比较臂.

从电桥的平衡条件可得如下结论：

(1) 平衡条件仅由桥臂各参数之间的关系确定，而与电源和检流计的内阻无关，因此电桥电路对电源的稳定性要求不高，这就是电桥测量法的一个优点.

(2) 将电源对角线与检流计对角线位置互换，平衡条件不变(但电桥灵敏度会发生改变).

(3) 电桥的相对臂位置互换，平衡条件不变.

【实验设计要求】

(1) 简述实验原理、实验操作步骤；
(2) 设计测量电路，绘制电路图；
(3) 自组电桥，测量电阻 R_x (几百欧)；
(4) 正确连接测量电路，测量电阻 R_x；
(5) 对测量的电阻值列表记录：
(6) 计算所测电阻值的不确定度；
(7) 写出能得到正确实验结果的表达式；
(8) 选取合适的条件，分别测量 R_x' (几十欧)和 R_x'' (几千欧)；
(9) 写出设计报告，讨论实验误差.

【参考文献】

泰勒 F. 1990. 物理实验手册[M]. 张雄, 伊继东, 译. 昆明: 云南科技出版社.
吴平. 2005. 大学物理实验教程[M]. 北京: 机械工业出版社.
吴永汉, 田文杰. 1995. 普通物理实验(电磁学、光学)[M]. 昆明: 云南大学出版社.
杨述武, 杨介信, 陈国英. 1985. 普通物理实验(二.电磁学部分)[M]. 北京: 高等教育出版社: 67-70.
张雄, 王黎智, 马力, 等. 2001. 物理实验设计与研究[M]. 北京: 科学出版社.

(张皓晶编)

4.13 测定光电二极管的伏安特性

【实验室提供的仪器用具】

MOE-B 型半导体电光/光电器件基本特性测试实验仪、ZX21 型可变电阻箱.

【测量原理和方法提示】

根据文献(吴平，2005；杨述武等，2007；吕斯骅、朱印康，1991)，光电二极管的伏安特性可用下式表示：

$$I = I_0[1 - \exp(eV/(kT))] + I_L \tag{4-13-1}$$

其中 I_0 是无光照的反向饱和电流；V 是二极管的端电压(正向电压为正，反向电压为负)；e 为电子电荷；k 为玻尔兹曼常量；T 是结温，单位为 K；I_L 是无偏压状态下光照时的光电流，它与光照时的光功率成正比.(4-13-1)式中的 I_0 和 I_L 均是反向电流，即从光电二极管负极流向正极的电流.根据(4-13-1)式，光电二极管的伏安特性曲线如图 4-13-1 所示.对应如图 4-13-1 所示的反向偏压工作状态，光电二极管的工作点由负载线与第三象限伏安特性曲线的交点确定；对应如图 4-13-1 所示的无偏压工作状态，光电二极管的工作点由负载线与第四象限伏安特性曲线交点确定.

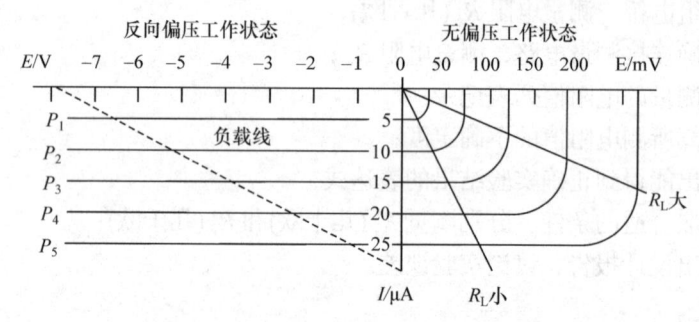

图 4-13-1 光电二极管的伏安特性曲线及工作点的确定(杨述武等，2015)

由图 4-13-1 可以看出：

(1) 光电二极管即使在无偏压的工作状态下，也有反向的光电流流过，这与普通二极管只具有单向导电性相比有着本质的差异.

(2) 反向偏压工作状态下，光电流的大小几乎与偏压 E 和负载电阻 R_L 的变化无关，只与入照的光功率有关，并与入照的光功率具有较好的线性关系. 所以，工作在反向偏压状态下的光电二极管，在分析其光电转换电路时可视为一个恒流源.

(3) 在短路情况下，光电流与入照的光功率具有很好的线性关系. 正因为如此，在光功率计量仪器中的光电二极管全工作在短路状态下.

短路情况下光电流与入照的光功率的关系称为光电二极管的光电特性. 光电特性在 I_L-P 坐标系中的斜率

$$R = \Delta I_L / \Delta P \quad (\mu A/\mu W) \tag{4-13-2}$$

定义为光电二极管的响应度, 这是宏观上表征光电二极管光电转换效率的一个重要参数. 光电二极管响应度 R 的值与入照光波的波长有关. 实验中采用的硅光电二极管(SPD)的光谱响应波长在 0.4~1.1μm; 峰值响应波长在 0.8~0.9μm 范围内, 在峰值响应波长下, 响应度 R 的典型值在 0.25~0.5μA/μW 范围内.

(4) 无偏压工作状态下, 只有 R_L 较小时光电流才与入照光功率成正比, R_L 增大时光电流与光功率是非线性关系. 此时它不具有恒流源性质, 只起光电池作用. 在光照一定时, 有一个最佳负载电阻: 在此负载状态下作为光电池的光电二极管输出的电功率最大, 也即光电转换效率最高.

(5) 光电二极管处于开路状态下, 光照产生的光生载流子不能形成闭合的光电流, 它们只能在 pn 结空间电荷区的电场作用下, 分别堆积在 pn 结空间电荷区两侧的 n 层和 p 层内, 产生外电场, 此时光电二极管具有一定的开路电压. 不同光照情况下的开路电压就是图 4-13-1 中第四象限伏安特性曲线与横坐标轴交点所对应的电压值. 由图 4-13-1 可见, 光电二极管的开路电压与入照光功率也是非线性关系.

1) 光电二极管第三象限伏安特性的测定

测定光电二极管第三象限伏安特性的电路如图 4-13-2 所示. 图中 SPD 为被测硅光电二极管, LED 是发光中心波长与被测光电二极管的峰值响应波长很接近的 GaAs 半导体发光二极管, 在这里它作光源使用, 其光功率经称为尾纤的光导纤维输出. 由 IC1 为主构成的电路是一个电流-电压变换电路, 它的作用是把流过光电二极管的光电流 I_L 转换成 IC1 的输出电压 V_0, V_0 与光电流成正比.

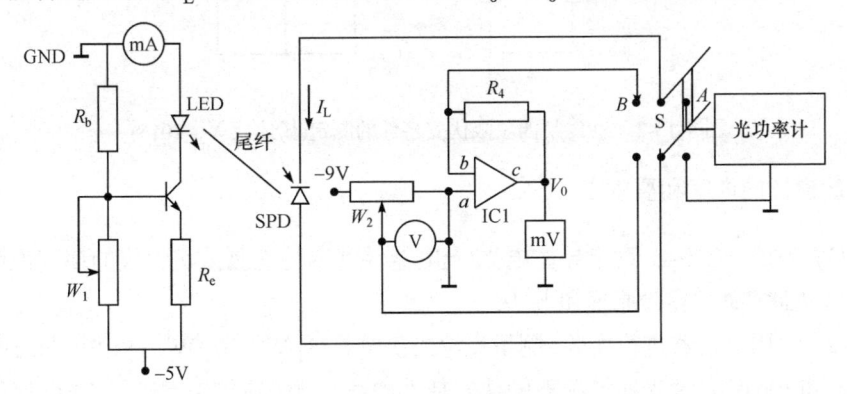

图 4-13-2 SPD 第三象限伏安特性的测定(杨述武等, 2015)

整个测试电路的工作原理如下：当开关S拨至B侧时，由于IC1的反相输入端具有很高的输入阻抗，光电二极管受光照射时产生的光电流几乎全部流过反馈电阻R_4，并在其上产生电压降$V_{cb} = R_4 I_L$．另外，又因IC1有很大的开环电压增益，反相输入端与同相输入端对地的电压几乎相等，故

$$V_0 = V_c - V_a = R_4 I_L \qquad (4\text{-}13\text{-}3)$$

已知R_4后，就可根据(4-13-3)式由V_0计算出相应的光电流I_L．

根据光电二极管光电特性的定义，在不同光照下由光电二极管第三象限伏安特性曲线与I_L坐标轴的交点对应的I_L值就可获得有关光电二极管光电特性的实验数据．

2) 光电二极管第四象限伏安特性的测定

测定光电二极管第四象限伏安特性曲线的电路如图 4-13-3 所示．在保持入照光功率不变的情况下，调节图 4-13-3 电路中电阻箱的阻值R_L(即改变光电二极管的负载电阻)使光电二极管的端电压从 0 开始逐渐增加，每增加一适当值，记录下电压表的读数V和相应的R_L值．在数字电压表内阻比R_L大很多的情况下，则可以由关系式$I_L = V/R_L$算出相应的光电流I_L．根据V、I_L的数据就可描绘出特定光照下光电二极管第四象限的伏安特性曲线．

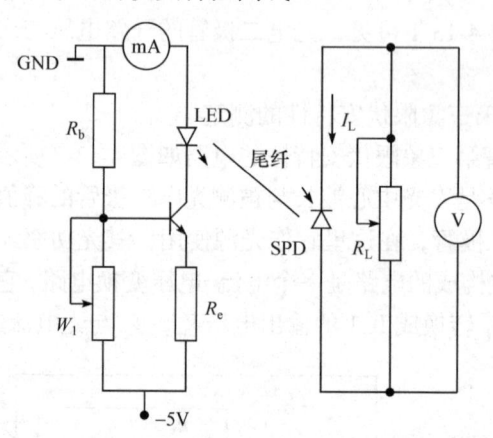

图 4-13-3　SPD 第四象限伏安特性的测定(杨述武等，2015)

【实验设计的内容和要求】

(1) 阅读 MOE-B 型半导体电光/光电器件基本特性测试实验仪的使用说明书及参考文献．简述实验原理和方法．

(2) 利用该仪器进行实验，测量光电二极管在 5μW、10μW、15μW、20μW、25μW 和 30μW 六种光照情况下的伏安特性曲线．测量前首先需进行 LED 尾纤与被测光电二极管最佳光耦合的调节．对于每条曲线，先按如图 4-13-2 所示的电路

进行第三象限内线段的测量,在测完这条线段后,保持 LED 的驱动电流 I_0 不变,按如图 4-13-3 所示电路测量同一曲线的第四象限内的线段.

(3) 通过测量了解光电二极管结构及工作原理,熟悉光电二极管的基本性能,学习光电二极管伏安特性的测试技术,掌握光电二极管在光电转换技术中正确的使用方法. 设计六条伏安特性曲线及光电特性曲线的实验数据记录表格,获取对应的实验数据.

(4) 根据实验数据描绘被测光电二极管第三、第四象限内的以上六条伏安特性曲线及光电特性曲线,并由光电特性曲线计算出被测光电二极管在 LED 发光波长下的响应度 R 的值. 完成实验报告.

(5) 根据实验观测,简答在正向偏压状态下,光电二极管受光照时有无光电流产生,以及为什么光电二极管不能像普通二极管那样工作在正向偏置电压状态.

(6) 利用 SPD、I-V 变换电路和数字毫伏表,设计一个光功率计,提交一份光功率计设计报告.

【参考文献】

吕斯骅, 朱印康. 1991. 近代物理实验技术(I)[M]. 北京: 高等教育出版社.
泰勒 F. 1990. 物理实验手册[M]. 张雄, 伊继东, 译. 昆明: 云南科技出版社.
吴平. 2005. 大学物理实验教程[M]. 北京: 机械工业出版社.
吴永汉, 田文杰. 1995. 普通物理实验(电磁学、光学)[M]. 昆明: 云南大学出版社.
杨述武, 孙迎春, 沈国土. 2015. 普通物理实验(4)综合及设计部分[M]. 5 版. 北京: 高等教育出版社: 59-62.
杨述武, 赵立竹, 沈国土. 2007. 普通物理实验 2. 电磁学部分[M]. 4 版. 北京: 高等教育出版社.
张雄, 王黎智, 马力, 等. 2001. 物理实验设计与研究[M]. 北京: 科学出版社.

(张皓晶编)

4.14 太阳能电池基本特性的测量

【实验室提供的仪器用具】

附接线的黑色盒装太阳能电池,数字式万用电表 2 个,直流稳压电源 1 台,电阻箱 2 个,白色光源,附电源 1 组,光具座 1 个,偏振片 2 块(附有带角度刻度盘的镜座),红、橙、黄滤色片各 1 块,半导体点温计 1 个,电吹风.

【实验设计思想】

硅光电池又称太阳能电池,其结构简单,不需要电源,具有重量轻、寿命长、价格便宜、使用方便等优点. 它既可以用作光信号探测器(光电传感器)，在光电转换、自动控制及计算机输入和输出等现代化科学技术中发挥重要作用，又能将太阳能转换成电能. 如果把许多硅光电池科学地串联或并联起来,可以建成太阳能发电站,为人类更有效地利用太阳能打开新的道路.(沈元华，2004)

本设计性实验要求学生通过对太阳能电池基本特性的测量，了解和掌握它的特性及有关的测量方法，并通过它对使用日益广泛的各种光电器件有更深入全面的了解.

【测量原理和方法提示】

实验前阅读参考文献，获得该设计性实验的测量原理和方法提示，并回答如下问题.(沈元华，2004)

(1) 试述太阳能电池的工作原理.

(2) 假设太阳能电池的理论模型是由一理想电流(光照产生光电流的电流源)、一个理想二极管、一个并联电阻 R_{sh} 与一个串联电阻 R_S 组成.

(i) 画出太阳能电池受光照射下的等效电路.

(ii) 用 R_{sh}、R_S、I_{ph} (光电流)与 I_d (流过二极管的电流)表示，推导出上述等效电路的 I-V 关系式.

(iii) 假设 $R_{sh} \approx \infty$ 且 $R_S = 0$，即两电阻都能被忽略，求出它的 I-V 关系式，并证明此关系式可表达如下：$V_\infty = \beta^{-1} \ln\left(\dfrac{I_{sc}}{I_0} + 1\right)$，其中 V_∞ 为开路电压，I_{sc} 为短路电流，I_0、β 是常数.

(3) 太阳能电池的主要结构是一个二极管，在没有光的照射下，它的正向电压与电流之间的经验关系式为 $I = I_0(e^{\beta V} - 1)$，如何用实验方法加以验证？并画出实验线路图.

(4) 在不加偏压的情况下，如何测出太阳能电池的输出电压、输出电流与负载电阻之间的关系？并画出测量电路图.

(5) 如何求得太阳能电池的最大输出功率？最大输出功率与它的最佳匹配电阻有什么关系？

(6) 充填因子 FF 是代表太阳能电池性质优劣的一个重要参数，它与哪些物理量有关？

(7) 在测量太阳能电池的光照特性时，需要改变并确定入射于太阳能电池的光强，这可以通过什么方式实现？试写出至少两种改变入射光强的方法.

(8) 试述太阳能电池的光照特性，即开路电压 V_∞ 和短路电流 I_{sc} 与入射于太阳能电池的光强符合什么函数关系.

(9) 试述太阳能电池的温度特性.

(10) 透过滤色片的光是否为单色光？如果光源的光谱分布不同，由同一块滤色片透过的光是否相同？

(11) 实验中对所用的滤色片的透射曲线有什么要求？

(12) 如何测量滤色片的透射曲线？

(13) 可用什么方法推断太阳能电池是由哪种半导体材料制成的？

(14) 什么是硅光电池的线性响应？它在实际应用中有何价值？

(15) 试设计一个实验方案，利用马吕斯定律来测量硅光电池的线性响应.

【实验设计的内容和要求】

依据参考文献(沈元华，2004)，完成如下内容.

(1) 在无光照条件下，测量太阳能电池正向偏压时的伏安特性.

(i) 画出测量所用的电路图.

(ii) 利用测得的数据画出 I-V 曲线，并验证在没有光照情况下太阳能电池的正向偏压与电流之间的经验公式 $I = I_0(e^{\beta V} - 1)$.

(2) 在不加偏压时，在一定的入射光强下，测量太阳能电池的负载特性.

(i) 画出测量所用的电路图.

(ii) 当太阳能电池两端开路时，测得输出端开路电压 V_∞.

(iii) 输出端短路时，测得其短路电流 I_{sc}.

(iv) 测量太阳能电池输出电压、输出电流与负载的关系. 画出输出电压、输出电流及输出功率与负载电阻的关系图，画出在不同负载电阻下 I-V 的关系图.

(v) 确定太阳能电池的最大输出功率 P_m，以及最大输出功率时的负载电阻.

(vi) 计算充填因子 $FF = P_m / (V_\infty I_{sc})$. (充填因子是代表太阳能电池性能优劣的一个重要参数.)

(3) 测量太阳能电池的光照特性.

(i) 测量并画出短路电流 I_{sc} 与入射于太阳能电池上的光强的变化关系，并说明 I_{sc} 与入射光强之间是什么关系.

(ii) 测量并画出开路电压 V_∞ 与入射于太阳能电池上的光强的变化关系，并说明 V_∞ 与入射光强之间是什么关系.

(4) 测出太阳能电池的温度特性. 分别测量出开路电压 V_∞ 和短路电流 I_{sc} 随温度变化的关系，并画出 V_∞-T 和 I_{sc}-T 关系图.

(5) 测量太阳能电池在不同辐照下，其短路电流 I_{sc} 与入射光波长的关系，推断出实验所用的半导体材料属于哪一种.

(i) 利用红、橙、黄 3 块滤色片测量出 I_{sc} 在不同辐照下滤色片截止波长之间的关系图.

(ii) 估计太阳能电池在适当工作(即能产生光电流)下的最大波长 λ_0.

(iii) 推断出实验所用的半导体材料属于哪一种. (已知光子能量 $E = 1240/\lambda_0$. 提示：常用半导体的能隙为 InAs(0.36eV)、Ge(0.67eV)、Si(1.1eV)、非晶态 Si(a-Si:H)(1.7eV)、GaN(3.5eV).)

(6) 作为光电探测器，在一定的光强范围内，太阳能电池的输出响应与光强成正比，这一范围称为探测器的线性响应范围，它是光电探测器的特性之一. 试设计一个实验来测量太阳能电池的线性响应.

(7) 测出红、橙、黄 3 块滤色片的透射曲线,由此确定它们的截止波长 λ_c.

(8) 完成实验设计报告及如下要求.

(i) 写明本实验的目的和意义.

(ii) 阐明本实验的基本原理.

(iii) 记下实验所用仪器和装置.

(iv) 记录实验的全过程，包括实验步骤、各种实验现象和数据处理等.

(v) 对实验结果进行分析、研究和讨论.

(vi) 谈谈本实验的总结、收获、体会，也可提出自己新的设想.

(vii) 对教学工作提出意见和建议.

【参考文献】

曹泽淳，安其霖，黄家美. 1983. 国产硅太阳电池参数的研究[J]. 应用科学学报, 1(3): 267-269.
陆延济，费定曜，胡德敬，等. 1991. 物理实验[M]. 上海：同济大学出版社.
沈元华. 2004. 设计性研究型物理实验教程[M]. 上海：复旦大学出版社: 71-74.
泰勒 F. 1990. 物理实验手册[M]. 张雄，伊继东，译. 昆明：云南科技出版社.
吴平，赵雪丹，黄筱玲. 2005. 大学物理实验教程[M]. 北京：机械工业出版社.
吴永汉，田文杰. 1995. 普通物理实验(电磁学、光学)[M]. 昆明：云南大学出版社.
杨之昌，马秀芳. 1993. 物理光学实验[M]. 上海：复旦大学出版社.
张雄，王黎智，马力，等. 2001. 物理实验设计与研究[M]. 北京：科学出版社.
MOE-B 型半导体电光/光电器件基本特性测试仪的使用说明书.

(张皓晶编)

4.15 电磁感应与磁悬浮力

【实验室提供的仪器用具】

上海大学电子设备厂生产的 MSU-1 电磁感应实验仪 1 台, 主要器件有线圈和软铁棒, 等厚小铝环 2 个(其中 1 个有切割的缝隙), 外径较小的小铝环 1 个, 小铜环 2 个(其中 1 个为黄铜环, 另 1 个为纯铜环), 小软铁环 1 个, 小钢环 1 个, 塑料环 1 个, 游标卡尺 1 把, 电子天平 1 台, 铜线绕制的线圈环 1 个(在线圈环上接有小电珠).

【实验设计思想】

电磁学之所以迅速发展为物理学中的一个重要学科, 在于它的强大生命力, 以及它在经济生活中有丰富的回报率. 电磁感应原理在传统的电机工程、变压器效应、无线通信等领域中独领风骚, 在现代医学、现代交通、信息产业等领域中也有许多应用.

本设计性实验就是要研究电磁感应现象和磁力对各种材料的影响, 探讨其在现实生活中的应用和发展.

【测量原理和方法提示】

(1) 实验装置如图 4-15-1 所示(沈元华, 2004), 将小铝环套在 MSU-1 电磁感应实验仪的软铁棒上, 接好连接线. 将 MSU-1 电磁感应实验仪电源调到零电压的输出位置, 将交流挡开关合上, 逐渐增大调压变压器的输出电压, 小铝环将逐渐上升并悬浮在软铁棒上, 用同体积的黄铜环和纯铜环做上述实验, 会发现在外界条件(如电压)相同的情况下, 这 3 个环在软铁棒上所处的高度却不一样.

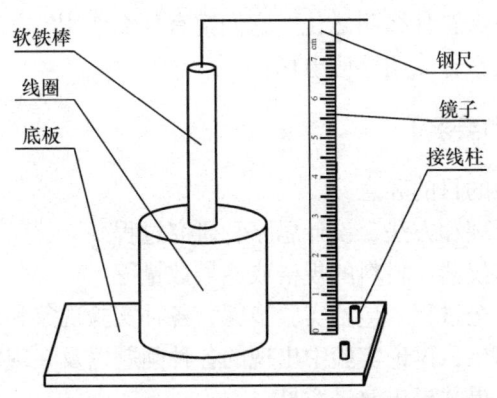

图 4-15-1 MSU-1 电磁感应实验仪(沈元华, 2004)

(2) 用电子天平称出上述 3 个小环的质量, 用游标卡尺测量它们的尺寸, 计算体积, 找出它们上升不同高度的原因.

(3) 用小的软铁环套在 MSU-1 电磁感应实验仪的软铁棒上, 重复(1)的操作, 会发现小的软铁环几乎是粘在软铁棒上, 用手将其套在软铁棒的任意高度处, 都会被软铁棒吸住, 这是为什么?

(4) 用塑料环和有缝隙的小铝环做上述实验, 会发现什么现象? 有缝隙的小铝环焊上1根铜线会有什么变化？

(5) 用等厚但外径不同的小铝环做上述实验，和实验内容(1)中的小铝环相比，会发现什么现象？如何解释？

(6) 实验内容(1)的实验过程中，MSU-1电磁感应实验仪的软铁棒和套入的金属小环为什么会发热？

(7) 实验时用铜线绕成的线圈环套入软铁棒，线圈环中的小电珠为什么会发亮？其亮度为什么会随线圈环离软铁棒的距离呈现递减趋势？

(8) 取小钢环套入软铁棒，其圆心和软铁棒的中心处于偏心状态，打开MSU-1电磁感应实验仪的开关，会发现小钢环发生振动，偏心量逐渐扩大，直到钢环的环壁碰到软铁棒为止。解释这种现象。

阅读电磁感应实验仪说明书和参考文献(沈元华，2004)。在完成实验设计的内容和要求前应能回答如下问题：

(1) 什么是电磁感应？电磁感应产生的电流、电动势和电磁场如何定义？
(2) 楞次定律说明了什么？此实验中电能可能转化为何种能量？
(3) 什么叫磁力？它和安培定律有什么关系？
(4) 说明磁场强度及其与电流的关系。
(5) 变压器和电磁感应有什么联系？其原理是什么？
(6) 什么叫电阻率？它在电磁感应中起了什么作用？
(7) 什么叫电磁铁？什么叫磁化？它们都有什么作用？
(8) 什么叫涡流？什么叫感应电场？

【实验设计的内容和要求】

(1) 写明本实验的目的和意义。
(2) 简述实验原理和方法、设计思路和研究过程。
(3) 记下所用的仪器、材料的规格或型号数量等。
(4) 记录实验的全过程，包括实验步骤、各种实验现象和数据。
(5) 分析实验结果，讨论实验中出现的各种问题以及在现实生活中的应用。
(6) 得出实验结果并提出改进意见。

【参考文献】

贾起民，郑永令，陈暨耀. 2001. 电磁学[M]. 北京：北京教育出版社.
上海大学电子设备厂. 2001. 电磁感应实验仪说明书.
沈元华，陆申龙. 2003. 基础物理实验[M]. 北京：高等教育出版社.
沈元华. 2004. 设计性研究型物理实验教程[M]. 上海：复旦大学出版社：25-27.
泰勒 F. 1990. 物理实验手册[M]. 张雄，伊继东，译. 昆明：云南科技出版社.
吴平，赵雪丹，黄筱玲. 2005. 大学物理实验教程[M]. 北京：机械工业出版社.

吴永汉, 田文杰. 1995. 普通物理实验(电磁学、光学)[M]. 昆明: 云南大学出版社.
张雄, 王黎智, 马力, 等. 2001. 物理实验设计与研究[M]. 北京: 科学出版社.

(张皓晶编)

4.16 用霍尔器件研究螺线管的磁场

【实验室提供的仪器用具】

霍尔片，低电势直流电势差计，标准电池，灵敏电流计，直流电源，标准电阻，安培表. 长直螺线管 1 个，其中螺线管长度 $L=260\text{mm}$、内径 $\phi=25\text{mm}$、外径 $\phi=45\text{mm}$，线圈层数为 10 层，线圈匝数为 (3000 ± 20) 匝，中央均匀磁场区 $>100\text{mm}$. 螺线管供电数字直流稳流源 1 台 $(0\sim0.500\text{A})$.

【实验设计思想】

1879 年美国霍普金斯大学研究生霍尔研究载流导体在磁场中的受力性质时发现了一种电磁现象，此现象被称作霍尔效应. 半个多世纪后，人们发现半导体也有霍尔效应. 近年来高电子迁移率半导体制成的霍尔传感器广泛应用于磁场测量等各方面. 本设计性实验用霍尔片得到信号后，通过低电势直流电势差计获得数据，对实验曲线进行分析处理. 这样能够更直观地了解通电长直螺线管内的磁场分布.

【测量原理和方法提示】

1. 测量原理

如图 4-16-1 所示，将厚度为 d、宽度为 l 的导电薄片沿 x 轴通以电流 I，当其在 y 轴方向加以匀强磁场 B 时，在导电薄片两侧 A、A'，将产生一电势差 $U_{AA'}$，这个现象称为霍尔效应.

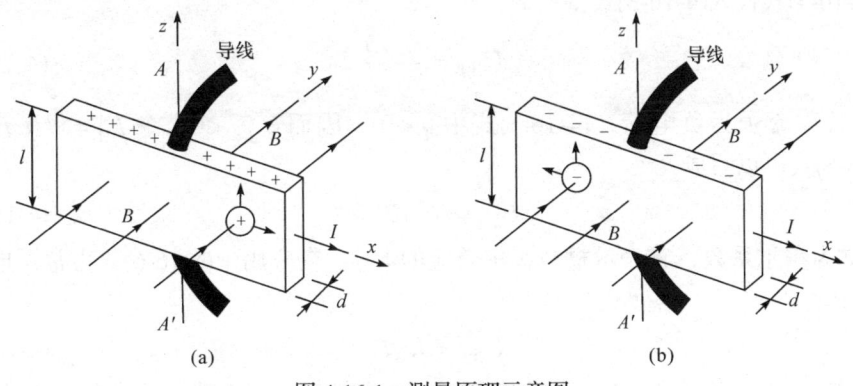

图 4-16-1 测量原理示意图

假如导电薄片内导电载流子的电量为q，若$q>0$，则其定向漂移速度v与电流密度同向。薄片中这些正电荷载流子在磁场B中将受到洛伦兹力$F_L=+|q|v\times B$，由图4-16-1(a)可知，这些正电荷载流子所受到的力沿z轴正方向。若薄片中载流子为负电荷$q<0$，则其正向漂移速度v与电流密度反向，所受洛伦兹力$F_L=-|q|v\times B$也沿z轴正方向，由图4-16-1(b)可见。由于B的存在，定向移动的载流子($q>0$或$q<0$)都将受到沿z轴正方向的洛伦兹力

$$F_L=qvB \tag{4-16-1}$$

设载流子为正电荷，由于洛伦兹力的作用，正电荷将在A侧堆积，而在A'侧出现负电荷，并产生由A指向A'的横向电场E_t，显然E_t对q的作用力$F_e=qE_t$，恰好与洛伦兹力F_L的方向相反，当

$$qE_t=qvB$$

或当电场E_t满足

$$E_t=vB \tag{4-16-2}$$

时，定向运动的载电子所受合力为零，这时载流子将回到与磁场B不存在时相同的运动状态，同时A、A'两侧停止电荷的继续堆积，从而在A、A'两侧建立一个稳定的电势差$U_{AA'}$(即霍尔电势差)

$$U_{AA'}=\int_A^{A'}E_t\mathrm{d}l=\int_0^l vB\mathrm{d}l$$

所以

$$U_{AA'}=vBl \tag{4-16-3}$$

设导电薄片内的载电子流浓度为n，则电流强度$I=nqvld$，由此得载流子的漂移速度

$$v=\frac{I}{nqld} \tag{4-16-4}$$

将(4-16-4)式代入(4-16-3)式得

$$U_{AA'}=\frac{1}{nq}\frac{IB}{d} \tag{4-16-5}$$

若载流子为负电荷，(4-16-5)式中$q<0$，因而$U_{AA'}<0$。令$R_H=1/(nq)$则(4-16-5)式可以写成

$$U_{AA'}=R_H IB/d \tag{4-16-6}$$

R_H称为霍尔系数，它表示材料霍尔效应的大小。在应用中(4-16-6)式也常写成如下形式：

$$U_{AA'}=K_H IB \tag{4-16-7}$$

系数$K_H=R_H/d=1/(nqd)$，称作霍尔元件的灵敏度，对于某一元件来说K_H是个

常数，只要将霍尔元件放入已知磁场 B 中，由测得的 I、$U_{AA'}$ 值代入(4-16-7)式即可求得 K_H 的值.

2. 方法提示

(1) 把集成霍尔传感器置于通电螺线管中心，测量螺线管直流电流 I_M 和霍尔传感器输出电压 U_0，得到它们之间的关系 I_M-U_0 图(从 0～500mA，每 50mA 测一点).

(2) 用直线拟合，求出斜率 U_0/I_M 值和相关系数 γ.

(3) 由上面得到的斜率 U_0/I_M 及通电螺线管中心点磁场强度的理论公式，计算出所用霍尔传感器的灵敏度 K_H.

(4) 固定通电螺线管中的电流为 250mA，用霍尔传感器测定螺线管内不同位置 x 处磁场强度 B 的分布 B-x 图.

(5) 由 B-x 图测定均匀磁场区域，并比较螺线管边缘处的磁场强度是否等于螺线管中央处的一半.

【实验设计的内容和要求】

(1) 阅读参考文献，回答如下问题：
(i) 什么是霍尔效应？什么是霍尔电势差？写出其表达式.
(ii) 写出长直螺线管内磁场强度的理论公式.
(iii) 画出本实验的实验框图.
(iv) 如何设置实验数据采集和记录的方式.
(2) 完成如下内容：
(i) 阐述本实验的目的和意义.
(ii) 简要介绍本实验涉及的原理及方法.
(iii) 提供实验结果数据及曲线.
(iv) 写出实验结果曲线图的数据分析处理方法.
(v) 对实验结果分析研究，并进行讨论.
(vi) 总结本实验的收获体会.

【参考文献】

贾玉润, 王公治, 凌佩玲. 1987. 大学物理实验[M]. 上海: 复旦大学出版社.
鲁绍曾. 1987. 现代计量学概论[M]. 北京: 中国计量出版社.
陆申龙, 焦丽凤. 2000. 用集成霍尔传感器研究霍尔效应及测量螺线管磁场分布[J]. 实验技术与管理, 17(2): 27-30,32.
上海复旦天欣科技仪器有限公司. 2000. FD-HM-1 型圆线圈和亥姆霍兹线圈磁场测定仪产品说明书.

上海上大电子设备有限公司.1999.ICH-1 新型通电螺线管磁场测定仪产品说明书.
沈元华,陆申龙.2003.基础物理实验[M].北京:高等教育出版社.
沈元华.2004.设计性研究型物理实验教程[M].上海:复旦大学出版社:25-27.
泰勒 F.1990.物理实验手册[M].张雄,伊继东,译.昆明:云南科技出版社.
吴平,赵雪丹,黄筱玲.2005.大学物理实验教程[M].北京:机械工业出版社.
吴永汉,田文杰.1995.普通物理实验(电磁学、光学)[M].昆明:云南大学出版社.
张雄,王黎智,马力,等.2001.物理实验设计与研究[M].北京:科学出版社.

(张皓晶编)

4.17 白炽灯伏安特性曲线的研究

【实验室提供的仪器用具】

直流低压电源(如12V 的蓄电池),用作分压器的高阻值可变电阻器,量程为12V 的电压表,量程为3A 的电流表,12V、36W 的汽车灯泡。

【测量原理和方法提示】

如图 4-17-1 所示连接电路,电路中 PQ 为高阻值可变电阻器,开始时将滑动触头 S 移动到可变电阻器的 P 端附近,调节 S 的位置,使灯泡 L 两端有适当的电压值,由电流计测出通过钨丝的电流读数,现向 Q 端移动滑动触头,得出加在灯泡上的一系列电压值和相应的电流值,直到电压表满量程为止。

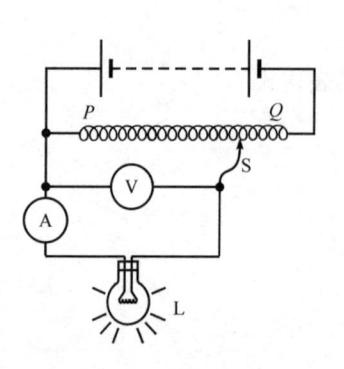

图 4-17-1 测量电路

加在钨丝上的电压 V 和通过钨丝的电流 I 之间的关系通常满足式 $VI=KV^n$,式中的 K 和 n 为灯泡的常数。

灯泡上的电压 V/V	通过钨丝的电流 I/A	$\log V$	$\log I$

由 $\log I$ 和 $\log V$ 的曲线求出常数 n 和 k,由此得出 I 和 V 的经验公式,即

$$\log I = n\log V + \log K$$

这是一条斜率为 (BC/AC) 的直线,由斜率得出 n 的值,由 $\log I$ 轴上的截距 OA 得到 $\log K$,于是 K 可以被求出。

要求学生用导出的 I-V 理论关系和上面得到的经验公式作比较。

【实验设计的内容和要求】

(1) 阅读参考文献，简述实验原理、实验操作步骤；
(2) 设计测量电路，绘制电路图；
(3) 导出灯泡 L 两端的 I-V 理论关系；
(4) 正确连接测量电路，测量灯泡上的电压和通过钨丝的电流；
(5) 对测量出的灯泡上的电压值 V 和通过钨丝的电流值 I 列表记录；
(6) 用一元线性回归方法计算出灯泡的常数 K 和 n，计算 K 和 n 的不确定度；
(7) 写出得到正确实验结果的表达式；
(8) 选取合适的条件，用作图法获得灯泡的常数 K 和 n，讨论作图法的优劣；
(9) 写出设计报告，讨论读数误差。

【参考文献】

泰勒 F. 1990. 物理实验手册[M]. 张雄, 伊继东, 译. 昆明: 云南科技出版社.
吴平, 赵雪丹, 黄筱玲. 2005. 大学物理实验教程[M]. 北京: 机械工业出版社.
杨述武, 赵立竹, 沈国土. 2007. 普通物理实验 2. 电磁学部分[M]. 4 版. 北京: 高等教育出版社: 312-317.
张雄, 王黎智, 马力, 等. 2001. 物理实验设计与研究[M]. 北京: 科学出版社.

(张皓晶编)

4.18 导线熔断电流和直径关系的研究

【实验室提供的仪器用具】

直流电源(如汽车用蓄电池)，量程为 15A 的电流表，额定电流为 15A 的可变电阻器，安装导线用的接线板，导线可以用一组线径不同的铜丝或工业用的保险丝，电路开关，螺旋测微器.

【测量原理和方法提示】

如图 4-18-1 所示连接电路，接线板的 AB 安装拉紧实验用的金属丝，闭合电路开关，缓慢地移动电阻器 R 的触头，增加电路中的电流直到保险丝熔断，重复三至四次，读出电流表每次的最大偏转读数，由这些读数的平均值得出熔断电流，用螺旋测微器测定每次所用的金属丝直径. 在实验中重复

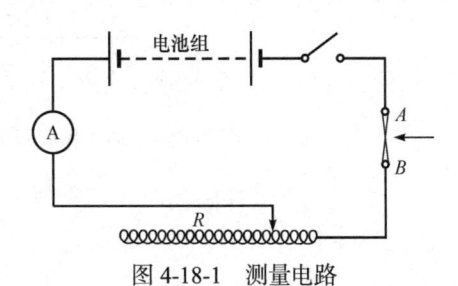

图 4-18-1 测量电路

使用不同直径的金属丝.

金属线的编号	电流表的最大读数 /A	熔断电流 /A	螺旋测微器读数/mm	平均直径 D/cm

通常熔断电流 I 和金属丝直径之间满足 $I=KD^n$ 的关系式，用 $\log I$ 和 $\log D$ 作图得到一条直线，由于 $\log I = n\log D + \log K$，$n$ 的值可以从这条直线的斜率求出，即

$$n = BC/AC$$

$\log I$ 轴上的截距为 $\log K$，由此得出 K 的值.

如图 4-18-2 所示，当电流 I 通过阻值为 R 的导体时，每秒钟在导体中产生的热量为 I^2R(J). 导体温度的升高和冷却定律与温度范围有关，并取决于导体表面的发散率(ε). 如果导体在 θ (℃)时达到热平衡状态，直径为 D，长为 l 的导线每秒钟在环境(温度为 θ_R (℃))中散失的热量为 $\varepsilon \times$ 表面积 $\times (\theta - \theta_R)^P = \varepsilon \times \pi Dl \times (\theta - \theta_R)^P$，因此，热平衡时，$I^2R = \varepsilon \pi Dl(\theta - \theta_R)^P$，若金属材料的电阻率为 ρ，我们有 $R = 4\rho l/(\pi D^2)$，则上式变为

$$I^2 \frac{4\rho l}{\pi D^2} = \varepsilon \pi RDl(\theta - \theta_R)^P$$

即

$$\frac{I^2}{D^3} = \frac{\pi^2 \varepsilon}{4\rho}(\theta - \theta_R)^P$$

当温度差不大时 $P=1$(牛顿定律)，当温度差高时 $P=5/4$(对流冷却).

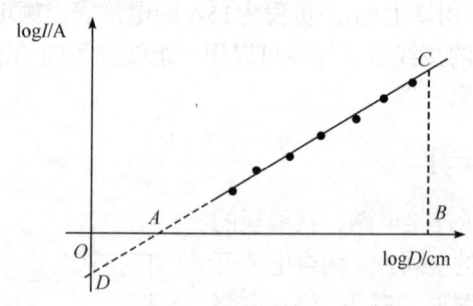

图 4-18-2　通过保险丝的电流与金属线直径之间的关系

当电流通过保险丝时，若金属材料达到熔断点的温度为 θ (℃)，则相同材料的金属线有

$$\frac{I^2}{D^3} = C \text{ 或 } I = K\sqrt{D^3}$$

这就是熔断电流和金属线直径之间的关系式.

若忽略表面的热损失，金属导线被突然加热(例如短路和负载很大)达到熔化点，在 t 秒内导线温度升高到了 θ (℃)，我们有

电流转变成热量=导线的热容量×变化的温度

=体积×密度×导线热容×变化的温度

或

$$I^2 \frac{4\rho l}{\pi D^2} t = \frac{\pi D^2 l}{4} \Delta C \theta$$

即

$$\frac{\theta}{t}(\text{每秒钟升高的温度}) = \frac{16\rho}{\pi^2 \Delta C} \frac{I^2}{D^4}$$

如果导线的熔点温度是 θ'，在时间 t' 内导线达到这个温度,于是

$$t' = \frac{\pi^2 \Delta C(\theta' - \theta_R)}{16\rho} \frac{D^4}{I^2}$$

当给定电流和用同种金属材料时

$$t' \propto D^4$$

选择适宜的电源和仪器，用铜导线做这个实验能验证上述关系式.

【实验设计的内容和要求】

(1) 阅读参考文献，简述实验原理、实验操作步骤；

(2) 设计测量电路，绘制电路图；

(3) 验证熔断电流 I 和金属丝直径 D 之间满足 $I = KD^n$ 的关系式；

(4) 正确连接测量电路，测熔断电流 I 和金属丝直径 D；

(5) 对测量的熔断电流 I 和金属丝直径 D 列表记录；

(6) 用一元线性回归方法计算出常数 K 和 n，计算 K 和 n 的不确定度；

(7) 写出得到正确实验结果的表达式；

(8) 选取合适的条件，用作图法获得常数 K 和 n，讨论作图法的优劣；

(9) 写出设计报告，讨论读数误差；

(10) 当给定电流和用同种金属材料时,设计一个实验验证 $t' \propto D^4$.

要求：选择适宜的电源和仪器，简述实验原理、实验方法，写出设计报告.

【参考文献】

泰勒 F. 1990. 物理实验手册[M]. 张雄, 伊继东, 译. 昆明: 云南科技出版社.
吴平, 赵雪丹, 黄筱玲. 2005. 大学物理实验教程[M]. 北京: 机械工业出版社.
杨述武, 赵立竹, 沈国土. 2007. 普通物理实验 2. 电磁学部分[M]. 4 版. 北京: 高等教育出版社: 312-317.
张雄, 王黎智, 马力, 等. 2001. 物理实验设计与研究[M]. 北京: 科学出版社.

(张皓晶编)

4.19 研究电磁铁的作用力

【实验室提供的仪器用具】

一般演示实验用的电磁铁和衔铁, 稳定的支承架, 用来装码的秤盘(砝码重力的大小以每次改变50N为好), 蓄电池或直流电源, 量程为5A的电流表, 电路开关, 限流用可变电阻器.

【测量原理和方法提示】

首先将电磁铁如图4-19-1所示固定, 秤盘和支承座平台之间留有很短的间隙, 秤盘挂在衔铁下的挂钩上. 现将电源接入回路, 调节电流为一确定的值(如0.25A), 逐渐增加秤盘中的砝码直到衔铁刚好从磁铁上分离开. 重复上述实验, 电路中的电流每次增加0.25A直到5A, 求出秤盘每次相应增加的最大负载, 最后求出空秤盘的重量, 将这个重量加入每次分离时的最大负载中.

I/A	加负载/N	分离时的总负载/N

当增加电路中的电流时, 电磁铁从电源获得能量, 在电磁场中克服电流的自感电动势而存储了电磁"吸力"能量. 在这个过程中, 电流 i 产生的感生电动势为 e, L 为线圈的电感, 于是瞬时功率的值可以表示为

$$P = ei = \left(L\frac{di}{dt}\right)i \text{ (W)}$$

由此在 dt 时间内的能量为 $Pdt = L(di/dt)idt$(J), 通过电流为 I(A)时的总能量为

$$\int Pdt = L\int_0^I idi = \frac{1}{2}LI^2 \text{ (J)}$$

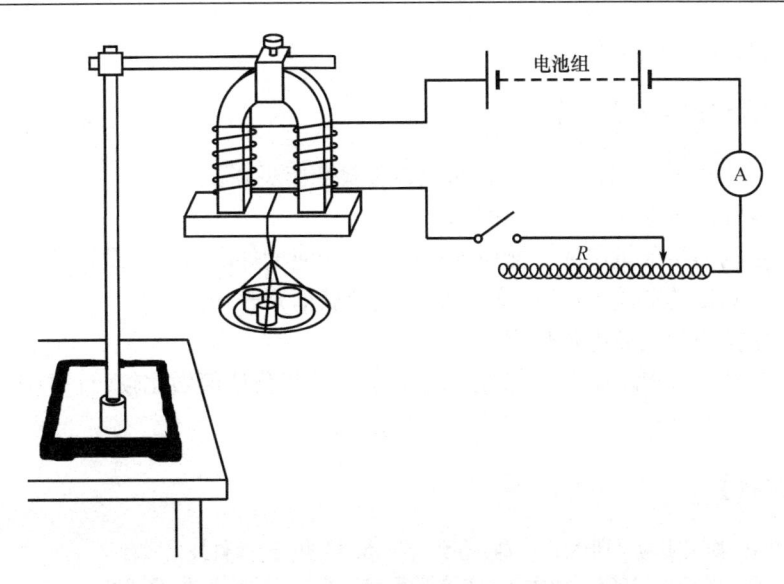

图 4-19-1　研究电磁铁的作用力

当磁路中有空气间隙时，在空气间隙中有 $B = \mu_0 H$，μ_0 是常数，在空气间隙中存储的能量为 $\dfrac{1}{\mu_0}\int_0^{B_m} B \, dB = \dfrac{1}{2}\dfrac{B_m^2}{\mu_0}(\text{J})$.

设下面的磁极移动了 dx，如果所需要的力是 $F(\text{N})$，则移开磁极 dx 所做的功为 $F dx$，它等于在空气间隙中所增加的能量 $\dfrac{1}{2}\dfrac{B^2}{\mu_0}ab\,dx$，于是

$$F = \dfrac{1}{2}\dfrac{B^2}{\mu_0}ab(\text{N}).$$

由于实验中使用如图 4-19-2 所示的电磁铁，在磁极和衔铁之间的拉力为

$$2 \times \dfrac{1}{2}\dfrac{B^2}{\mu_0} \times \text{一个磁极的面积}$$

$$= \dfrac{1}{2}\dfrac{\mu^2}{\mu_0}\dfrac{N^2 I^2}{l^2} \times \text{总磁极的面积}(\text{所以在磁路中 } B = \mu NI/l)$$

$$= \dfrac{1}{2}\dfrac{\mu_0^2 \mu_r^2}{l^2} N^2 I^2 \times \text{总磁极的面积}(\text{式中 } \mu = \mu_0 \mu_r)$$

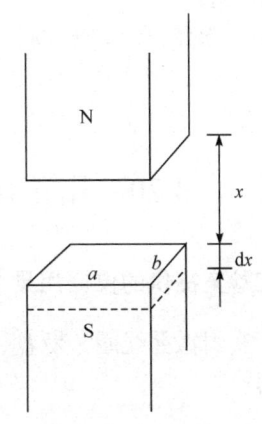

图 4-19-2　磁极移动 dx 所做的功

式中 l 为磁铁上所绕导线长度，μ_0 为空气中的磁导率，μ_r 为磁芯中的磁导率.

学生用拉力和负载电流作图，讨论并分析结果. 也可以固定电流，作磁极的

拉力与线圈匝数的实验曲线.

【实验设计的内容和要求】

(1) 阅读参考文献，简述实验原理、实验操作步骤；
(2) 设计测量电路，绘制电路图；
(3) 正确连接测量电路，测量出电流 I 和相应增加的最大负载；
(4) 对测量的电流 I 和相应增加的最大负载值列表记录；
(5) 用拉力和负载电流作图；
(6) 若已知 N 和 I (即 B 已知)，求出常数 μ_0 并与公认值做比较，计算相对误差；
(7) 写出设计报告，讨论实验曲线的应用.

【参考文献】

泰勒 F. 1990. 物理实验手册[M]. 张雄, 伊继东, 译. 昆明: 云南科技出版社.
吴平, 赵雪丹, 黄筱玲. 2005. 大学物理实验教程[M]. 北京: 机械工业出版社.
杨述武, 赵立竹, 沈国土. 2007. 普通物理实验 2. 电磁学部分[M]. 4 版. 北京: 高等教育出版社: 312-317.
张雄, 王黎智, 马力, 等. 2001. 物理实验设计与研究[M]. 北京: 科学出版社.

(张皓晶编)

4.20 用正切电流计对地磁场水平分量的测量

【实验室提供的仪器用具】

亥姆霍兹线圈、罗盘、直流稳压电源、电阻箱、直流电流表、换向开关、水准器.

【测量原理和方法提示】

利用亥姆霍兹线圈制成一台正切电流计, 亥姆霍兹线圈是一对相同的圆形线圈, 彼此平行而且共轴, 两线圈平行放置, 绕行方向一致, 相互串联, 其线圈的间距等于线圈的半径. 利用正切电流计原理, 测定地磁场的水平分量 $B_{//}$ (杨述武等, 2007).

在中心点附近较大范围内的磁场是相当均匀的, 亥姆霍兹线圈在低磁场情况下既作为磁化线圈, 产生给定的磁场, 又作为弱磁场的计量基准, 在较大的空间范围内, 由于场的不均匀性引起的误差是很小的. 在亥姆霍兹线圈公共轴线的中点处, 水平放置一罗盘, 即构成了正切电流计, 如图 4-20-1 所示(杨述武等, 2007).

在通电前, 先将线圈平面与罗盘指针相平行, 即线圈平面与地磁子午面一致.

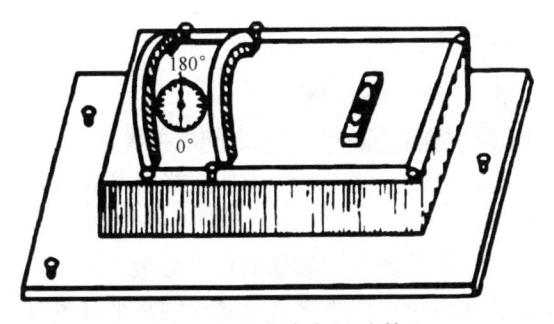

图 4-20-1 正切电流计(杨述武等，2007)

然后在线圈中通以直流电，亥姆霍兹线圈产生的 B' 必和地磁场的水平分量 $B_{//}$ 相垂直，罗盘中的磁针就在 B'、$B_{//}$ 两磁场所产生的磁力矩同时作用下偏离地磁子午面，与地磁子午面成一定角度 θ，如图 4-20-2 所示.

由图可知(杨述武等，2007)

$$\frac{B'}{B_{//}} = \tan\theta \tag{4-20-1}$$

亥姆霍兹线圈公共轴线中点的磁场为

$$B' = \frac{\mu_0 NI}{\overline{R}} \frac{8}{5^{3/2}} \tag{4-20-2}$$

式中 N 为线圈的匝数，$\overline{R}$ 为线圈的平均半径，I 为流经线圈的电流，$\mu_0 = 4\pi \times 10^{-7} \text{N/A}^2$. 将(4-20-2)式代入(4-20-1)式得

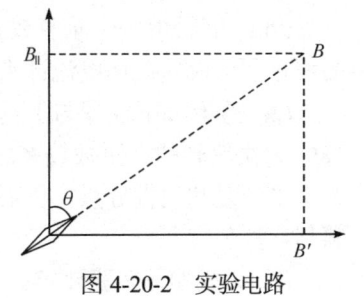

$$B_{//} = \frac{8\mu_0}{5^{3/2}} \cdot \frac{NI}{\overline{R}\tan\theta} \tag{4-20-3}$$

即

$$I = \frac{5^{3/2}\overline{R}B_{//}}{8\mu_0 N}\tan\theta = K\tan\theta \tag{4-20-4}$$

式中 $K = \frac{5^{3/2}\overline{R}B_{//}}{8\mu_0 N}$. 对于同一个测量地点和给定的正切电流计，$B_{//}$、$\overline{R}$ 和 N 均为不变值，故 K 为一常量.

由(4-20-4)式可知，流过电流计的电流与磁针偏转角 θ 的正切成正比，因此这种电流计称为正切电流计. 若能测得流过正切电流计的电流 I，以及罗盘指针的偏转角 θ，则能测得地磁的水平分量 $B_{//}$ 值. 实验电路如图 4-20-3 所示.

图 4-20-2 实验电路

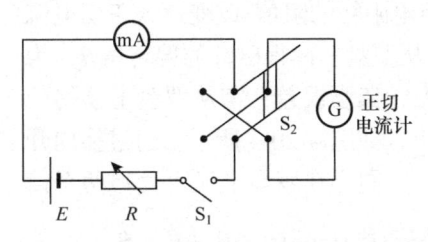

图 4-20-3 实验电路(杨述武等，2007)

【实验设计的内容和要求】

(1) 阅读参考文献,回答如下问题:

(i) 地球磁场的地磁要素有哪些?它们之间有何关系?

(ii) 为什么要将正切电流计调水平?为什么线圈平面与罗盘磁针相平行?罗盘指针不指零行吗?

(iii) 如何利用正切电流计测量地磁场的水平分量?

(iv) 如何用作图法或最小二乘法求得地磁场的水平分量 $B_{//}$?

(v) 正切电流计的电流值与磁针偏转角 θ 的大小应如何选择?为什么?

(vi) 如何设置实验数据采集和记录的方式?

(vii) 利用亥姆霍兹线圈与罗盘制成的正切电流计测量地磁场的水平分量有什么优缺点?

(viii) 能否由一个垂直放置绕有 N 匝的圆形线圈和一个水平搁置在线圈中央的罗盘所组成的正切电流计来测量地磁场的水平分量 $B_{//}$?

(ix) 今有如下仪器与工具可供选择:冲击电流计,标准互感器,电流表,能 180° 自由旋转的、匝数较多的、面积较大的线圈,换向开关等.能否测量地磁场的水平分量和垂直分量?所依据的原理是什么?画出测量电路图,并写出测量步骤与计算公式.

(2) 完成如下实验要求:

(i) 按图 4-20-3 接线,将罗盘放置在亥姆霍兹线圈轴线中心位置,构成一台正切电流计.

(ii) 调节正切电流计底座的底脚螺丝使水准器气泡调至中间位置,即使罗盘位于水平位置,这样线圈平面就基本竖直了.

(iii) 旋转整个正切电流计装置使线圈平面与罗盘磁针相平行,即使线圈平面与地磁子午面一致,并使磁针的 N 极指向"0"刻度线,这样线圈通电后由线圈产生的磁场 B' 与地磁场水平分量 $B_{//}$ 相互垂直.

(iv) 调节电阻箱的阻值,改变通入正切电流计的电流值,从罗盘上读得磁针的偏转角 θ_1. 为了消除罗盘磁针偏心误差,需从罗盘上读得两个读数 θ_1、θ_2,如图 4-20-4 所示,通过换向开关使电流换向,同样在罗盘上又可读得两个值 θ_3、θ_4,则偏转角 $\theta = \dfrac{1}{4}(\theta_1 + \theta_2 + \theta_3 + \theta_4)$.

图 4-20-4 罗盘磁针偏转角(杨述武等,2007)

(v) 逐次增加电流值，可测得一系列的偏转角 θ 值. 将测得的电流值 I 与偏转角 θ 值作 I-$\tan\theta$ 图. 由图线求出其斜率 b 值，代入(4-20-4)式，即可求得地磁场水平分量为 $B_{//}=\dfrac{8\mu_0 N}{5^{3/2}R}\cdot b$. 或用最小二乘法，设 $x=\tan\theta$、$y=I$，求其相关系数、回归系数 a 和回归系数 b，然后求得地磁场水平分量为

$$B_{//}=\dfrac{8\mu_0 N}{5^{3/2}R}\cdot b$$

(3) 完成如下内容：

(i) 阐述本实验的目的和意义.

(ii) 简要介绍本实验涉及的原理及方法.

(iii) 提供实验结果数据及曲线.

(iv) 写出实验结果曲线图的数据分析和处理方法.

(v) 试分析本实验的误差，本实验中主要误差是随机误差还是系统误差？哪些误差消除了？哪些误差还未消除？这些误差应如何减少和消除？

(vi) 对实验结果分析研究，并进行讨论.

(vii) 总结本实验的收获体会.

【参考文献】

林抒, 龚镇雄. 1981. 普通物理实验[M]. 北京: 人民教育出版社.
泰勒 F. 1990. 物理实验手册[M]. 张雄, 伊继东, 译. 昆明: 云南科技出版社.
杨述武, 杨介信, 陈国英. 1985. 普通物理实验(二. 电磁学部分)[M]. 北京: 高等教育出版社.
杨述武, 赵立竹, 沈国土. 2007. 普通物理实验 2. 电磁学部分[M]. 4 版. 北京: 高等教育出版社: 312-317.
张雄, 王黎智, 马力, 等. 2001. 物理实验设计与研究[M]. 北京: 科学出版社.

(张皓晶编)

4.21 用等边三棱镜调节分光仪

【实验室提供的仪器用具】

分光计、等边三棱镜、钠灯.

【测量原理和方法提示】

以等边三棱镜为例，放置在载物平台上的正确方法，有以下三种，如图 4-21-1 所示.

第一种方法如图 4-21-1(a)所示，等边三棱镜的光学平面 AB 正好与载物平台调节螺丝 a 和 b 的连线垂直，这时调节 AB 面的倾斜度只要调节螺丝 a 或 b，调节 AC 面的倾斜度只要调节螺丝 c，而螺丝 c 的升降则不改变 AB 面的倾斜度。

第二种方法如图 4-21-1(b)所示，等边三棱镜的三条侧棱分别与螺丝 a、b、c 对齐。这时螺丝 b 的升降主要影响 AB 面的倾斜度，而对 AC 面的倾斜度影响较小，同样螺丝 c 的升降主要影响 AC 面的倾斜度，而对 AB 面的倾斜度影响较小。

第三种方法如图 4-21-1(c)所示，等边三棱镜的三个侧面分别与螺丝 a、b、c 对齐。这时螺丝 a 的升降主要影响 AB 面的倾斜度，而对 AC 面的倾斜度影响较小，同样螺丝 b 的升降主要影响 AC 面的倾斜度，而对 AB 面的倾斜度影响较小。

应该指出以上三种方法中的第一种适用于各种棱镜，而且调节要求比较严格，因为它使所要调节的两个面在调整第二个面时不影响已调好的第一个面，而第二、第三种只适用于接近 60° 时的棱镜使用。

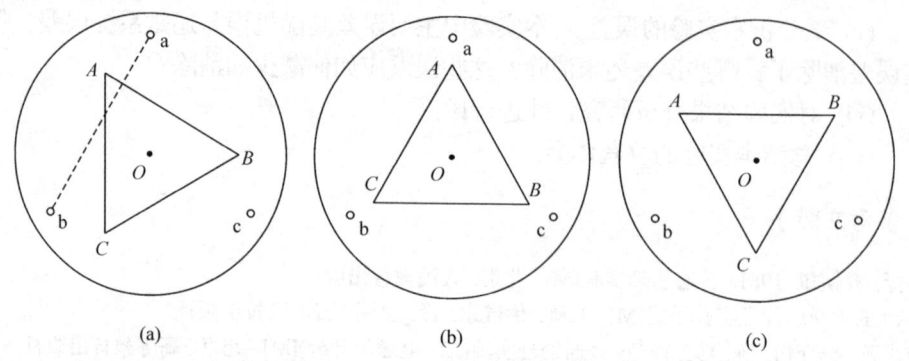

图 4-21-1 等边三棱镜放置在载物平台上

调节等边三棱镜的主截面垂直于仪器转轴。

1) 正确放置等边三棱镜的位置

载物台上三颗倾角螺钉 a、b、c，约呈一等边三角形分布，被测等边三棱镜也近似为一个等边三角形，其中 A 为待测顶角，按图 4-21-1(a)放置等边三棱镜于载物台上，目视估计，使顶角 A 正对观测者，等边三棱镜 ABC 三边与倾度螺钉 a、b、c 三边相互垂直，即 $AB \perp ab$、$AC \perp bc$。

2) 调节等边三棱镜 AB 面和 AC 面使其平行于仪器转轴

如图 4-21-1 所示，旋紧载物台固定螺钉，同时，旋紧望远镜与刻度盘的连接螺钉，且使刻度盘 0° 点在望远镜下方；旋紧角游标固定螺钉。将望远镜转到正对 AB 面位置，调 b 使亮十字与叉丝重合（垂直于 AC 面的 bc 不能调，更不能调望远镜倾度螺钉，但可以转动望远镜）；再将望远镜转到正对 AC 面位置，只调 c，使亮十字与叉丝重合。如此反复多次调节，可使 AB 面和 AC 面同时平行于仪器转轴。

【实验设计要求】

(1) 简述实验方法和原理；
(2) 写出实验步骤；
(3) 简述调节等边三棱镜的主截面与仪器主轴垂直的方法；
(4) 写出设计报告，讨论读数误差.

【参考文献】

陈怀琳, 邵义全. 1990. 普通物理实验指导(光学)[M]. 北京: 北京大学出版社.
泰勒 F. 1990. 物理实验手册[M]. 张雄, 伊继东, 译. 昆明: 云南科技出版社.
吴永汉, 田文杰. 1995. 普通物理实验(电磁学、光学)[M]. 昆明: 云南大学出版社.
张皓晶, 张雄, 冯洁. 2019. 普通物理实验教程(下册)[M]. 昆明: 云南人民出版社: 12-22.
张雄, 王黎智, 马力, 等. 2001. 物理实验设计与研究[M]. 北京: 科学出版社.

(张皓晶编)

4.22 用平行光管和望远镜测量棱角

【实验室提供的仪器用具】

分光计、等边三棱镜.

【测量原理和方法提示】

让平行光管发出的平行光沿主截面照射在等边三棱镜的 AB 面上，如图 4-22-1 所示. 转动望远镜，从目镜中找到平行光管的狭缝像，并用十字准丝的垂直线对准狭缝记下读数. 固定望远镜和平行光管的位置，然后转动载物平台(连游标盘或主刻度盘)，使 AC 面处在原来 AB 面的位置，也记下读数. 两者读数之差就是两光学平面的法线所转动的角度 β，即

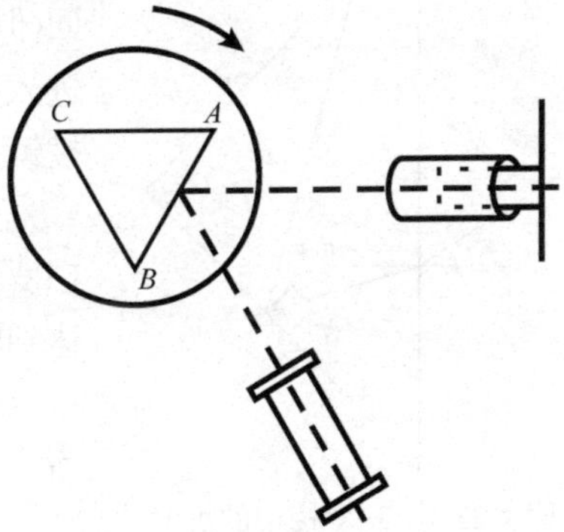

$$棱角 \alpha = 180° - \beta$$

$$\beta = \frac{1}{2}[(\varphi_2' - \varphi_1') + (\varphi_2'' - \varphi_1'')]$$

$$S_\alpha = \frac{1}{2}\sqrt{\frac{\sum\Delta(\varphi_1')^2 + \sum\Delta(\varphi_1'')^2 + \sum\Delta(\varphi_2')^2 + \sum\Delta(\varphi_2'')^2}{N(N-1)}}$$

图 4-22-1 测量等边三棱镜的棱角

【实验设计要求】

(1) 阅读参考文献，简述实验方法和原理；
(2) 写出设计报告，设计实验记录表格；
(3) 将棱镜角的自准直测量方法和棱脊分束法进行比较，讨论测量方法的优劣.

【参考文献】

陈怀琳，邵义全. 1990. 普通物理实验指导(光学)[M]. 北京：北京大学出版社.
泰勒 F. 1990. 物理实验手册[M]. 张雄，伊继东，译. 昆明：云南科技出版社.
吴永汉，田文杰. 1995. 普通物理实验(电磁学、光学)[M]. 昆明：云南大学出版社.
张皓晶，张雄，冯洁. 2019. 普通物理实验教程(下册)[M]. 昆明：云南人民出版社：12-22.
张雄，王黎智，马力，等. 2001. 物理实验设计与研究[M]. 北京：科学出版社.

(张皓晶编)

4.23 珀罗棱镜的折射率测定

【实验室提供的仪器用具】

分光计、珀罗棱镜、钠光源(或氦氖激光源).

【测量原理和方法提示】

珀罗棱镜是一种直角棱镜(45°-90°-45°)，当光线从棱镜的斜边侧面射入时将按与原方向的平行方向返回(但是可以转向). 当入射角的绝对值 $|i| \leqslant 5°$ 时，光线进入棱镜在直角边侧面达到全反射，所以又称全反射棱镜.

假如光线如图 4-23-1 所示那样以入射角 i 入射到珀罗棱镜时，光线进入棱镜后射到一直角边侧面正好达到临界角 i_c，因为

$$n \sin i_c = 1 \qquad (4\text{-}23\text{-}1)$$

而

$$i_c = 45° - i'$$

则

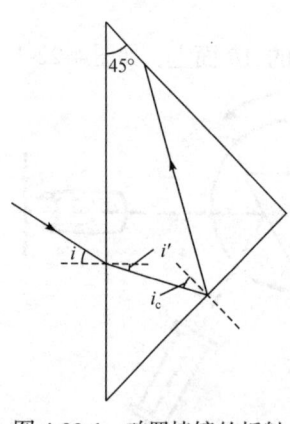

$$i' = 45° - i_c$$

图 4-23-1 珀罗棱镜的折射率测定光路

根据光线的折射定律

$$\sin i = n\sin i' = n\sin(45° - i_c)$$
$$= \frac{\sqrt{2}}{2}n\sqrt{1-\sin^2 i_c} - n\sin i_c$$

将(4-23-1)式代入上式

$$\sin i = \frac{\sqrt{2}}{2}\left(\sqrt{n^2-1}-1\right)$$

经改写后得

$$n^2 = 1 + \left(\sqrt{2}\sin i + 1\right)^2 \tag{4-23-2}$$

从(4-23-2)式可以看出，某一波长的入射光线射向棱镜，当入射角发生变化而棱镜的光线在直角边侧面正好不能全反射时，测出此时的入射角 i，代入(4-23-2)式，即可求出棱镜的折射率。

【实验设计要求】

(1) 写出实验方法和过程，简述如何用分光仪测定入射角 i，实验中如何保证(4-23-2)式成立；
(2) 简述实验的目的和意义；
(3) 简述实验的设计思想；
(4) 完成实验报告(记录实验步骤，观察各种实验现象，完成实验数据处理等)；
(5) 比较用激光光源和钠光源时的异同。

【实验结果示例】

用分光仪测量10次获得 i 的平均值为

$$i = 5°53' \pm 3'$$

折射率的平均值为

$$n = 1.520$$

由(4-23-2)式，可求出 n 的误差为

$$2n\frac{\mathrm{d}n}{\mathrm{d}i} = 2\left(\sqrt{2}\sin i + 1\right)\sqrt{2}\cos i$$

$$S_n = \frac{\mathrm{d}n}{\mathrm{d}i}S_i = \left[\frac{1}{n}\left(\sqrt{2}\sin i + 1\right)\sqrt{2}\cos i\right]S_i = 0.001$$

测量结果

$$n = 1.520 \pm 0.001 \quad (\lambda = 0.63\mathrm{\mu m})$$

实验的误差主要来源于临界情况的入射角 i，而入射角的大小很难确定，所以实验时对入射角 i 要仔细测量。

【参考文献】

陈怀琳, 邵义全. 1990. 普通物理实验指导(光学)[M]. 北京: 北京大学出版社.
林抒, 龚镇雄. 1981. 普通物理实验[M]. 北京: 高等教育出版社.
杨述武, 王定兴. 1983. 普通物理实验(三、光学部分)[M]. 北京: 高等教育出版社.
杨之昌. 1984. 几何光学实验[M]. 上海: 上海科技出版社.
张雄, 等. 1995. 初中物理实验教学法[M]. 昆明: 云南教育出版社.
张雄, 王黎智, 马力, 等. 2001. 物理实验设计与研究[M]. 北京: 科学出版社.

(张皓晶编)

4.24 用自准直法测定薄凹透镜的焦距

【实验室提供的仪器用具】

分光仪、钠灯、辅助透镜、平面镜、已知焦距的薄凸透镜、待测焦距的薄凹透镜、光具座.

【测量原理和方法提示】

选择一块焦距已知的薄凸透镜与待测焦距的薄凹透镜组成组合透镜，要求组合透镜必须是会聚透镜，并且也是薄透镜. 利用参考文献中的实验方法测出组合透镜的焦距 $f_{合}$，再通过下式即可求出凹透镜的焦距 $f_{凹}$:

$$f_{凹} = \frac{f_{凸} \cdot f_{合}}{f_{凸} - f_{凹}}$$

【实验设计要求】

(1) 写出实验方法和过程；
(2) 简述实验设计思想；
(3) 讨论实验误差；
(4) 完成实验报告；
(5) 估算所选薄透镜焦距的范围.

【参考文献】

陈怀琳, 邵义全. 1990. 普通物理实验指导(光学)[M]. 北京: 北京大学出版社: 27-33.
泰勒 F. 1990. 物理实验手册[M]. 张雄, 伊继东, 译. 昆明: 云南科技出版社.
杨之昌. 1984. 几何光学实验[M]. 上海: 上海科技出版社.

张雄, 谢光中. 1998. 用分光仪精确测量薄透镜的焦距[J]. 合肥: 物理通报, (3): 29-30.

(张皓晶编)

4.25 利用透镜组测定液体的折射率

【实验室提供的仪器用具】

分光计、钠光灯、辅助透镜、平面镜、水、待测液体、游标卡尺.

【测量原理和方法提示】

选用一块双凸透镜，f_1 的焦距可以用自准直法测定，将透镜放在一块平面镜上，如图 4-25-1 所示.

用白炽灯照明小孔光阑，在凸透镜和平面镜之间灌入蒸馏水($n_水$=1.334，组成一块平凹透镜). 前后移动小孔光阑，用自准直法测出组合透镜的焦距 f_2.

利用组合透镜的焦距公式

$$\frac{1}{f_2} = \frac{1}{f_1} + \frac{1}{f_水}$$

就可以求出 $f_水$ 的大小，然后将水倒干，再加上待测液体. 用同样的方法可以测出 f_x 的大小. 平凹透镜的焦距公式为

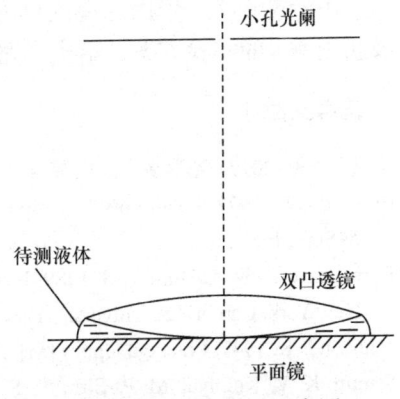

图 4-25-1 测量装置示意图

$$\frac{1}{f} = (n-1)\left(\frac{1}{r_1}\right)$$

将 $f_水$、f_x 代入后得到

$$\frac{1}{f_水} = (1.334-1)\frac{1}{r_1}$$

$$\frac{1}{f_x} = (n_x-1)\frac{1}{r_1}$$

将上面两式相除

$$\frac{f_x}{f_水} = \frac{0.334}{n_x-1}$$

所以

$$n_x = 1 + 0.334 \frac{f_{水}}{f_x} \tag{4-25-1}$$

此实验方法较为简单，测量值的有效数字不多，只有 2~3 位. 实验误差的主要来源是焦距 f 的测定，因为实际上组合透镜是厚透镜，用小孔光阑到双凸透镜中心之间的距离作为焦距是近似正确的.

【实验设计要求】

(1) 写出实验方法和测量主要步骤.
(2) 简述实验设计思想.
(3) 讨论实验中引入的最大误差.
(4) 完成实验报告.
(5) 讨论实际组合透镜是厚透镜所引入的误差.
(6) 试设计一个用透镜的反射成像测量双凸透镜的表面曲率半径 R_1 和 R_2 以及折射率 n 的实验方案，给出光路图.

【参考文献】

张皓晶, 等. 2017. 光学平台上的综合与设计性物理实验[M]. 北京: 科学出版社: 123-152.

Bernard C H. 1972. Laboratory Experiments in College Physics [M]. 4th ed. New York: John Wiley & Sons, Inc. :305.

Berry J, Norcliffe A, Humble S. 1989. Introductory Mathematics Through Science Applications [M]. New York: Cambridge University Press: 466.

Johnson B K. 1947. Practical Optics [M]. 2nd ed. London: Hatton Press: 21.

Sriram K V, Kothiyal M P, Sirhi R S. 1991. Curvature and focal length measurements using compensation of a collimated beam[J]. Optics & Laster Technology, 23(4): 241-245.

Wagner A F. 1954. Experimental Optics [M]. 3rd ed. London: Wiley: 132.

(张皓晶编)

4.26 用双棱镜测氦氖激光波长

【实验室提供的仪器用具】

凸透镜、双棱镜、毛玻璃、读数显微镜或目镜.

【测量原理和方法提示】

如果以氦氖激光代替钠光源，则会对双棱镜干涉实验带来较大方便.

(1) 激光具有良好的空间相干性，扩束后的激光可以直接照在双棱镜上，而不必再用狭缝 S.

(2) 激光方向性好，能量集中，即使屏幕较远(如 $D=4\mathrm{m}$)，也可以用肉眼直接观察到屏幕上很粗的干涉条纹.

具体元件布置如图 4-26-1 所示.

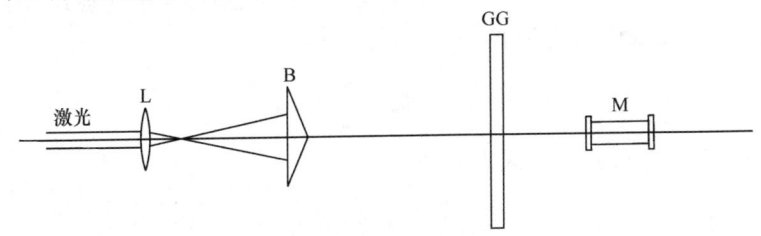

图 4-26-1　测量光路
GG. 毛玻璃；M. 读数显微镜

为了测量干涉条纹的间距，可在毛玻璃后放一读数显微镜，由于激光直接照在眼睛上会损伤视网膜，故不宜将目镜或显微镜放在激光束中直接观察干涉条纹，放上毛玻璃后由于散射，光强将明显减弱，不致损伤眼睛.

【实验设计要求】

(1) 阅读参考文献，简述实验的设计思想、设计过程和安全防护方法.
(2) 对实验进行详细的记录及数据处理.
(3) 如果使用分光仪完成这个实验，应如何改进？简述改进方法、实验中的注意事项.
(4) 对实验结果进行分析.

【参考文献】

陈怀琳, 邵义全. 1990. 普通物理实验指导(光学)[M]. 北京: 北京大学出版社: 115-120.
泰勒 F. 1990. 物理实验手册[M]. 张雄, 伊继东, 译. 昆明: 云南科技出版社.
张雄, 等. 2006. 科学小实验[M]. 昆明: 晨光出版社.
张雄. 2009. 分光仪上的综合与设计性物理实验[M]. 北京: 科学出版社: 51-58.

(张皓晶编)

4.27　用透射光方法测定透镜曲率半径

【实验室提供的仪器用具】

牛顿环仪、钠光灯、分光计、凸透镜一片、透明玻璃片.

【测量原理和方法提示】

首先用测节器测定望远镜的基点和焦距，设凸透镜的焦距 $f=10.00\text{cm}$，依据参考文献(张雄,2009)将其设计为一个能观察到干涉环的光学系统。将改装过的望远镜转到 T_2 位置，调节牛顿环仪、透明玻璃片 G，在望远镜中观察到清晰的透射光形成的干涉环，测出干涉环的角位置 θ_m，有

$$\sin^2\theta_m = \frac{m}{R}\lambda \tag{4-27-1}$$

已知波长 $\lambda = 589.3\text{nm}$，求出 R 值。

【实验设计要求】

(1) 阅读参考文献，简述实验原理；
(2) 自己设计数据处理方法；
(3) 自己设计实验记录表格，记录实验测量方法和主要过程；
(4) 讨论实验误差，完成实验报告。

【参考文献】

林抒，龚镇雄. 1981. 普通物理实验[M]. 北京：高等教育出版社.
杨述武. 2000. 普通物理实验(三、光学部分)[M]. 3 版. 北京：高等教育出版社.
杨述武. 2000. 普通物理实验(二、电磁学部分)[M]. 3 版. 北京：高等教育出版社.
张雄. 2009. 分光仪上的综合与设计性物理实验[M]. 北京：科学出版社：59-66.

(张皓晶编)

4.28 用衍射方法测量金属丝直径

【实验室提供的仪器用具】

已知波长的激光器、已知焦距的凸透镜、待测金属细丝、光屏 1、光屏 2(中心带孔)、米尺、三角板、支架若干、金属夹等。

【测量原理和方法提示】

当用激光垂直照射直径为 a 的金属细丝时，在观察屏上产生的衍射光强分布的极小满足：$a\sin\theta = k\lambda$，$k=\pm 1, \pm 2, \pm 3\cdots$，由于衍射角 θ 很小，可以近似认为 $\sin\theta \approx \theta$，则有 $a = \dfrac{k\lambda z}{x_k}$，$x_k$ 为第 k 级极小的位置。只要测得金属细丝夫琅禾费衍

射光强的第 k 级极小的位置 x_k，在已知光源波长和细丝到接收屏距离 z 的条件下，即可由 $a = \dfrac{k\lambda z}{x_k}$ 求得细丝的直径 a(郭向阳、李向正，2002).

【实验设计要求】

(1) 阅读参考文献，自己设计实验方法，根据需要从以上仪器与用具中选择合适的器材，采取适当方法和措施，尽量准确地测量.

(2) 简述测量原理，并给出测量公式. 画出测量光路图，并在图中注明各量，与测量公式中的一致，准确地反映出各器件间的位置、角度等关系.

(3) 简述为提高测量准确性所采取的方法和措施.

(4) 完整记录测量数据，写出计算公式，测量激光器的波长.

(5) 测量金属丝的直径，计算结果.

【参考文献】

陈怀琳, 邵义全. 1990. 普通物理实验指导(光学)[M]. 北京: 北京大学出版社.
郭向阳, 李向正. 2002. 用衍射方法测量微小直径[J]. 洛阳工业高等专科学校学报, 12(2): 25-26.
赵凯华. 2004. 光学[M]. 北京: 高等教育出版社: 164-228.
庄梅英, 徐哲惠. 1994. 对夫琅禾费衍射的再认识[J]. 大学物理, (7): 24-27.

(张皓晶编)

4.29 夫琅禾费衍射方法测微小长度

【实验室提供的仪器用具】

激光光源、凸透镜 $f = 50\text{mm}$、二维调整架 SZ-07、可调单缝 SZ-22、凸透镜 $f = 300\text{mm}$、测微目镜 Le(去掉其物镜头的读数显微镜)、读数显微镜架 SZ-38、公用底座 SZ-04、三维底座 SZ-01.

【测量原理和方法提示】

使用激光作为光源，调节光源、单缝和屏之间的距离，使发生夫琅禾费衍射. 通过测量衍射条纹的间距，根据衍射条纹的间距和缝宽之间的关系就可以测出微小长度的变化量. 激光照射到单缝上发生夫琅禾费衍射，当待测物体长度发生变化时，与之相连的单缝缝宽也随之发生变化，衍射条纹间距跟着发生变化.

设单缝的宽度为 a，衍射角为 θ，缝屏间距为 Z，激光垂直入射到单缝上，经单缝后在白屏上得到明暗相间的衍射条纹，衍射条纹的暗纹位置为 $\sin\theta = \dfrac{k\lambda}{a}$

$(k = \pm 1, \pm 2, \cdots)$，$\sin\theta = \dfrac{x_k}{\sqrt{x_k^2 + Z^2}}$，对于每一暗纹中心都有 $a = \dfrac{k\lambda\sqrt{x_k^2 + Z^2}}{x_k} = k\lambda\sqrt{1 + \left(\dfrac{Z}{x_k}\right)^2}$，因为 $Z \gg x_k$，所以 $\left(\dfrac{Z}{x_k}\right)^2 \gg 1$，得 $a \approx k\lambda\dfrac{Z}{x_k}$（张皓晶，2017），测出缝宽为 a_1 时第 k 级暗纹中心到中央明纹中心距离 x_{k1}，缝宽为 a_2 时第 k 级暗纹中心到中央明纹中心的距离 x_{k2}，则缝宽的变化量 $\Delta a = a_2 - a_1 = k\lambda Z\left(\dfrac{1}{x_{k1}} - \dfrac{1}{x_{k2}}\right)$，则与单缝相连的物体的微小长度变化量 $\Delta L = \Delta a = a_2 - a_1 = k\lambda Z\left(\dfrac{1}{x_{k1}} - \dfrac{1}{x_{k2}}\right)$（崔建文，2007）.

【实验设计要求】

(1) 写出实验方法和测量主要步骤.
(2) 简述实验设计思想.
(3) 讨论实验中引入的最大误差.
(4) 完成实验报告.
(5) 讨论实际组合的迈克耳孙干涉仪引入的误差.

【参考文献】

崔建文. 2007. 激光衍射法细圆柱体直径测量技术研究[D]. 哈尔滨: 哈尔滨工业大学: 33-36.
何军锋. 2002. 单缝衍射测定金属丝杨氏弹性模量的理论研究[J]. 陕西工学院学报, 18(4): 59.
刘秋武, 张庆. 2010. 单缝衍射光强分布的异常分析[J]. 实验室科学, 13(1): 183-185.
张皓晶. 2017. 光学平台上的综合与设计性物理实验[M]. 北京: 科学出版社: 169-179.
Born M, Wolf E. 1999. Principle of Optics[M]. 7th ed. Cambridge: Cambridge University Press.

(张皓晶编)

4.30 简易法测量光栅常量

【实验室提供的仪器用具】

氦氖激光器、衍射光栅、米尺、白屏.

【测量原理和方法提示】

用氦氖激光器测量光栅常量的实验装置如图 4-30-1 所示. 调节氦氖激光管，

让激光束垂直照射到光栅平面上. 此时 $\sin\theta_j = x_j / y_j$, 代入(2-34-1)式后得到

$$d = j\lambda \cdot \frac{y_j}{x_j} \qquad (4\text{-}30\text{-}1)$$

由(4-30-1)式看出，若已知光源波长 λ（氦氖激光 $\lambda = 632.8$ nm），只要测出对应于第 j 级衍射条纹的 x_j 和 y_j 值，即可求得光栅常量 d 的值.

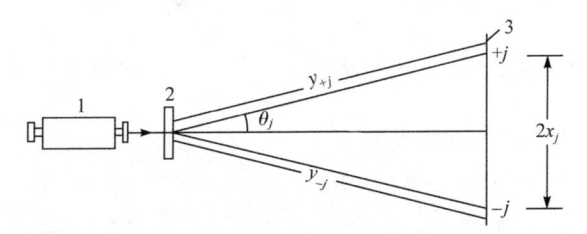

图 4-30-1 用氦氖激光器测量光栅常量
1. 氦氖激光器；2. 光栅；3. 屏

【实验设计要求】

(1) 阅读参考文献，观察不同光栅的衍射现象.
(2) 测量光栅常量. 为了减少测量误差：
(i) j 值应尽可能取得大一些；
(ii) 测量 $+j$ 级极大到 $-j$ 级极大之间的距离，除以 2 求得 x_j；
(iii) 测量 y_{+j} 和 y_{-j} 值，用其平均值作为 y_j.

【参考文献】

陈怀琳, 邵义全. 1990. 普通物理实验指导(光学)[M]. 北京: 北京大学出版社.
李亚铃, 李文博, 李宓善, 等. 2005. 光栅衍射和布拉格公式[J]. 大学物理, 24(9): 30-32.
苏亚凤, 李普选, 徐忠锋, 等. 2001. 斜入射条件下光栅衍射现象的分析[J]. 大学物理, 20(7): 18-22.
王琪琨, 张兆钧. 1999. 斜入射光波的光栅衍射研究[J]. 大学物理实验, 12(2): 27-28.
Michael V. 2005. Diffraction revisited: Position of diffraction spots upon rotation of a transimition grating [J]. Physics Education, 40(6): 562-565.

(张皓晶编)

4.31 用简易方法测定钠光灯波长

【实验室提供的仪器用具】

钠光灯、直尺、自制单狭缝、光栅、物理支架等.

【测量原理和方法提示】

用简易法测定钠光灯波长的实验装置如图 4-31-1 所示。用钠灯照亮单缝，直尺放单缝的一侧。观测者通过光栅直视单缝，此时有

$$d\sin\theta = k\lambda, \quad \sin\theta = \frac{y}{\sqrt{y^2+x^2}}$$

若 $k=\pm1$，d 为已知值，则 $\lambda = d\sin\theta = d\dfrac{y}{\sqrt{y^2+x^2}}$，只要测量出衍射条纹的 x，y 值，即可以求出钠光灯的波长 λ 值。

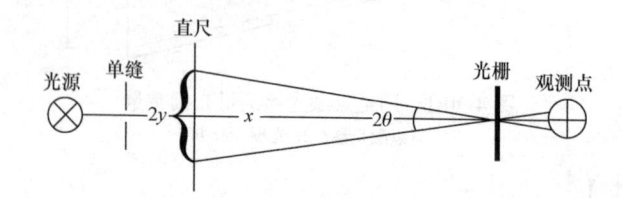

图 4-31-1 测定钠光灯波长的实验装置示意图

【实验设计要求】

(1) 用作图法和回归法处理数据，求出波长 λ；
(2) 阅读参考文献，简述实验原理、设计思想和数据读取方法，并设计记录表格；
(3) 实验中如何准确测出 x，y 的值？

【参考文献】

大卫·哈里德，罗伯特·瑞斯尼克，杰尔·沃克. 2005. 物理学基础[M]. 张三慧，李永联，译. 北京: 机械工业出版社: 953.

母国光，战元龄. 1978. 光学[M]. 北京: 高等教育出版社: 332-334.

沈元华，申陆龙. 2003. 基础物理实验[M]. 北京: 高等教育出版社: 252.

泰勒 F. 1990. 物理实验手册[M]. 张雄，伊继东，译. 昆明: 云南科技出版社: 96-98.

杨述武，赵立竹，沈国土. 2007. 普通物理实验 3. 光学部分[M]. 4 版. 北京: 高等教育出版社: 119-123.

姚启钧. 2002. 光学教程[M]. 3 版. 北京: 高等教育出版社: 131-132.

张贵银，关荣华. 2005. 光线斜入射对光栅常量测量的影响[J]. 大学物理实验, 18(1): 11-12.

张雄，王黎智，马力，等. 2001. 物理实验设计与研究[M]. 北京: 科学出版社: 223-230.

(张皓晶编)

4.32　辨别左旋圆偏振光和右旋圆偏振光的实验

【实验室提供的仪器用具】

分光计、四分之一波片、检偏器.

【测量原理和方法提示】

已知四分之一波片的快、慢轴(沿快轴方向振动的光——快光,经四分之一波片后,其相位超前慢光 $\pi/2$)和检偏器 A 的透光方向.

(1) 按图 4-32-1 布置元件,使四分之一波片的快轴水平(这只是为了观察方便),光束 2 称为线偏振光.

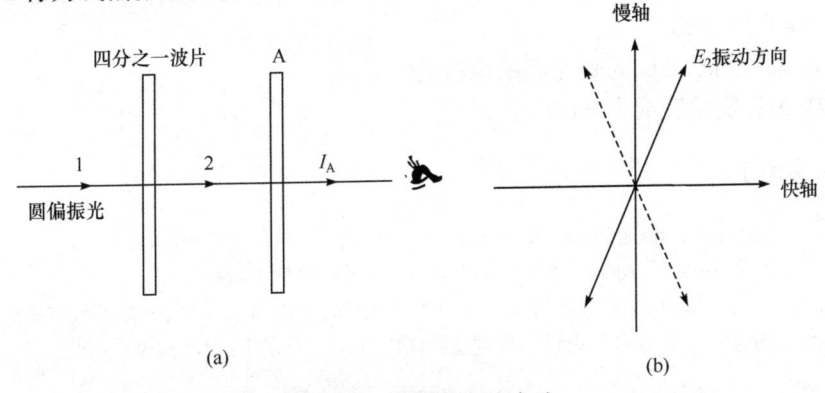

图 4-32-1　测量原理和方法

(2) 转检偏器 A 至消光($I_A = 0$). 由此推定 E_2 的振动方向与 A 的透光方向正交.

(3) E_2 的振动方向若在 1、3 象限内,入射光 1 为右旋圆偏振光,若 E_2 在 2、4 象限内,为左旋圆偏振光.

以上判断方法的理由如下.

入射光 1 为圆偏振光,正入射到四分之一波片上,分解为快光和慢光

$$\begin{cases} E_{快} = A\cos\omega t \\ E_{慢} = A\cos(\omega t + \varepsilon) \end{cases} \quad \left(\varepsilon = \pm\frac{\pi}{2}\right)$$

"+"对应于右旋圆偏振光,"−"对应于左旋圆偏振光.

通过四分之一波片后,出射光 2 为

$$\begin{cases} E_{快} = A\cos\omega t \\ E_{慢} = A\cos(\omega t + \varepsilon - \delta) \end{cases} \quad \left(\delta = \frac{2\pi}{\lambda}(n_{慢} - n_{快})t = \frac{\pi}{2}\right)$$

上式代表线偏振光.

$$\varepsilon = +\frac{\pi}{2}, \quad \varepsilon - \delta = 0, \quad E_2 在1、3象限内$$

$$\varepsilon = -\frac{\pi}{2}, \quad \varepsilon - \delta = -\pi, \quad E_2 在2、4象限内$$

【实验设计要求】

(1) 阅读参考文献，简述实验原理和方法.
(2) 设计实验记录表格，详细记录所观察到的现象.
(3) 完成实验报告.
(4) 入射光 1 的旋转方向判明后，若再把一个半波片插在四分之一波片前，其结果是什么？
(5) 已知一个四分之一波片的快、慢轴，怎样由它确定另一个四分之一波片的快、慢轴？
(6) 怎样判断椭圆光是左旋还是右旋？
(7) 设计实验完成上述(4)~(6)内容.

【参考文献】

陈怀琳，邵义全. 1990. 普通物理实验指导(光学)[M]. 北京：北京大学出版社.
徐建强，夏思沘，徐荣历. 2006. 大学物理实验[M]. 北京：科学出版社.
杨述武，赵立竹，沈国土. 2008. 普通物理实验 3. 光学部分[M]. 4 版. 北京：高等教育出版社.
张雄. 2009. 分光仪上的综合与设计性物理实验[M]. 北京：科学出版社：84-92.

(张皓晶编)

4.33 椭圆偏振光法测定介质薄膜的厚度和折射率

椭圆偏振光在样品表面反射后，偏振状态会发生变化，利用这一特性可以测定固体介质薄膜的厚度和折射率，它具有测量范围广、精度高、非破坏性、应用范围广等特点，在太阳能电池研究中是一种很实用的方法.

【实验室提供的仪器用具】

分光仪、椭偏装置(起偏器、检偏器、四分之一波片等)、氦氖激光源、待测样品、光阑、光电探测器.

【测量原理和方法提示】

椭圆偏振光法测定薄膜厚度和折射率的原理是：让一束椭圆偏振光射到薄膜

系统的表面，经反射后，反射光束的偏振状态(振幅和相位)会发生变化，只要测量出偏振状态的变化量，就能确定薄膜的折射率n和厚度d.

实验前仔细阅读参考文献(轩植华等，2006；王云才、杨玲珍，2004)，学习掌握实验原理，并按如图4-33-1所示实验装置示意图安装实验仪器用具. 实验中，转动起偏器和检偏器，使得待测光束最暗(消光状态)，记录此时起偏器和检偏器的方位角，便可求出总反射系数比的值，求出椭圆偏振光的p波与s波间的相位差经薄膜系统反射后发生的变化Δ和相应椭圆偏振光相对振幅的衰减$\tan\varphi$. 利用实验室的(φ,Δ)-(n,d)图线表，可以获得n和d值.

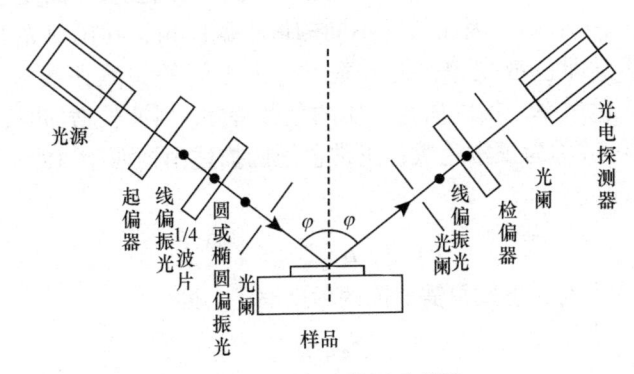

图4-33-1 实验装置示意图

【实验设计要求】

(1) 测定待测样品薄膜的厚度d和折射率n；
(2) 采用四点测量法测出起偏器和检偏器的方位角；
(3) 求出φ和Δ值；
(4) 用(φ,Δ)-(n,d)图线表求出n、d值；
(5) 根据参考文献，简述实验原理和方法；
(6) 简述减少实验误差所采用的方法；
(7) 完成实验报告.

【参考文献】

王云才, 杨玲珍. 2004. 大学物理实验教程[M]. 北京: 科学出版社: 199-203.
轩植华, 霍剑青, 姚焜, 等. 2006. 大学物理实验(第三册)[M]. 2版. 北京: 高等教育出版: 40-50.

(张皓晶编)

4.34 用分光仪观察并比较几种光谱

【实验室提供的仪器用具】

分光仪、三棱镜、错钕玻璃、溴钨灯、汞灯.

【测量原理和方法提示】

由于物质的折射率 n 是波长 λ 的函数,当含有不同波长 λ 的复色光经三棱镜后,具有不同的折射率,因而具有不同的最小偏向角,在出射光方向将看到不同颜色的彩带,即色散现象. 折射率 n 与 λ 之间的关系曲线称为色散曲线. $v = \mathrm{d}n/\mathrm{d}\lambda$ 称为色散率,用以描述介质的色散特性. 当波长增加时,折射率和色散率都减少的色散称为正常色散,正常色散的描述由柯西于 1836 年首先提出,称柯西方程,即

$$n = A + B/\lambda^2 + C/\lambda^4$$

当波长间隔不太大时,上式只需取前两项就够了,即

$$n = A + B/\lambda^2$$

此时,只需求出两个已知波长的 n 值,就可求出 A 和 B 的值. 并可以求得

$$v = -\frac{b}{\lambda^3}$$

它反映了棱镜的色散光谱是非均匀排的. 不同介质具有不同的色散曲线. 色散在不同的光学仪器中所起的作用不同. 例如,照相机、显微镜等的镜头要求色散小,以减小色差;而摄谱仪、单色仪等仪器则要求棱镜的色散要大,使各种波长的光分得较开,以提高仪器的分辨本领.

【实验设计要求】

(1) 阅读参考文献,重点观察溴钨灯的连续光谱.

用溴钨灯作光源,它是热辐射光源,发出的是连续光谱,属发射谱.

(2) 观察错钕玻璃的吸收光谱.

在观察溴钨灯连续光谱的光路中,再在狭缝 S_1 前放置错钕玻璃片,便可看到在明亮的连续背景上出现的几条粗暗线(暗带),它就是错钕玻璃的吸收光谱. 这些暗线又叫吸收线,它们是错钕玻璃中的钕离子对溴钨灯发射的连续光谱进行选择吸收的结果.

去掉错钕玻璃片,在 S_1 缝前放置红(或绿)玻璃片,光源仍用溴钨灯. 溴钨灯发

出的连续谱(白光)，一部分透过，一部分被红玻璃吸收，而看到的透过光谱与被它吸收掉的光谱大致互补.

(3) 观察汞灯的线状光谱.

高压汞灯为光源，看到的是一些分立的线状光谱，它们是汞原子的发射光谱.

【参考文献】

陈怀琳, 邵义全. 1990. 普通物理实验指导(光学)[M]. 北京: 北京大学出版社.
杨之昌. 1984. 几何光学实验[M]. 上海: 上海科学技术出版社.
张雄, 王黎智, 马力, 等. 2001. 物理实验设计与研究[M]. 北京: 科学出版社.

(张皓晶编)

4.35　用塞曼效应现象测定 e/m

【实验室提供的仪器用具】

电磁铁、激磁电源、笔形汞灯、凸透镜两个、法布里-珀罗(Fabry-Perot, F-P)标准具、读数显微镜、偏振片、滤光片.

【测量原理和方法提示】

实验装置如图 4-35-1 所示，在读数显微镜中观察汞灯 546.1 nm 谱线，未加磁场时有一个干涉环，加上磁场后分裂成 9 个干涉环，其中 3 个为 π 成分，6 个为 δ 成分. 如图 4-35-2 所示取相邻两级次的 π 成分进行测量，对于正常塞曼(Zeeman)

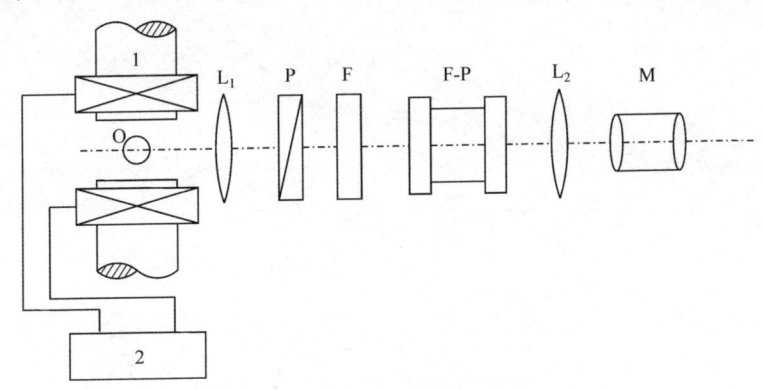

图 4-35-1　塞曼效应装置图

1. 电磁铁；2. 激磁电源；O. 笔形汞灯；L₁. 凸透镜；L₂. 凸透镜；F-P. F-P 标准具；M. 读数显微镜；P. 偏振片；F. 滤光片

效应，分裂谱线的波数差为

$$\Delta\delta_{ab} = \delta_a - \delta_b = \frac{1}{2d}\frac{\Delta D_{ab}^2}{\Delta D^2} = L = \frac{eB}{4\pi mc}$$

B=0   (   )

B≠0 无偏振片   ((((((((((   ))))))))))

B≠0 加偏振片π线   (((   )))

B≠0 加偏振片δ线   ((((((   )))   )))

图 4-35-2 观察汞灯 546.1nm 谱线的塞曼分裂示意图

【实验设计要求】

(1) 阅读参考文献，测定正常塞曼效应分裂谱形成的波数差 $\Delta\delta_{ab}$.
(2) 应用 L 计算出磁场强度 B 等于多少.
(3) 用高斯法测定磁场强度 B，并讨论用两种方法获得磁场强度 B 的误差.
(4) 测定 e/m，估算测量误差.
(5) 完成实验报告.

【参考文献】

高立模，夏顺保，陆文强. 2006. 近代物理实验[M]. 天津：南开大学出版社: 99-104.
张雄，王黎智，马力，等. 2001. 物理实验设计与研究[M]. 北京：科学出版社.
张之翔. 1978. 塞曼效应的偏振问题[J]. 物理, 7(6): 339.

(张皓晶编)

第5章 综合性实验

5.1 总结单摆周期经验公式

【实验目的】

(1) 总结单摆周期经验公式;

(2) 将单摆周期经验公式与理论公式比较,求重力加速度 g.

【实验原理】

(1) 单摆.

一根不能伸长的细线,上端固定,下端系一个小球,小球能在平衡位置往复摆动,这样的系统叫做单摆,如图 5-1-1 所示,图中 θ_m 为摆球摆至最远点时,摆线与竖直方向所成的夹角,称为幅角. 小球质心到固定点 O 的距离称为摆长,设摆线长为 l,小球直径为 d,则摆长

$$L = l + \frac{d}{2} \tag{5-1-1}$$

(2) 单摆周期经验公式的总结.

单摆往复振动一个全过程的时间,称为周期,用 T 表示. 为总结单摆周期经验公式,首先是对单摆的振动进行研究,仔细观察和分析影响周期的各种因素,确定其主要因素,然后进行测量找出其函数关系. 经过观察分析初步认为周期 T 与摆球质量 M、摆长 L 和幅角 θ_m 有关

$$T = f(M, L, \theta_m) \tag{5-1-2}$$

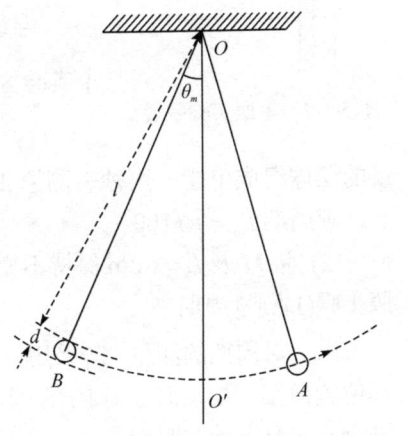

图 5-1-1 单摆示意图

本实验采用作图法寻找(5-1-2)式函数关系,为简化问题,可将一些因素保持不变,分别作 T-M、T-θ_m、T-L 图,找出两者间的函数关系. 如作 T-M 图时,保持 L 和 θ_m 不变,改变 M 测量对应的周期 T,可取得一组数据 $M_j(M_j, T)_{j=1,2,\cdots,n}$. 然后按照绪论中用作图法处理数据的方法,求出 T 与 M 之间的函数式 $T_M = \varphi(M)$. 用同样方

法求出函数关系式 $T_{\theta m}=\varphi(\theta_m)$ 和 $T_L=\varphi(L)$. 根据这三个函数式, 即可总结归纳单摆周期经验公式.

(3) 实验装置.

为便于调整摆长, 采用可移动的夹具固定摆线的上端 O 点, 如图 5-1-2 所示. 图 5-1-2 中 1 是可移动的夹具, 2 是静止在平衡位置的单摆, 3 是可在米尺 4 上平移的平面镜, 平面镜被弹簧夹紧并垂直于米尺. 平面镜中部有一水平细线, 为测量的参考线.

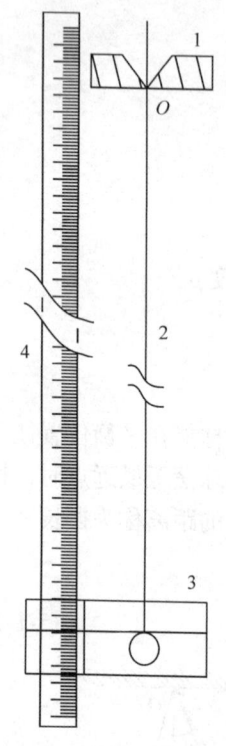

(4) 测量方法.

(i) 将平面镜移到夹具后面, 使摆线固定点 O 与 O 点在镜中的像, 以及镜上的水平线在同一水平面上(即用眼水平看去三者相重合). 从米尺上记下平面镜水平线的位置 y_0.

(ii) 将平面镜往下移, 用同样的方法测量摆线下端的位置为 y, 则 $L=y-y_0$. 用游标卡尺或按照上述方法测量摆球直径, 则摆长 $L=l+d/2$.

(5) 关于时间的测量仪器有机械秒表、电子秒表和数字计时器等.

图 5-1-2 单摆实验装置

【实验器材】

单摆装置、游标卡尺、秒表或者光电计时系统.

【实验内容】

(1) 将 $\theta_m=4°$ 及 $L=0.8\mathrm{m}$ 保持不变, 用五种不同质量的摆球组成单摆, 用秒表测量 100 次全振动的时间 t, 分别重复 3 次取平均值 $\bar{t}$, 则周期 $T_m=\bar{t}/100$.

(2) 将 M 及 $L=1.2\mathrm{m}$ 保持不变, θ_m 从 $1°$ 开始, 以后每次递增 $1°$, 直到 $\theta=10°$, 照步骤(1)测量周期 T_{θ_m}.

以上对周期的测量, 若采用光电计时系统效果更佳. 在摆球下面放置光电门, 其位置使摆球摆动时正好挡光. 若采用 SSM-5C 计时-计数-计频仪测量周期, 可测量 4 次全振动的时间.

注意单摆振动时, 要严格地控制在竖直平面内.

【数据处理】

(1) 按照绪论中用作图法处理数据的方法, 分别将三条曲线的实验点在同一张直角坐标纸上描点拟合曲线.

(2) 将拟合的曲线与标准函数曲线进行比较，建立数学模型，根据数学模型进行曲线的直化，求解参数建立有关经验公式 $T_M = \varphi(M)$，$T_{\theta_m} = \varphi(\theta_m)$ 和 $T_L = \varphi(L)$.

(3) 对于 T-θ_m 曲线，其中有一段是平行于 θ_m 轴的直线，确定这段直线的范围、解释它的物理意义. 为简化问题，可在 T-θ_m 为直线的范围内总结单摆周期经验公式.

(4) 将单摆周期经验公式与理论公式 $T = 2\pi\sqrt{L/g}$ 比较，求重力加速度 g，并与当地重力加速度 g 进行比较，计算相对误差.

(5) 将经验公式中所求的参数，与理论公式中有关系数进行比较，计算相对误差，得出结论.

【实验结果示例】

测量记录见表 5-1-1(周期为平均值)，作 T-M、T-θ_m、T-L 曲线，由图可知：

表 5-1-1　测量数据

	T-M $\theta_m = 4°$, $L = 0.8$m		T-θ_m $M = 0.033$kg, $L = 0.8$m		T-L $\theta_m = 4°$, $M = 0.033$kg	
i	M/kg	$\bar{T}$/s	θ_m/(°)	$\bar{T}$/s	L/m	$\bar{T}$/s
1	0.016	1.7950	1	2.1996	0.300	1.1015
2	0.033	1.7948	2	2.1991	0.500	1.4220
3	0.058	1.7949	3	2.1999	0.700	1.6796
4	0.077	1.7950	4	2.2001	0.900	1.9056
5	0.094	1.7951	5	2.1993	1.100	2.1069
6			6	2.1997	1.300	2.2914
7			7	2.2025	1.500	2.4615
8			8	2.2038	1.700	2.6181
9			9	2.2041	1.900	2.7678
10			10	2.2046		

(1) T-M 是一条平行于 M 轴的直线，表示 T 与 M 无关，即

$$T_M = 1.7950\text{s}|_{\theta_m=4°, L=0.8\text{m}} \tag{5-1-3}$$

(2) 从图中可以看出 T-θ_m 是一条平行于 θ_m 轴的直线，但从记录上可以看出 θ_m 从 7° 起 T 开始增加，这表示 $\theta_m \leqslant 6°$ 时，T 与 θ_m 无关即

$$T_{\theta_m} = 2.1996\text{s}|_{M=33\text{g}, L=0.8\text{m}, \theta_m \leqslant 6°} \tag{5-1-4}$$

(3) T-L 是一条幂函数曲线，数学模型为

$$T_L = cL^{\alpha} \tag{5-1-5}$$

式中 c 和 α 是待定参数，(5-1-5)式两端取对数，有

$$\ln T = \ln c + \alpha \ln L$$

在 $\ln T$ 与 $\ln L$ 坐标平面上，上式为直线．对 L 和 T 的测量值分别求对数，见表 5-1-2，作 $\ln T$-$\ln L$ 图，是一条很好的直线．由 $(-1,0.2)$ 与 $(0.6,0.995)$ 两点可得直线斜率 $\alpha = 0.497 \approx 0.5$，由 $(0,0.698)$ 点可得截距 $\ln c = 0.698$，故得 $c = e^{0.698} = 2.0092$．代入 (5-1-5) 式可得

$$T_L = 2.0092\sqrt{L}\,|_{M=33\text{g},\theta_m=4°} \qquad (5\text{-}1\text{-}6)$$

表 5-1-2　$\ln T$-$\ln L$ 关系

$\ln T$	−1.2040	−0.6931	−0.3567	−0.1054	0.09531	0.2624	0.4055	0.5306	0.6418
$\ln L$	0.09667	0.3521	0.5186	0.6448	0.7452	0.8292	0.9008	0.9624	1.0180

结论：由 (5-1-3) 式、(5-1-4) 式和 (5-1-6) 式三式可知，当 $\theta_m \leqslant 6°$ 时，单摆周期仅与摆长 L 的平方根成正比．故得单摆周期经验公式

$$T = 2.0092\sqrt{L}$$

将单摆周期经验公式与理论公式比较，可得重力加速度

$$g = \left(\frac{2\pi}{2.0092}\right)^2 = 9.7794\,(\text{m/s}^2)$$

昆明地区重力加速度 $g_0 = 9.73\,\text{m/s}^2$，故得

$$E = \frac{g - g_0}{g_0} = 0.71\%$$

【思考题】

(1) 根据 (5-1-2) 式总结的经验公式，是否忽略了其他因素？对经验公式是否有影响？

(2) 单摆在振动过程中，哪一点的速度最大？哪一点的加速度最大？

(3) 根据表 5-1-2 中的数据，用一元线性回归法处理数据，进行误差分析和估计．

(云南师范大学物理实验教学示范中心供稿　张雄编　徐云冰校)

5.2　旋转液体测量重力加速度

【实验目的】

(1) 学习一种运用旋转的液体测量重力加速度的简易新方法；

(2) 用转动惯量仪及附件测重力加速度．

【实验原理】

旋转液体实验是一个既古老又现代的实验(晏湖根等，2003). 在牛顿力学中就有对旋转液体现象的讨论，直到今天，旋转液体的研究依然广受关注. 旋转液体现象具有直观性、生动性，能激发学生对实验的兴趣(王爱芳等，2013). 但由于受到旋转液体实验仪器的限制，至今国内只有为数不多的学校开设了这个实验. 国内研究者主要利用激光笔向旋转液面投射激光，利用激光会聚点来测量重力加速度(王爱芳等，2013)或用于测量液体折射率(唐军杰等，2013). 国外研究者主要运用旋转液面形成的液面最低点与激光焦点的距离来测量重力加速度(Sundstrom et al.，2016). 旋转液体方法与传统的重力加速度的测量方法(单摆法(杨述武等，2007)和自由落体运动等(Oliveira et al.，2016))相比较，实验装置复杂，精确度要求高，仅在高校的综合性物理实验或专业实验中开设. 我们将旋转液体实验作为简易的理工科大学生教学实验，为学生增加创新性和设计性的实验内容. 将重力加速的测量方法放在转动惯量仪上操作，利用已有的实验器材(杨述武等，2007)，粗略测量了重力加速度值. 教学实践表明其操作简单，教学效果较好，易于在物理实验教学中推广使用.

选取任意一个液体微元，该液体的位置图和受力图(陈红雨，2007)如图 5-2-1 和图 5-2-2 所示.

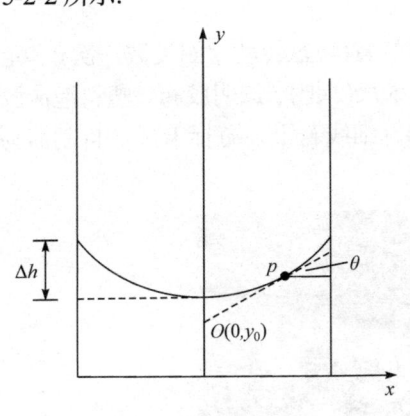

图 5-2-1 液体位置　　　　图 5-2-2 液体受力

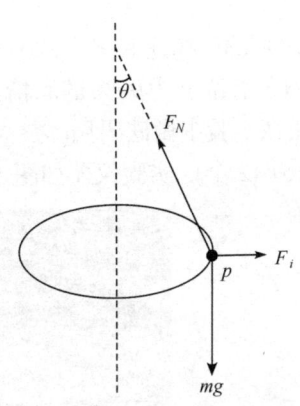

F_i 为沿径向向外的惯性离心力；mg 为液体的重力；F_N 为周围液体对这个液体的合力，方向垂直于液体表面；w 为烧杯(圆柱形容器)的角速度大小；R 为烧杯的半径；Δh 为旋转液面最高点和最低点的高度差；$O(0, y_0)$ 为中心最低点的坐标.

$$F_N \cos\theta - mg = 0 \tag{5-2-1}$$

$$F_N \sin\theta - F_i = 0 \tag{5-2-2}$$

$$F_i = mw^2 x \tag{5-2-3}$$

联立(5-2-1)式～(5-2-3)式可得

$$\tan\theta = \frac{dy}{dx} = \frac{w^2 x}{g} \tag{5-2-4}$$

方程两边同时积分可得

$$y = \frac{w^2}{2g}x^2 + y_0 \tag{5-2-5}$$

若 p 点在液面与烧杯相交处，即坐标 $(R, y_0 + \Delta h)$，则有

$$y_0 + \Delta h = \frac{w^2 R^2}{2g} + y_0 \tag{5-2-6}$$

即

$$\Delta h = \frac{w^2 R^2}{2g} \tag{5-2-7}$$

所以

$$g = \frac{w^2 R^2}{2\Delta h} = \frac{2\pi^2 R^2}{T^2 \Delta h} \tag{5-2-8}$$

【实验装置和内容】

转动惯量仪(杨述武等，2007)(带有计时装置(转盘转动半圈读数一次))、定滑轮、烧杯(装有浓度为 95% 的酒精 220mL)、米尺(2 把)、透明胶布、塑料泡沫胶、矿泉水瓶在实验中做砝码用(含有水 500mL)、细线若干、游标卡尺、自制简易铁架台、铁夹(2 个). 实验仪器如图 5-2-3 所示.

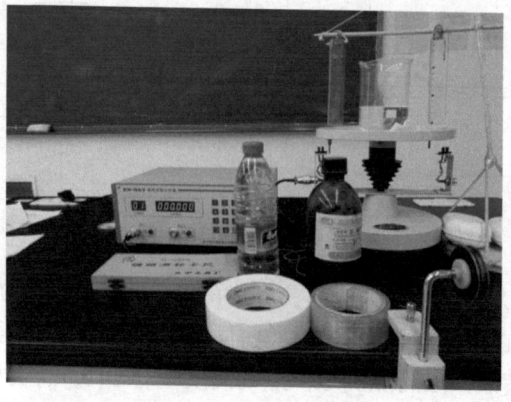

图 5-2-3 转动惯量仪

旋转液体测量重力加速度实验，主要运用液体旋转在表面形成抛球面，而液体抛球面的液面差 Δh 与重力加速度、旋转角速度有关见(5-2-8)式. 直接测量液面

高度差 Δh 与对应的旋转角速度 w,从而达到间接测量重力加速度的目的.

实验内容：在转动惯量仪的转台中间,贴上透明胶布,在烧杯(装有酒精 220mL)底部先贴上透明胶布,再贴上塑料泡沫胶,将烧杯与转台黏合以防旋转时滑落.在自制铁架台上系上两把米尺,如图 5-2-4 所示.用一根细线,一端缠绕在转动惯量仪下方的转轴上,另一端系在矿泉水瓶中部,将细线绕过固定在桌面上的定滑轮,稳定装置,调节好计时装置后释放.实验结束后,倒去酒精,用游标卡尺测量烧杯直径大小.

图 5-2-4 米尺位置摆放图

数据记录：记录计时装置的读数,液体抛球面的液面高度差 Δh,烧杯直径 D.

【实验测量结果实例和误差分析讨论示例】

1. 测量结果实例

直接测量出的液体抛球面的液面高度差 Δh 和烧杯直径读数,见表 5-2-1.

表 5-2-1 液体抛球面的液面高度差 Δh 和烧杯直径读数

测量次数	液面高度差 Δh 读数/cm	烧杯直径 D/cm	测量次数	液面高度差 Δh 读数/cm	烧杯直径 D/cm
1	4.00	8.81	6	4.00	8.81
2	4.00	8.81	7	4.00	8.81
3	4.00	8.82	8	4.00	8.81
4	4.00	8.79	9	4.00	8.81
5	4.00	8.81	10	4.00	8.79

用转动惯量仪及配套的计时器,在同一测量中记录多次读数.当塑料瓶掉地后,转台将由于惯性继续转动.考虑到计时器在单次测量过程中计时较短,尽可

能让计时器读数处于稳定阶段,这样测量数据误差较小.实验中取液面高度差Δh为4cm时计时器的读数,重复测量十次,得到如下数据见表5-2-2.

表 5-2-2 计时装置读数

测量次数	计时器的读数差值/s	转台转动半圈所用时间的平均值 t/s	测量次数	计时器的读数差值/s	转台转动半圈所用时间的平均值 t/s
1	2.334	0.1556	6	2.337	0.1558
2	2.326	0.1550	7	2.328	0.1552
3	2.316	0.1544	8	2.317	0.1545
4	2.314	0.1543	9	2.315	0.1543
5	2.313	0.1542	10	2.313	0.1542

由于实验中读出的液面升降高度是一个稳定后的平均值,故取这段时间对应的平均周期.将实验数据代入公式 $g = \dfrac{w^2 R^2}{2\Delta h} = \dfrac{2\pi^2 R^2}{T^2 \Delta h}$ 中计算,可得重力加速度.

2. 误差分析讨论示例

直接测量的标准不确定度的A类分量公式(张雄等,2001)为

$$\delta(\bar{x}) = \sqrt{\dfrac{\sum\limits_{i}^{n}(x_i - \bar{x})}{n(n-1)}} \tag{5-2-9}$$

样本平均值公式(张雄等,2001)为

$$\bar{y} = \dfrac{1}{n}\sum_{i=1}^{n} y_i \tag{5-2-10}$$

间接测量不确定度计算公式(张雄等,2001)为

$$\delta(\bar{y}) = \sqrt{\sum_{i=1}^{n}\left(\dfrac{\partial \bar{y}}{\partial \bar{x}_i}\right)^2 \delta^2(\bar{x}_i)} \tag{5-2-11}$$

测量公式为

$$g = \dfrac{w^2 R^2}{2\Delta h} = \dfrac{2\pi^2 R^2}{T^2 \Delta h} \tag{5-2-12}$$

将(5-2-12)式代入(5-2-11)式,可以得间接测量不确定度的计算公式为

$$\begin{aligned}\delta(g) &= \sqrt{\left(\dfrac{\partial g}{\partial R}\delta R\right)^2 + \left(\dfrac{\partial g}{\partial T}\delta T\right)^2 + \left(\dfrac{\partial g}{\partial \Delta h}\delta \Delta h\right)^2} \\ &= \sqrt{\left(\dfrac{4\pi^2 R}{T^2 \Delta h}\delta R\right)^2 + \left(\dfrac{-4\pi^2 R^2}{T^3 \Delta h}\delta T\right)^2 + \left(\dfrac{-2\pi^2 R^2}{T^2 (\Delta h)^2}\delta \Delta h\right)^2}\end{aligned} \tag{5-2-13}$$

测量结果的表述(张雄等，2001)为
$$g = \bar{g} \pm \delta(\bar{g}) \tag{5-2-14}$$

实验相对误差的公式(杨述武等，2007)为
$$\varepsilon = \left| \frac{g - g_{标}}{g_{标}} \right| \tag{5-2-15}$$

将实验数据代入以上公式可得

$\Delta h = 4.000\text{cm},\qquad \bar{D} = 8.807\text{cm},\qquad \bar{t} = 0.155\text{s}$

$\delta(\Delta h) = 1/\sqrt{3}\text{mm},\qquad \delta(\bar{D}) = 0.003\text{cm},\qquad \delta(\bar{t}) = 1.973 \times 10^4 \text{s}$

$\bar{y} = 9.980\text{m/s}^2,\qquad \delta(\bar{g}) = 0.005\text{m/s}^2$

实验测量的重力加速度大小为 $g = (9.980 \pm 0.005)\text{m/s}^2$；昆明地区的重力加速度标准值为 $g = 9.783\text{m/s}^2$；实验的相对误差为 $\varepsilon = 1.951\%$.

该实验在误差允许的范围内是合理的. 但将实验数据与标准值对比，误差的产生主要可能由于以下几点：旋转液面的不稳定，导致液面读数存在误差；从公式中可以看出，时间计算处于平方项上，很小的变化都能导致实验结果有很大的误差；实验中酒精易挥发，光电门读数减小，从而导致实验结果偏大.

利用旋转液体测量重力加速度的方法，不仅能增强学生对实验的兴趣，激发学生的创新思维，还能在一定程度上提高学生处理数据、分析误差的能力. 虽然，旋转液体实验也有其自身的缺陷，例如，与传统实验相比，旋转液体实验难度较大；实验装置复杂，不易获取；旋转液体实验在实际操作过程中，对学生自身能力要求较高，通常没有教师引导，学生无法单独完成. 但是，由于使用转动惯量仪和与之配套的计时器，不需增加其他新设备，作为创新性和设计性实验在理工科大学生中开设该实验，教学实践表明效果较佳.

重力加速度的测量是理工科大学生的必修物理实验. 常用的方法为单摆法和自由落体运动法等，本节介绍了一种运用旋转的液体测量重力加速度的简易新方法. 该方法利用已有的实验器材，操作简单，实验现象明显，易于在边疆地区的物理实验教学中推广使用.

【思考题】

(1) 如何保证测定的液面升降高度是一个稳定后的平均值?
(2) 设计一个测定液面升降高度微小变化的装置，简述设计方案.

【参考文献】

陈红雨. 2007. 旋转液体综合实验设计[J]. 大学物理, 26(1): 30-33.

唐军杰, 刘传斌, 游君昱, 等. 2013. 利用旋转液体特性测量液体折射率方法的改进[J]. 实验技术与管理, 30(3): 60-61, 77.

王爱芳, 刘芬, 张艺, 等. 2013. RL-1 型旋转液体特性研究实验的改进方法[J]. 大学物理实验, 26(3): 28-31.

晏湖根, 袁野, 陆申龙. 2003. 一个集力学和光学实验于一体的综合物理实验[J]. 大学物理实验, 16(3): 1-5.

杨述武, 赵立竹, 沈国土, 等. 2007. 普通物理实验 1. 力学、热学部分[M]. 4 版. 北京: 高等教育出版社: 30-33, 61-63.

张雄, 王黎智, 马力, 等. 2001. 物理实验设计与研究[M]. 北京: 科学出版社: 22-40.

Oliveira V. 2016. Measuring g with a classroom pendulum using changes in the pendulum string length[J]. Physics Education, 51: 063007.

Sundstrom A, Adawi T. 2016. Measuring g using a rotating liquid mirror: Enhancing laboratory learning[J]. Physics Education. 51(5): 053004.

(张皓晶编)

5.3　手机测物体惯性质量

【实验目的】

(1) 学习一种用手机测物体惯性质量的方法；
(2) 观测了解手机测惯性质量的误差.

【实验原理】(杨述武等, 2007)

惯性秤实验是力学实验中一个重要的实验(宫建平等，1994). 质量是物体的固有属性, 它不随物体运动状态与位置的改变而改变, 在生活中测量的物体质量通常是物体的引力质量, 它会随着重力系数的变化而改变. 众所周知, 在地球上的重力会受到海拔与纬度的影响, 在不同地方测得的引力质量会存在差异, 然而物体的惯性质量是物体的固有属性, 并不会受到这些因素的影响. 在牛顿定律、密度公式中的质量就是物体的惯性质量, 因此测量物体的惯性质量具有重要的意义. 常用的测量物体质量的装置有: 弹簧秤、天平、电子秤、惯性秤等. 在以上的质量测量装置中, 只有惯性秤可以测量物体的惯性质量. 惯性秤主要应用于太空物体惯性质量的测量, 在太空中, 物体处于失重状态, 弹簧秤、天平等将无法测量出物体的惯性质量. 利用惯性秤不会受到失重影响的特点测量出物体的惯性质量. 随着经济的发展, 智能手机的使用越来越频繁. 人类对手机的依赖所引发的问题也越来越严重, 手机多数时候是休闲娱乐的工具. 实验介绍一种运用手机进行的物理实验. 该实验操作简单, 实验效果明显, 易于在物理创新性拓展实验中推广使用.

当惯性秤的悬臂在水平方向带动着手机一起作周期性来回振动时，由于在水平方向仅受到弹性恢复力的作用，则运动方程为

$$(m_0 + m_i)\frac{d^2 x}{dt^2} = -kx \quad (5\text{-}3\text{-}1)$$

式中 m_0 为惯性秤空载时的等效质量，m_i 为秤台上插入的质量块的惯性质量，k 为悬臂振动体的劲度系数，x 为振动过程中手机的位移矢量，t 为振动时间。由弹簧秤的位移公式得

$$x = A\cos(\omega t + \varphi) \quad (5\text{-}3\text{-}2)$$

由(5-3-1)式和(5-3-2)式得

$$\omega = \sqrt{\frac{k}{m_0 + m_i}} \quad (5\text{-}3\text{-}3)$$

又因为(曾腾等，2006)

$$\omega = \frac{2\pi}{T} \quad (5\text{-}3\text{-}4)$$

联立(5-3-3)式和(5-3-4)式得

$$T = 2\pi\sqrt{\frac{m_0 + m_i}{k}} \quad (5\text{-}3\text{-}5)$$

式中 m_0 是已知的，对(5-3-5)式两边求平方得

$$T^2 = \frac{4\pi^2}{k}m_0 + \frac{4\pi^2}{k}m_i \quad (5\text{-}3\text{-}6)$$

令 $T^2 = y, b = \frac{4\pi^2}{k}m_0, a = \frac{4\pi^2}{k}$，则(5-3-6)式可变为

$$y = b + am_i \quad (5\text{-}3\text{-}7)$$

(5-3-7)式表明，惯性质量水平振动周期 T 的平方和附加质量 m_i 是线性关系。测出各已知惯性质量 m_i 所对应的周期 T_i，可作 T_i^2-m 直线图，这就是该惯性秤的定标曲线(杨述武等，2007)。在实验中，通过手机测得不同质量的砝码所对应的周期，再画出定标曲线。只放上手机测得相应的周期，在定标曲线上找到该周期对应的质量，就是手机的惯性质量。

【实验器材】

手机(两个)、惯性秤、定标用标准质量块、周期测定仪、待测物。

【实验装置和内容】

首先使用手机下载应用程序——加速度模拟器(De Jesus et al., 2016)，这种应

用程序很普及，登陆谷歌商城就可以下载．这种软件有两部分，需要两个手机分别下载．两手机之间通过蓝牙连接．一个应用程序是用来检测手机运动过程中的加速度情况，这个应用程序对测量手机受力情况非常灵敏，只要手机轻轻地移动它就会有数据变化．另一个应用程序接收到蓝牙传过来的信号，并生成加速度时间图．在手机采集数据的过程中，只需要数波形图中波峰的数量就可以求出手机的振动周期．

如图 5-3-1 所示，是本实验的实验装置，首先，调节惯性秤悬臂，使之保持水平，然后打开周期测定仪．将惯性秤悬臂拉开一定的角度静止释放，通过周期测定仪可以记录下悬臂的振动周期，将不同质量的砝码插入惯性秤上的卡槽，由周期测定仪可以得到不同质量砝码的振动周期．

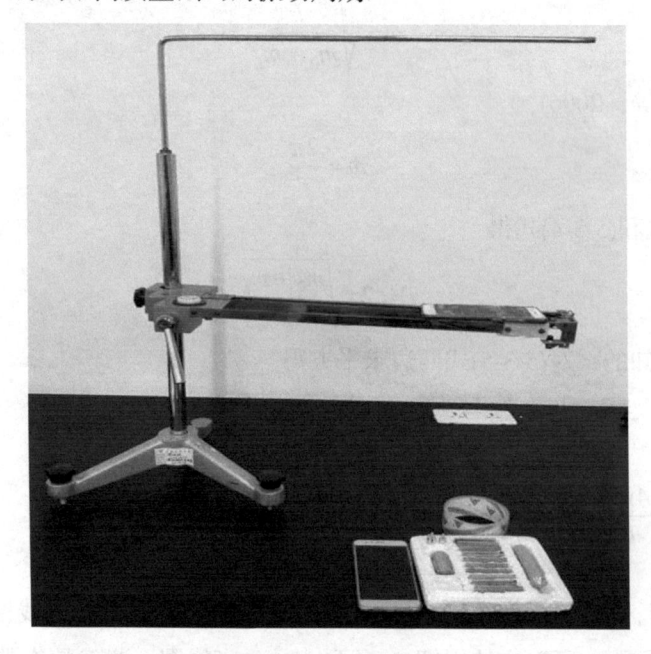

图 5-3-1　实验装置图

将手机放在惯性秤上并用透明胶带固定，这是为了减小实验误差，在振动过程中，如果手机没有与悬臂固定，手机记录的周期与悬臂的振动周期并不相同，从而影响实验结果．用水平测量仪调节惯性秤悬臂使惯性秤的悬臂保持水平．打开两个手机的蓝牙并配对成功，将手机上不同的应用程序打开．拉动惯性秤的悬臂成一定的角度，使手机跟随着悬臂一起作来回振动，此时在另一个手机上的应用程序记录下每个时刻的加速度，由于惯性秤悬臂来回振动，实验数据呈现周期性变化，通过应用程序形成波形图，所得到的波形图是加速度-时间图，横坐标为加速度，可以在图上很容易地得出两个波峰之间的时间，这个时间便是手机在惯性秤上的振动周期. 将不同质量的砝码插入惯性秤上的卡槽，用手机应用程序可以得到不同惯性质量对应的周期.

【数据处理示例】

(1) 利用周期测定仪测得如表 5-3-1 所示数据.

表 5-3-1　周期测定仪测得的周期

m_i /g	0	25	50	75	100	125	150
T_i /s	0.308	0.367	0.418	0.465	0.514	0.551	0.581
T_i^2 /s²	0.095	0.135	0.175	0.216	0.264	0.304	0.340

将以上数据绘成图形如图 5-3-2 所示.

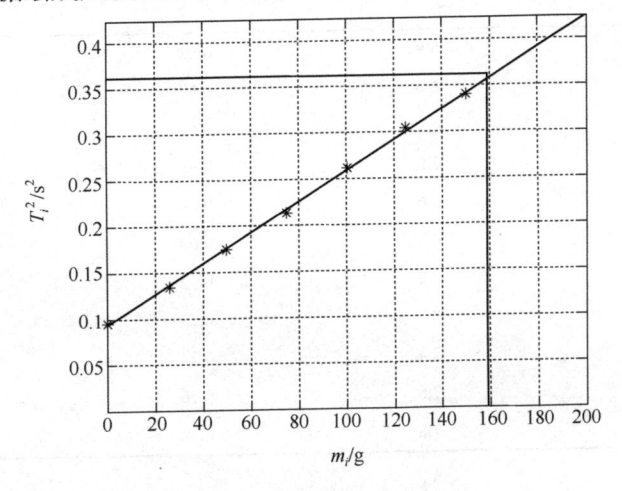

图 5-3-2　周期测定仪的定标曲线

通过手机测得手机振动周期的平方为 $T^2 = 0.36$，通过图 5-3-2 很容易得到手机的惯性质量 $m_{手机} = 160\text{g}$，而通过电子秤测得的手机引力质量为 $m = 155\text{g}$. 计算实验的相对误差

$$\varepsilon = \frac{m_{手机} - m}{m} \times 100\% = 3.2\%$$

由上面可以看出手机测量的相对误差并不大. 实验的误差源于以下几个方面：
(i) 计算过程中的运算是造成实验误差的因素之一；
(ii) 手机的测量精度并不高；
(iii) 实验结果是通过坐标纸画图得出的，在画图过程中会造成误差.

(2) 利用手机测定标曲线，求物体质量.

通过以上实验可以看出，利用手机测物体的惯性质量所得到的实验数据较为准确，手机测量物体惯性质量具有可行性．但以上的定标曲线是利用周期测定仪测得的．然而一套周期测定仪在市场上的售价比较昂贵，很多偏远地区的学校并没有这套装置，使得传统的物理实验无法得到推广．很多偏远地区的学生只能通过书本了解本实验，无法亲身感受到本实验所蕴含的物理意义．如果能够通过手机定标求出物体的惯性质量，将改变这种状况．

将手机固定在惯性秤悬臂上，将不同惯性质量的砝码放入惯性秤卡槽中，测得不同惯性质量所对应的周期，在坐标纸上画出定标曲线，求待测物体的惯性质量．本次实验所采用的待测物体为 1 个惯性质量为150g 的砝码．通过实验，测得如表 5-3-2 所示的数据．

表 5-3-2　手机测量不同惯性质量物体的周期

m_i/g	$10T_i/\text{s}$	T_i/s	T_i^2/s^2
0	5.8	0.58	0.336
15	6.0	0.60	0.360
25	6.1	0.61	0.372
40	6.5	0.65	0.423
50	6.6	0.66	0.436
75	6.9	0.69	0.476
90	7.2	0.72	0.518
100	7.3	0.73	0.533
115	7.4	0.74	0.548
125	7.6	0.76	0.578
140	7.8	0.78	0.608

利用以上数据画出图形如图 5-3-3 所示．

通过测量得到质量为 $m_{码}$=150g 的砝码的振动周期的平方为 $T^2=0.64$，代入定标曲线得到砝码的惯性质量为 m=164g，则相对误差为

$$\varepsilon = \frac{m - m_{码}}{m} \times 100\% = \frac{164 - 150}{150} \times 100\% = 9.3\%$$

可以看出利用手机测量物体的惯性质量存在误差，但误差并不大．经过分析，实验误差可能来源于以下几个方面：

(i) 手机测量的数量级只有小数点后一位，无法进行计算．在数据采集中，通过测量 10 个周期再求平均，得到的不同惯性质量物体的周期存在计算误差；

(ii) 在实际计算中，平方运算加大了误差；

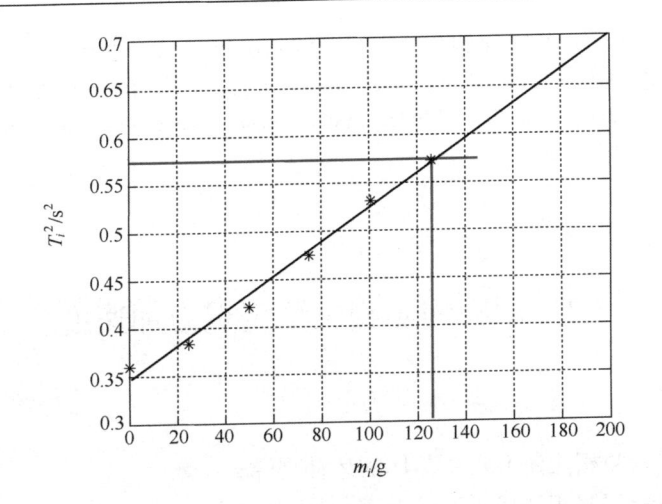

图 5-3-3 手机测量的定标曲线

(iii) 由于实验结果是通过坐标纸画出曲线求得的，在图纸上连线时有相当大的主观因素(宫建平等，1994).

【分析讨论】

在普通物理实验中，测量物体的惯性质量具有重要的意义. 通常惯性质量一般是通过惯性秤实验来测量，具有精度高的优点，实验室中惯性秤实验的周期通过周期测定仪来测量，周期测定仪最多只能测量 4 个周期. 而本实验可以测量更多的周期，通过波形图可以明显地看出，在振动过程中，回复的加速度在逐渐地减小，这与振幅的减小有一定的关系. 现在手机的使用越来越频繁，将手机与物理实验相结合，不仅具有趣味性，还易于推广. 本实验操作简单，实验结果易于获得，是通过图像法得出的，可以教会学生使用图像法来解决物理问题. 虽然学生在高中阶段并没有详细讨论关于惯性质量的知识内容，而到了大学才有所深入接触，但是由于本实验的数学计算并不难，因此其可以作为中学生的课外探究实验.

【思考题】

(1) 如何区分引力质量与惯性质量？
(2) 测量物体的惯性质量有何意义？

【参考文献】

宫建平, 李春明. 1994. 惯性秤与惯性质量[J]. 晋中学院学报, (2):25-26.
杨述武, 赵立竹, 沈国土, 等. 2007. 普通物理实验 1. 力学、热学部分[M]. 4 版. 北京: 高等教育出版社.

张雄, 王黎智, 马力, 等. 2001. 物理实验设计与研究[M]. 北京: 科学出版社.
曾腾, 林红. 2006. 惯性秤振动周期的研究[J]. 海南师范大学学报(自然科学版), 19(2):136-139.
de Jesus V L B, Sasaki D G G. 2016. Modelling of a collision between two smartphones[J]. Physics Education, 51(5):055006.

(张皓晶编)

5.4 用频闪照相法测定重力加速度

【实验目的】

(1) 用频闪照相法研究自由落体的运动规律；
(2) 学习频闪照相技术.

【实验原理】

频闪照相就是用特殊的拍摄方法，使连续运动的物体在照相底片上留下具有相同时间间隔、不同时刻的分立像，只要测量出像点在各时刻的位置，就可以研究物体的运动. 频闪照相有两种方法，一种是用频闪仪，频闪仪工作时，频闪灯以给定频率发出闪光，给运动物体以脉冲式照相，从而使物体只在被照明的瞬间才在底片上的不同位置留下相应的像. 各相邻两像的间距不相等，但因为具有相同的时间间隔，从而可得出运动物体的时间与位置的确定关系. 另一种是利用旋转遮光器，使运动物体在同一张底片上多次曝光，如果每次的曝光时间足够短，也可以得到一列分离的像. 本实验采用前一种方法——频闪照相法.

用频闪照相法研究自由落体的运动. 如图5-4-1所示为一张自由落体(小球)的频闪照相底片. 由于闪光频率一定，相邻两像点经历的时间相同而其间距随下落距离的增加而变大. 设用读数显微镜测得底片上相邻像点的位置为 h_1, h_2, h_3,…, h_8(在此以8个位置为例，实际可多于8个，但最

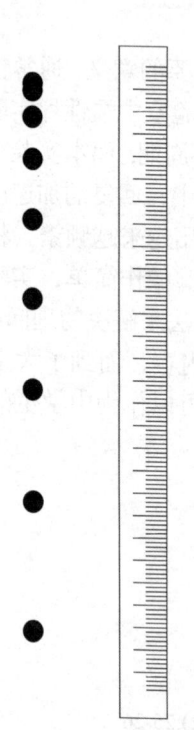

图 5-4-1 自由落体(小球)的频闪照相底片

好是 4 的倍数), 其相邻两像经历的时间为 T, 我们要根据这些数据判断: ①自由落体运动是否是匀加速运动; ②如果是匀加速运动其加速度是多少.

假设物体的运动是匀加速的, 那么各 h 值和加速度 a 之间有如下关系:

$$\left.\begin{aligned} h_1 &= h_0 + v_0 T + \frac{1}{2} a T^2 \\ h_2 &= h_0 + v_0 (2T) + \frac{1}{2} a (2T)^2 \\ &\cdots\cdots \\ h_8 &= h_0 + v_0 (8T) + \frac{1}{2} a (8T)^2 \end{aligned}\right\} \tag{5-4-1}$$

式中 a 为加速度, T 为相邻两次曝光的时间间隔(即为闪光频率的倒数), h_0 和 v_0 分别为开始计时物体的位置和速度, 将上列 8 式分为 h_1 到 h_4、h_5 到 h_8 两组, 求两组各对应点之差(消去 h_0)得到

$$\left.\begin{aligned} \Delta h_1 &= h_5 - h_1 = v_0 (4T) + \frac{24}{2} a T^2 \\ \Delta h_2 &= h_6 - h_2 = v_0 (4T) + \frac{32}{2} a T^2 \\ \Delta h_3 &= h_7 - h_3 = v_0 (4T) + \frac{40}{2} a T^2 \\ \Delta h_4 &= h_8 - h_4 = v_0 (4T) + \frac{48}{2} a T^2 \end{aligned}\right\} \tag{5-4-2}$$

将上列 4 式再分成两组求差(消去 v_0)得到

$$\begin{aligned} \varDelta_1 &= \Delta h_3 - \Delta h_1 = 8 a T^2 \\ \varDelta_2 &= \Delta h_4 - \Delta h_2 = 8 a T^2 \end{aligned} \tag{5-4-3}$$

即

$$\varDelta = \varDelta_1 = \varDelta_2 = 8 a T^2 \tag{5-4-4}$$

(5-4-4)式表明, 对于匀加速运动的物体, 测得物体相同时间间隔所在的位置, 并按上述过程整理数据之后, 所得各 $\varDelta$ 值均相等. 反过来, 将一做加速运动的物体在相同时间间隔所在的位置按上述要求二次分组求差之后的数值如果相等, 即可认为该物体的运动是匀加速运动, 并可根据(5-4-4)式求出加速度 a 的值. 但是求出的 a 只是小球的像在底片上运动的加速度, 为了求出小球下落的实际加速度, 需要知道底片上两像点的距离与对应的实际距离间的比例关系, 此比例关系可以由拍摄的标尺求出. 设标尺上两刻度的距离为 h, 而底片上摄得的两刻度间的距离为 l, 则有 $h = ml$, 测量出 h 和 l 即可求得 m 值. 这样, 底片上两像点之间的距离乘以 m, 就是小球在两次闪光间实际下落的距离. 于是引入 m 之后, (5-4-4)式成为

$$m\Delta = 8a_0T^2 \qquad (5\text{-}4\text{-}5)$$

式中 a_0 即为小球下落的实际加速度.

$$a_0 = \frac{m\Delta}{8T^2} \qquad (5\text{-}4\text{-}6)$$

频闪照相可以将运动物体(直线运动或平面上的曲线运动)在相等时间间隔的各个位置上的影像,逐个地拍摄在同一张照片上.利用频闪照片不但可以分析力学中的时空关系问题,还可以从极为生动的动态图片中清楚地了解物体运动的轨迹、时间、位移等参数,因此它是研究物体运动的一种重要方法.但是由于照相物镜有像差,以及测量中误差较大等因素,使用频闪照相法所得到的物体运动加速度的准确度不可能很高.例如,用频闪照相法测量物体自由落体运动的加速度就达不到用单摆测量结果的精度,但本实验的目的不在于精确地测量自由落体运动的加速度,而是要掌握一种研究物体运动的方法.

【实验器材】

PS-B 型频闪仪、照相机及脚架、标尺架、落体(小球)、闪光灯及灯具、读数显微镜、照相冲洗用具等.

【仪器描述】

PS-B 型频闪仪:PS 型频闪仪是综合性多用途频闪观测用仪器.其中 PS-B 型频闪仪具有双光源和较准确的同步控制机构,它可以由相机的快门开关或物体的行程来控制产生脉冲电流的振荡信号,能做到相机快门的启闭、光源的闪停、运动物体的起止三者同步进行,特别适合对物体运动的研究.

小球:在直径约 3cm 的木质圆球表面固定一适当大小的铁皮(以便能吸附在电磁铁上),再将球表面涂成白色即可.

标尺架:为了确定拍摄在底片上的小球相邻两像间的距离与对应的实际下落距离的比例关系,需要在小球下落轨迹旁竖立一标尺架,拍摄小球的同时也将标尺架上的标尺拍摄下来,标尺架可做成高约1.9m、宽0.5~1m 的长方形框架,在框架的一个竖直边每隔10cm 作一条白色标记线(底面为黑色)作为标尺.电磁铁固定在标尺侧上方.

【实验内容】

(1) 拍摄前的准备.

仔细阅读 PS-B 型频闪仪的说明书.拍摄前应先按下述步骤接通仪器.

(i) 将工作灯和频闪灯(两只)插头分别插入后板的相应插孔中,再将同步电磁铁的线圈通过适当长度的两根引线接在后板"电磁铁"接线柱上.

(ii) 面板上的"相机"及"行程"插孔是为控制频闪光而设置的. 将相机闪光联动线的一端插在相机上, 另一端插在频闪仪"相机"插孔中, 即可用相机快门的启闭来控制频闪光的闪停. 若要另加行程开关一起来控制频闪光, 应将行程开关引出线接频闪仪的"行程"插孔, 此时相机的快门开关只能控制工作灯, 还要使行程插孔上的开关闭合, 才有频闪光发出, 但行程插孔上的行程开关不能单独控制频闪光.

(2) 对自由落体进行频闪照相(在暗室中进行).

(i) 将闪光灯置于标尺斜前方适当位置, 使频闪光能均匀照在标尺上; 相机(架)置于标尺正前方, 相机镜头正对拍摄范围的中部, 然后通过频闪光观察小球下落范围是否满足要求(一般像数以 10 个为宜, 并以此选择闪频, 通常取 20Hz, 小球下落范围通常取 1.5m).

(ii) 检查控制程序: 当单独使用相机控制频闪光时, 开相机快门, 工作灯熄灭, 小球在第一次闪光时起动, 相机快门闭合时频闪光停止, 工作灯亮, 电磁铁恢复激磁电流; 当另加行程开关一起来控制频闪光时, 应是开相机快门, 工作灯熄灭, 小球在第一次闪光时起动, 小球到达地面并撞断行程开关时, 频闪光停止, 相机快门闭合, 工作灯亮, 电磁铁恢复激磁电流.

(iii) 选取拍摄参数: 使用频闪仪, 每次闪光的持续时间约 30μs, 属快速摄影, 应选取相机的最大光圈; 快门开启时间应稍大于运动体经过拍摄场景所需的时间, 一般用 1s 或 B 门.

(iv) 取景对光, 作频闪摄影、曝光时, 宜用相机上的自拍机构或用快门线开关快门, 以免引起相机振动.

(3) 将拍摄完的胶卷在暗室中进行冲洗.

(4) 用读数显微镜测量底片上小球和标尺的像的位置, 由标尺的实际间距和底片上标尺的像的间距之比求出 m 值, 用底片上小球像的位置求出 Δ 值, 将此 m、Δ 和 T 代入(5-4-6)式, 求出小球下落的加速度值.

测量时应注意避免回程差.

【思考题】

(1) 怎样利用小球在底片上的位置求出 Δ 值?

(2) (5-4-6)式中的 m 表示什么? 为什么要引入 m? 如何测量 m?

(3) 什么称为回程差? 测量时如何避免回程差?

(4) 在匀加速运动中, 时刻 t_1 和 t_2 之间的平均速度等于时刻 $(t_1+t_2)/2$ 的即时速度. 试根据这个关系说明 Δh_1、Δh_2、Δh_3、Δh_4 之比等于 h_3、h_4、h_5、h_6 各点的即时速度之比; Δ_1 和 Δ_2 之比等于 h_3 到 h_5 之间速度变化率与 h_4 到 h_6 之间速度变化率之比(假设在底片上取相邻的 8 个像点).

(5) 试以横坐标表示时间 t，纵坐标表示小球下落的距离 h，作出 $h=f(t)$ 的函数图线，并由此说明自由落体的运动特征．

(云南师范大学物理实验教学示范中心供稿　张雄编　徐云冰校)

5.5　声光衍射与液体中声速的测定

【实验目的】

(1) 理解声光相互作用的机理和超声光栅的原理；
(2) 观察声光衍射现象；
(3) 学会用超声光栅测定液体(非电解质溶液)中的声速．

【实验原理】

　　声波就其本质而言是一种机械压力波．当声波振动频率超过20000Hz时，我们就称之为超声波．

　　声波的传播需要介质，与电磁波的传播机理不同，离开了传播介质，声波就无法传播出去．当声波在气体、液体介质中传播时，由于气体与液体的切变弹性模量 $G=0$，声波只能以纵波的形式存在；当声波在固体中传播时，由于 $G\neq 0$，因此在固体中的声波既可能是纵波，也可能是横波、表面波等．因此，笼统地说声波是纵波是错误的．

　　声波是能量传播的一种形式，它既是信息的载体，也可以作为能量应用于清洗和加工．值得一提的是：①超声波对人类是安全的，不会因为它的存在带来环境污染；②超声表面波具有极强的抗干扰能力，因此在信息领域里，人们更是对其青睐有加．可以预料，超声波的科学应用在21世纪将获得飞速发展．

　　布里渊于1923年首次提出，声波对光作用会产生衍射效应．随着激光技术的发展，声光相互作用已经成为控制光的强度、传播方向等最实用的方法之一，其中声光衍射技术得到最为广泛的应用．

　　声波在气体、液体介质中传播时，会引起介质密度呈现疏密交替的变化，并形成液体声场．当光通过这种声场时，就相当于通过一个透射光栅并发生衍射，这种衍射称为"声光衍射"．存在声波场的介质称为"声光栅"，当采用超声波时，通常就称为"超声光栅"．本实验研究的就是以液体为介质的超声光栅对光的衍射作用．

　　超声波在液体中的传播方式可以是行波也可以是驻波．行波形式的超声光栅，栅面在空间随时间移动．图 5-5-1 示出了液体介质中的声行波在某一瞬间的情况．图 5-5-1(a)表示存在超声场时，液体内密度呈现疏密相间的周期性分布．图 5-5-1(b)

为相应的折射率分布，n_0 表示不存在超声场时该液体的折射率. 由图可见, 密度和折射率都是周期性变化的, 且具有相同的周期, 相应的波长正是超声波的波长 λ_s. 因为是行波, 折射率的这种分布以声速 v_s 向前推进并可表示为

$$n(z,t) = n_0 + \Delta n(z,t)$$
$$\Delta n(z,t) = \Delta n \sin(K_s z - \omega_s t) \tag{5-5-1}$$

式中 z 为超声波传播方向上的坐标; ω_s 为超声波的角频率; $K_s = 2\pi/\lambda_s$, λ_s 为超声波波长. 由(5-5-1)式可见, 折射率增量 $\Delta n(z,t)$ 按正弦规律变化.

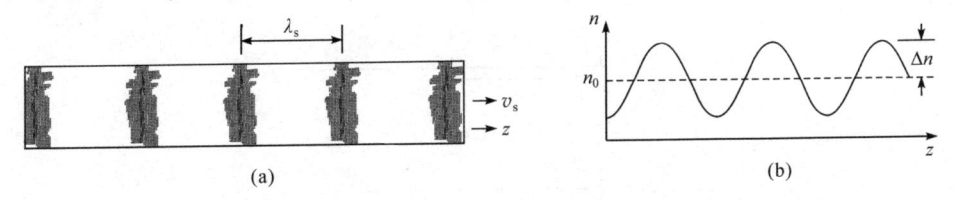

图 5-5-1 液体介质中的声行波(汪涛等, 2012)

如果在超声波前进方向上的适当位置垂直地设置一个反射面, 则可获得超声驻波. 对于超声驻波, 可以认为超声光栅是固定于空间的. 设前进波和反射波的方程分别为

$$\left. \begin{array}{l} a_1(z,t) = A\sin 2\pi\left(\dfrac{t}{T_s} - \dfrac{z}{\lambda_s}\right) \\[2mm] a_2(z,t) = A\sin 2\pi\left(\dfrac{t}{T_s} + \dfrac{z}{\lambda_s}\right) \end{array} \right\} \tag{5-5-2}$$

两者叠加

$$a(z,t) = a_1(z,t) + a_2(z,t)$$

得

$$a(z,t) = 2A\cos 2\pi \frac{z}{\lambda_s} \sin 2\pi \frac{t}{T_s} \tag{5-5-3}$$

(5-5-3)式说明叠加的结果产生了一个新的声波, 振幅为 $2A\cos(2\pi z/\lambda_s)$, 即在 z 方向上各点振幅是不同的, 呈现周期性变化, 波长为 λ_s (即原来的声波波长), 它不随时间变化; 相位 $2\pi t/T_s$ 是时间的函数, 但不随空间变化, 这就是超声驻波的特征.

计算表明, 相应的折射率变化可表示为

$$\Delta n(z,t) = 2\Delta n \sin K_s z \cos \omega_s t \tag{5-5-4}$$

(5-5-4)式中各符号意义如前, 相应的图像表示在图 5-5-2 中. 可以看出, 在不同时刻 $\Delta n(z,t)$ 的分布是不同的, 也就是说, 对于空间任一点, 折射率随时间变化, 变化的周期是 T_s, 并且对应 z 轴上某些点的折射率可以达到极大值或极小值; 对于

同一时刻，z 轴上的折射率也呈现周期性分布，相应的波长就是 λ_s. 总之，驻波超声光栅的光栅常量就是超声波的波长(汪涛等，2012).

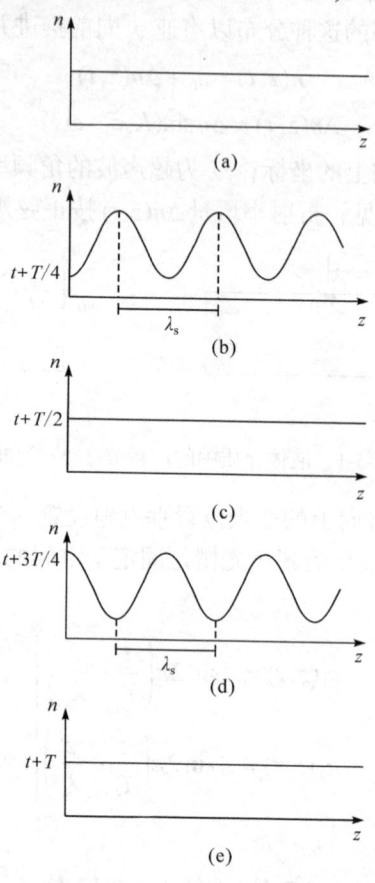

图 5-5-2　超声驻波场中的折射率分布

当一束单色准直光垂直入射到超声光栅上(光的传播方向在光栅的栅面内)时，出射光即为衍射光，如图 5-5-3 所示. 图中 m 为衍射级次，θ_m 为第 m 级衍射光的衍射角，可以证明，与光学光栅一样，形成各级衍射的条件是

$$\sin\theta_m = \pm m\lambda/\lambda_s \quad (m = 0, \pm 1, \pm 2, \cdots) \tag{5-5-5}$$

式中 λ 为入射光波长，λ_s 为超声波波长(汪涛等，2012).

上述这种能产生多级衍射的声光衍射现象称为拉曼-奈斯(Raman-Nath)衍射，只有当超声波频率较低，入射角较小时才能产生这种衍射. 另一种声光衍射称为布拉格(Bragg)衍射，它只产生零级及唯一的+1 级或-1 级衍射. 这种情况只在超声波频率较高、声光作用长度较大，且光束以一定的角度倾斜入射时才能发生. 布拉格衍射效率较高，常用于光偏转、光调制等技术中. 本实验中只涉及拉曼-奈斯衍射.

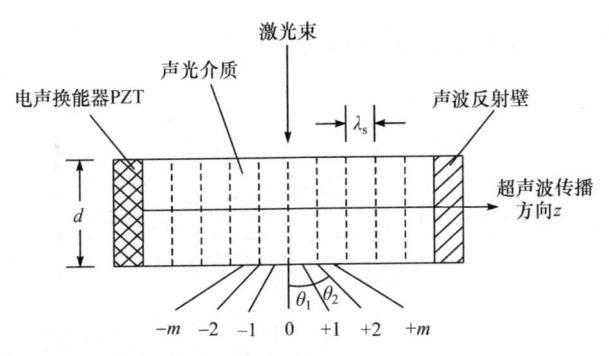

图 5-5-3　超声光栅对光束的衍射作用(汪涛等, 2012)

考虑到 θ_m 很小, 由(5-5-5)式有 $\sin\theta_m \approx x_m/(2L)$, 若光波长 λ 已知, 则可测出超声波的波长 λ_s. 假如还能测出超声波的频率 f_s, 则超声波在该液体中的传播速度为

$$v_s = \lambda_s f_s \tag{5-5-6}$$

以上方法是测量超声波传播速度的有效方法之一.

【实验仪器】

SLD-Ⅱ声光衍射仪(生产单位：重庆大学物理实验中心)、光具座(生产单位：重庆大学物理实验中心)、氦氖激光器(生产单位：北京大学物理系工厂)、游标卡尺、米尺、酒精温度计.

本实验采用压电材料的逆压电效应产生超声波并在液槽中产生超声驻波场, 形成超声光栅. 压电材料在这里起电声换能的作用, 在交变电场作用下产生超声振动. 当交变电压的频率达到换能器的固有频率时, 由于共振的结果, 换能器的输出振幅达到极大值. 常见的具有显著压电效应的材料有石英、铌酸锂等晶体和锆钛酸铅陶瓷(PZT)等, 本实验采用 PZT. 实验装置如图 5-5-4 所示.

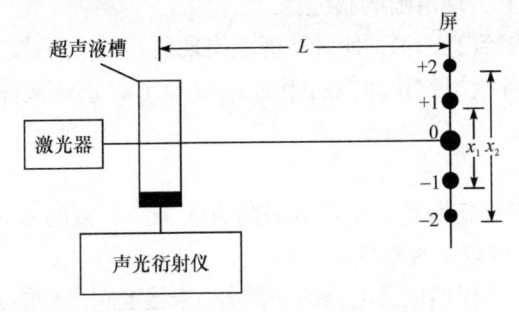

图 5-5-4　一种简单的声光衍射光路(汪涛等, 2012)

【实验内容】

(1) 在光具座上按图 5-5-5 安排光路.

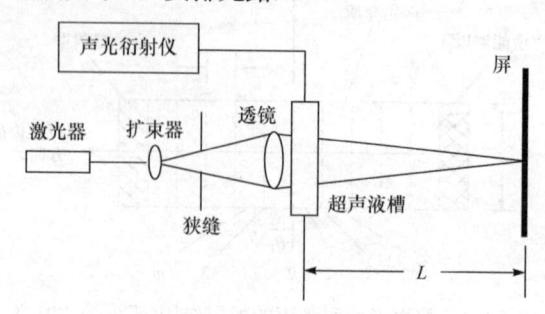

图 5-5-5 推荐光路(汪涛等,2012)

(2) 在液槽中装入适量透明液体(水、酒精或其他待测液体), 尽量使液槽器壁的气泡少, 放入超声换能器. 打开激光器, 使激光束垂直入射到液槽上.

(3) 连接电路, 开机给换能器加上激励电压. 调节声光衍射仪的频率调节旋钮, 直到观察屏上出现衍射图样.

(4) 反复仔细调节液槽的俯仰、方位, 液槽中超声换能器的位置, 以及仪器频率调节旋钮, 直到观察屏上出现的衍射光斑最多而且光强度最大.

(5) 用米尺测量液槽中心到屏之间的距离 L, 并求平均值.

(6) 用游标卡尺测量第 $\pm m$ 级衍射狭缝像的距离 x_m(为避免找光斑中心而出现的失误, 应当测量两个同级光斑边缘的距离再加上或减去光斑的直径).

(7) 用酒精温度计测液体的温度.

(8) 测出超声振荡的频率 f_s, 由(5-5-6)式计算该温度下的声速 v_s, 并求平均值.

(9) 改变液槽中液体的温度, 测量不同温度下的声速, 注意温度对声速的影响.

(10) 推荐内容:

(i) 按图 5-5-5 安排光路并使各元件共轴等高, 将狭缝宽度调节到合适并调节透镜的位置, 使屏上出现清晰的狭缝像.

(ii) 重复实验内容(2)~(4), 使观察屏上出现的各级衍射狭缝像最多且清晰.

(iii) 测量 L、各级衍射狭缝像的距离 x_m 以及 f_s, 求该液体中超声波的速度.

【注意事项】

(1) 为避免激光烧伤眼睛, 不得以眼睛直视未经扩束的激光细束(衍射细光束也不例外), 因此不得取下观察屏.

(2) 超声换能器是仪器振荡电路的一部分, 未接上超声换能器时仪器不能工作.

(3) 超声换能器很娇气, 使用中注意以下两点: ①超声换能器未插入液体介质中不要开机；②不要用手触摸压电晶片.

【思考题】

(1) 温度改变，液体折射率将改变，超声光栅的参数也将改变，温度给液体中的声速带来什么样的影响？

(2) 设想一下，当在液槽两个相互垂直的方向上(如 z、x 方向)安置超声换能器时，能得到一个什么样的超声光栅？

【参考文献】

刘维, 崔金刚, 兰铖. 2008. 近代物理实验[M]. 哈尔滨: 哈尔滨工程大学出版社.
汪涛, 陶纯匡, 王银峰, 等. 2012. 大学物理实验[M]. 2 版. 北京: 机械工业出版社.
王云才. 2008. 大学物理实验教程[M]. 3 版. 北京: 科学出版社.
赵光强, 申莉华, 李玉琮. 2014. 大学物理实验教程[M]. 2 版. 北京: 北京邮电大学出版社.

(郑永刚编)

5.6 密立根油滴实验

【实验目的】

(1) 测定电量的基本单位；
(2) 验证电量的不连续性.

【实验原理】

1909 年密立根通过平行板电容器中的带电油滴直接测出了电子的电量，并发现电量是不连续的，即任何电量都是电子电量的整数倍，因而电子电量 e 是电量的基本单位. 1973 年开始采用的国际标准值为

$$e = -1.6021892 \times 10^{19} \text{C}$$

雾状的油滴因喷雾过程中与空气摩擦而带电，这些油滴进入平行板电容器后将受到电场力的作用，测定它在电场力作用下上升和在重力场中下落的速度(动态法)或当油滴悬浮在极板间静止不动时的电场强度(静平衡法)，就可求出它所带的电量.

我们对多个油滴进行测量，发现每个油滴所带电量总是基本电量 e 的整数倍，如果用放射性盐照射观察中的油滴，使其电量变化，也会发现油滴电量的改变量总是基本电量 e 的整数倍. 这一实验结果表明：电量是不能连续变化的，是量子化的.

1. 动态法求油滴带电量

若在平行板电容两极板加上极性和大小可调节的电压 U，如图 5-6-1 所示，使油滴所受电场力向上且大于重力，油滴将向上做加速运动．随着速度的增加，方向向下的空气黏滞阻力，即斯托克斯阻力也随之增大．当上、下两个方向的合力为零时，油滴以收尾速度 V_E 向上做匀速运动，其平衡方程为

$$qE + \frac{4}{3}\pi r^3 \rho g - \frac{4}{3}\pi r^3 \rho_0 g - 6\pi \eta' r V_E = 0 \qquad (5\text{-}6\text{-}1)$$

方程左边第一项为油滴所受电场力(F_e)，q 为油滴所带电荷，E 为电场强度；第二项为向上的浮力(F_f)，r 为油滴半径，ρ 为空气密度，g 为重力加速度；第三项为向下的重力(F_0)，ρ_0 为油滴密度，$\frac{4}{3}\pi r^3$ 为油滴体积；第四项为向下的斯托克斯阻力(F_r)，其大小与向上的收尾速度 V_E 成正比，η' 为修正后的空气黏滞系数．

$F_e = qE \qquad F_f = \frac{4}{3}\pi r^3 \rho g$

$F_0 = \frac{4}{3}\pi r^3 \rho_0 g \qquad F_r = 6\pi \eta' r V_E$

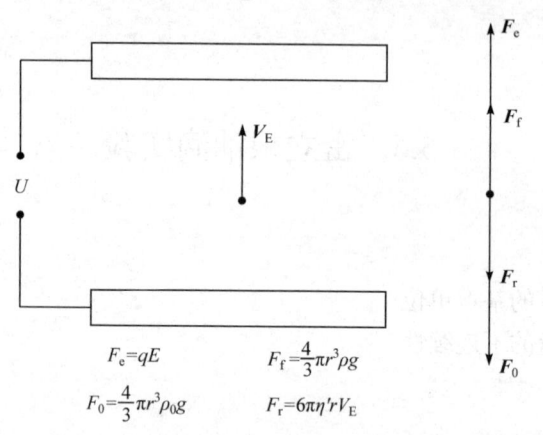

图 5-6-1　油滴受力和运动

因油滴很小，空气已不能完全作为连续介质对待，黏滞系数应修正为

$$\eta' = \frac{\eta}{1 + \dfrac{b}{pr}} \qquad (5\text{-}6\text{-}2)$$

式中 η 为未修正的空气黏滞系数，b 为一常数，p 为大气压强，r 为油滴半径．

若取消电场，油滴将在重力、浮力、空气黏滞力(此时方向向上)的作用下加速下降，合力为零时，以收尾速度 V_E 匀速下落，并满足以下平衡方程：

$$\frac{4}{3}\pi r^3 \rho g - \frac{4}{3}\pi r^3 \rho_0 g + 6\pi \eta' r V_E = 0 \qquad (5\text{-}6\text{-}3)$$

由(5-6-3)式及(5-6-2)式可解出油滴半径

$$r = \left[\frac{9\eta V_g}{2g(\rho_0 - \rho)} \frac{1}{1 + \frac{b}{pr}}\right]^{\frac{1}{2}} \tag{5-6-4}$$

把(5-6-4)式代入(5-6-1)式，可得到

$$q = \frac{18\pi \eta^{3/2}}{\sqrt{2g(\rho_0 - \rho)}} \left(1 + \frac{b}{pr}\right)^{-3/2} \frac{\sqrt{V_g}}{E}(V_g - V_E) \tag{5-6-5}$$

令油滴匀速运动的距离为 L，上升和下降的时间分别为 t_E 和 t_g，则收尾速度和无电场作用时油滴匀速下降的速度分别为

$$V_E = \frac{L}{t_E}, \quad V_g = \frac{L}{t_g} \tag{5-6-6}$$

设两平板间距为 d，电压为 U，则电场强度

$$E = \frac{U}{d} \tag{5-6-7}$$

(5-6-4)式中右边根号内还包含油滴半径 r，但因其处于修正项中影响不大，所以可近似表示成

$$r = \left[\frac{9\eta V_g}{2g(\rho_0 - \rho)}\right]^{\frac{1}{2}} \tag{5-6-8}$$

将(5-6-6)式～(5-6-8)式代入(5-6-5)式，可得

$$q = \frac{18\pi \eta^{3/2}}{\sqrt{2g(\rho_0 - \rho)}} \frac{L^{3/2}}{\left(1 + \frac{b}{p}\left[\frac{2g(\rho_0 - \rho)}{9\eta L}\right]^{\frac{1}{2}}\sqrt{t_g}\right)^{3/2}} \frac{d}{U} \frac{1}{\sqrt{t_g}} \left(\frac{1}{t_g} + \frac{1}{t_E}\right) \tag{5-6-9}$$

式中 η、g、ρ_0、ρ、L、p、d 等量在实验前即可确定.

实验时只需测出油滴匀速上升距离 L 所用时间 t_E 及电压 U，无电场时匀速下降距离 L 所用时间 t_g，就可由(5-6-9)式得到油滴所带电量.

2. 静平衡法测油滴带电量

当电压 U_0 的方向、大小调节合适时，可以使油滴静止不动地悬浮在两极板之间，此时油滴所受的电场力、浮力与重力平衡(无斯托克斯阻力)，平衡方程为

$$qE + \frac{4}{3}\pi r^3 \rho g - \frac{4}{3}\pi r^3 \rho_0 g = 0 \tag{5-6-10}$$

从无电场时油滴匀速下落的平衡方程(5-6-3),可求出油滴半径的表达式(5-6-4),将其代入(5-6-10)式并用 $\frac{L}{t_g}$ 表示 V_g,$\frac{U_0}{d}$ 表示 E_0,这样得到的关系式中还含有 r (因(5-6-4)式含有 r),再用(5-6-8)式给出的 r 的近似式代入消掉它. 这样,我们有

$$q = \frac{18\pi\eta^{3/2}}{\sqrt{2g(\rho_0-\rho)}} \frac{L^{3/2}}{\left(1+\frac{b}{p}\left[\frac{2g(\rho_0-\rho)}{9\eta L}\right]^{\frac{1}{2}\sqrt{t_g}}\right)^{3/2}} \frac{d}{U_0} \frac{1}{t_g^{3/2}} \tag{5-6-11}$$

实验中只要测出使油滴静止不动的平衡电压 U_0 以及切断电压后油滴匀速下降距离 L 所用时间 t_g,再由实验前确定的其他量,代入(5-6-11)式就可算出油滴所带电量.

【实验器材】

MOD-2 型油滴仪、电子秒表、喷雾器、钟表油.

【实验内容】

(1) 油滴仪由油滴盒、电源两部分组成,电源部分安装在油滴盒下的控制箱中,油滴盒部分见图 5-6-2. 实验时,首先调节油滴盒基座上的调平螺丝,使水准仪气泡处于中央,两电极板保持水平.

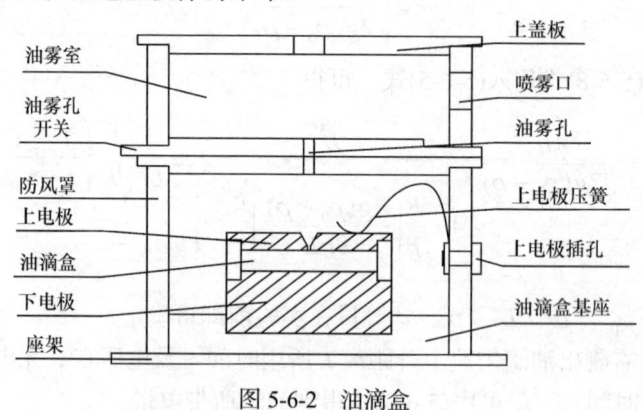

图 5-6-2 油滴盒

(2) 接通电源,预热 10min,此时应将"平衡电压"开关和"升降电压"开关置于"0",确保两极板间电势差为零.

(3) 预热过程中可在油雾孔中插上调焦针(即一根细金属丝),粗调显微镜和照明灯位置,使观察到的调焦针与背景相比最明亮,若调焦针不在视场中央,可转

动上极板使之移至中央.

(4) 用喷雾器从喷雾口喷入一些油雾(喷一次即可)，视场中将看到许多油滴自下而上移动(注意，显微镜观察到的是倒像，油滴实际是在重力场中下落)，微调照明灯和显微镜，使油滴看起来最清晰，关上喷雾口.

(5) 将"平衡电压"开关拨到"+"或"–"极性位置，调节其上方的平衡电压调节旋钮，使两极间电压差为 400V，此时部分油滴将快速上升，部分快速下降，维持电压，让速度快的分别吸附到上、下极板，在视场中保留一颗或几颗速度较慢的油滴作观测对象(油滴运动过快的，不易测准 t_E 和 t_g，运动过慢的又会因布朗运动而不易找准平衡电压).

(6) 调节平衡电压 U，当油滴静止时读出并记下平衡电压 U_0，其极性从拨动开关可以确定，当极性为"+"时，油滴带正电，反之带负电.

(7) 加升降电压 U' 使油滴在视场中下降到下端线，切断升降电压，油滴将在下端线附近静止不动，再切断平衡电压 U_0，油滴在视场中将从下向上运动(因为是倒像，实际上是从上向下降落). 测出油滴匀速通过距离 $L=2\text{mm}$ 所用时间 t_g.

(8) 调节平衡电压，使两极板间电压 U 大于平衡电压 U_0，油滴将在电场力的作用下上升(视场中看到的是下降)，测出油滴匀速通过距离 $L=2\text{mm}$ 所用时间 t_E，读出并记下上升电压 U. 注意：为使测量时油滴运动尽量接近匀速，油滴上升和下降的距离都应超过 2mm.

(9) 由(5-6-9)式和(5-6-11)式算出所测油滴的带电量 q，如测量准确，动态法和静平衡法测得的 q 值应相差不大.

(10) 重复内容第(4)~(9)步测量十次，共测出十个油滴所带电量.

(11) 利用逐差法求电子电量，分别把两法求出的电量 q 从小到大排列，并逐项相减，即求出 $\Delta q = q_{i+1} - q_i$，Δq 为零点几乘 10^{-19}C 或为 $3.05 \times 10^{-19} \sim 3.55 \times 10^{-19}$C 或为更大的不能作为电子电量的基本单位，而 $1.55 \times 10^{-19} \sim 1.65 \times 10^{-19}$C 的 Δq 可作各油滴电量的近似最大公约数，求出这些 Δq 的平均值 e'，再由 $n_1 = \dfrac{q_1}{e'}$ 求出每个油滴带的电荷个数 n_1(n_1 取整数).

(12) 用两法分别求出 e 的平均值 $\bar{e} = \dfrac{\sum q_1}{\sum n_1}$，并与 e 的标准值比较，求出相对误差.

如有放射性盐，可照射油滴，改变其带电量，再重复步骤第(6)~(9)步，可发现电量的改变总是 e 的整数倍.

【思考题】

(1) 实验时发现：在极板上加上电压或是切断电压时，某油滴的运动状态不变,在这种情况下,油滴在视场中一定是向哪个方向运动?为什么?

(2) 用动态法和静平衡法测油滴电量时,都要测 t_g,对于同一颗油滴,t_g 是否相同?为什么?

(3) 假定(5-6-9)式和(5-6-11)式中各常量的误差较小,分析动态法测量中 U、t_E、t_g 哪个量的误差对总误差的贡献最大?

【附录】

(5-6-9)式、(5-6-11)式中需要预先确定的一些常量的参考值如下:

钟表油密度　　　　　　　　　　$\rho_0 = 981 \text{kg/m}^3$
空气密度　　　　　　　　　　　$\rho = 1.013 \text{kg/m}^3$
重力加速度　　　　　　　　　　$g = 9.792 \text{m/s}^2$　(成都地区)
空气黏滞系数　　　　　　　　　$\mu = 1.83 \times 10^{-5} \text{kg/(m·s)}$
油滴匀速运动距离　　　　　　　$L = 2.00 \times 10^{-3} \text{m}$
常数　　　　　　　　　　　　　$b = 6.17 \times 10^{-6} \text{m·cmHg}$
大气压强　　　　　　　　　　　$p = 76.0 \text{cmHg}$
平行板间距　　　　　　　　　　$d = 5.00 \times 10^{-3} \text{m}$

其中重力加速度、空气密度、大气压强宜用当地当时值.

(云南师范大学物理实验教学示范中心供稿　张雄编　郑永刚校)

5.7　电介质相对介电常量的测定

【实验目的】

(1) 加深对相对介电常量 ε_r 和真空电容率 ε_0 的理解;
(2) 掌握介电常量的两种测量方法.

【实验原理】

电介质是一种不导电的绝缘介质. 实验表明:极板面积为 S,极板间距离为 d 的电容器充满均匀电介质后,其电容量为真空电容量 C_0 ($C_0 = \dfrac{S\varepsilon_0}{d}$; $\varepsilon_0 = 8.854 \times 10^{-12} \text{C}^2/(\text{N·m}^2)$)的 ε_r 倍,即

$$C = \frac{\varepsilon_r \varepsilon_0 S}{d} = \varepsilon_r C_0 \tag{5-7-1}$$

ε_r 称为介质的相对介电常量,又称为相对电容率. ε_r 是一个纯数,它是表征电介

质性质的物理量. 对于不同的电介质，ε_r 值不同，表 5-7-1 列出了几种常用电介质的相对介电常量值.

表 5-7-1 几种常用电介质的相对介电常量

电介质	空气	水	云母	玻璃	聚四氟乙烯	四氯化碳
ε_r	1.006	78	3.7~7.5	5~10	2~2.2	2.24~2.25

相对介电常量 ε_r 和真空介电常量 ε_0 的乘积叫做电介质的介电常量(又称绝对电容率)，以 ε 表示

$$\varepsilon = \varepsilon_0 \varepsilon_r \tag{5-7-2}$$

(1) 用电桥法测量固体电介质的相对介电常量. 利用 JD-1 型介电常量测试仪的测微电极，可使用电桥法测量电介质的介电常量. 测微电极外形如图 5-7-1 所示. 调节螺旋测微器可改变两圆盘电极间的距离 d. 测量时将其上、下电极分别接到电容桥的测量输入端. 若分别测得电极在填充电介质前、后的电容量 C_1 和 C_2 (测量中保持两极间距离 d 不变)，根据(5-7-1)式即可求出该电介质的相对介电常量 ε_r，再根据(5-7-2)式就可求出其介电常量 ε.

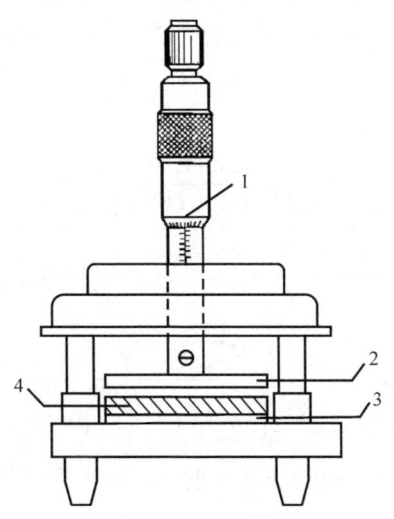

图 5-7-1 测微电极

1. 螺旋测微器；2. 上电极；3. 下电极(电极是圆盘形)；4. 待测电介质样品

如图 5-7-2 所示，若用电容桥测得以空气为电介质时电极的电容为

$$C_1 = C_0 + C_边 + C_分 \tag{5-7-3}$$

填充待测电介质后电极的电容为

$$C_2 = C_{串} + C_{边} + C_{分} \tag{5-7-4}$$

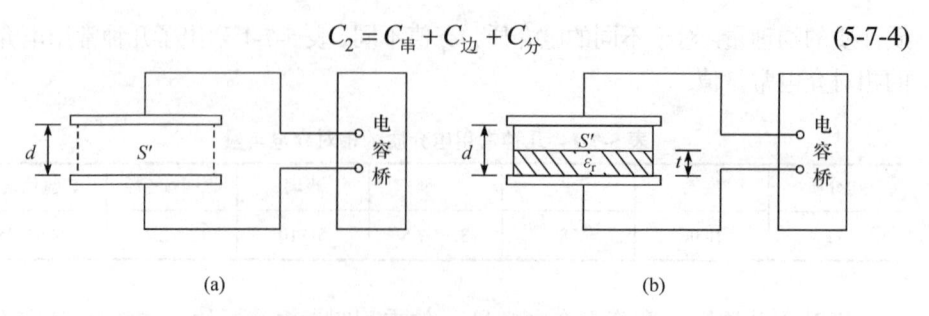

图 5-7-2 电容桥测电容量示意图

(5-7-3)式和(5-7-4)式中 $C_{边}$ 是边缘效应产生的电容，$C_{分}$ 是测量系统所有的分布电容，$C_{串}$ 是有介质部分的电容与对应的空气电容串联后的等效电容，即

$$C_{串} = \frac{\dfrac{\varepsilon_0 S'}{d-t} \cdot \dfrac{\varepsilon_r \varepsilon_0 S'}{t}}{\dfrac{\varepsilon_0 S'}{d-t} + \dfrac{\varepsilon_r \varepsilon_0 S'}{t}} = \frac{\varepsilon_r \varepsilon_0 S'}{t + \varepsilon_r (d-t)} \tag{5-7-5}$$

式中 S' 是待测电介质样品的有效面积，t 是厚度，d 是两极板间的距离. 只要在测量过程中保持测量系统状态不变(如保持测微电极、电容电桥、接线等的状态不变)，则在两次测量中 $C_{边}$ 和 $C_{分}$ 相同，采用消元法，用(5-7-4)式减(5-7-3)式得

$$C_2 - C_1 = C_{串} - C_0 \tag{5-7-6}$$

将(5-7-5)式代入(5-7-6)式有

$$\varepsilon_r = \frac{(C_2 - C_1 + C_0)t}{\varepsilon_0 S' - (C_2 - C_1 + C_0)(d-t)}$$

考虑到 $C_0 = \dfrac{\varepsilon_0 S'}{d}$，上式变为

$$\varepsilon_r = \frac{\left(C_2 - C_1 + \dfrac{\varepsilon_0 S'}{d}\right)t}{\varepsilon_0 S' - \left(C_2 - C_1 + \dfrac{\varepsilon_0 S'}{d}\right)(d-t)} \tag{5-7-7}$$

空气的相对介电常量 ε_r (=1.0006)非常接近 1，通常把空气的介电常量 ε 看成等于真空的介电常量 ε_0，所以 $C_{空} = \dfrac{\varepsilon_0 S'}{d} = C_0$.

由此可见：只要在电容器填充电介质前、后的两次测量中，保持测量系统的状态不变，即可消除边缘效应和分布电容对测量结果的影响，测出 C_1、C_2、d、t、S' 后，根据(5-7-7)式便可准确地得到待测电介质的相对介电常量.

(2) 频率法测量液体电介质的相对介电常量测量原理如图 5-7-3 所示，其测量系统由 LC 振荡器，外接电容器 C_1、C_2(同置于测试容器内)和频率计组成.

LC 振荡器的振荡频率为

$$f = \frac{1}{2\pi\sqrt{LC}}$$

则

$$C = \frac{1}{4\pi^2 L f^2}$$

L 一定，振荡频率 f 随 C 的变化而变化，令 $K^2 = \dfrac{1}{4\pi^2 L}$，上式变为

$$C = \frac{K^2}{f^2} \tag{5-7-8}$$

考虑到测量系统的分布电容 $C_\text{分}$，则 $C = C_0 + C_\text{分}$。

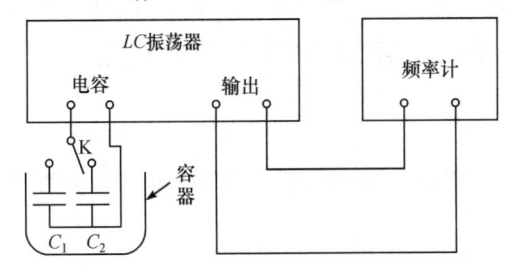

图 5-7-3 频率法测量液体电介质的相对介电常量原理图

当电介质为空气时，将开关 K 扳向 C_1，设其电容及相应的振荡频率分别为 C_{01} 和 f_{01}，则

$$C_{01} + C_\text{分} = \frac{K^2}{f_{01}^2} \tag{5-7-9}$$

再将开关 K 扳向 C_2，设其电容及相应的振荡频率分别为 C_{02} 和 f_{02}，则

$$C_{02} + C_\text{分} = \frac{K^2}{f_{02}^2} \tag{5-7-10}$$

同样采用消元法，用(5-7-10)式减(5-7-9)式得

$$C_{02} - C_{01} = \left(\frac{1}{f_{02}^2} - \frac{1}{f_{01}^2}\right) K^2 \tag{5-7-11}$$

当电介质为待测液体时，相应地有

$$\varepsilon_\text{r} C_{01} + C_\text{分} = \frac{K^2}{f_1^2} \tag{5-7-12}$$

$$\varepsilon_\text{r} C_{02} + C_\text{分} = \frac{K^2}{f_2^2} \tag{5-7-13}$$

(5-7-12)式和(5-7-13)式中 f_1 和 f_2 分别为电容器填充电介质时与 C_1 和 C_2 相对应的振荡频率，用(5-7-13)式减(5-7-12)式得

$$\varepsilon_r (C_{02} - C_{01}) = \left(\frac{1}{f_2^2} - \frac{1}{f_1^2} \right) K^2 \tag{5-7-14}$$

用(5-7-14)式除以(5-7-11)式得

$$\varepsilon_r = \frac{\dfrac{1}{f_2^2} - \dfrac{1}{f_1^2}}{\dfrac{1}{f_{02}^2} - \dfrac{1}{f_{01}^2}} \tag{5-7-15}$$

只要分别测出电容器填充电介质前后与 C_1 和 C_2 对应的振荡频率 f_{01}、f_{02}、f_1 和 f_2，由(5-7-15)式即可求出电介质的相对介电常量，而且只要在测量过程中保持测量系统的状态不变，分布电容测量结果的影响就可消除.

【实验器材】

JD-1 型介电常量测试仪、数字频率计、QS18A 型万能电桥、螺旋测微器、游标卡尺、待测样品.

【实验内容】

1. 用电桥法测量固体(板状)电介质的相对介电常量

(1) 按图 5-7-2 连接线路，调节螺旋测微器，使上、下电极之间的距离 d 约等于待测样品厚度的 1.2～1.5 倍.

(2) 用电容桥测定以空气为电介质时的电容 C_1.

(3) 保持电极间的距离不变，将待测样品放入电极之间，用电容桥测定其电容 C_2.

(4) 精确测量两电极间的距离 d，并用螺旋测微器测量电介质样品的厚度 t，用游标卡尺测量其直径 ϕ，计算面积 S.

(5) 根据(5-7-7)式求待测样品的相对介电常量 ε_r.

(6) 重复上述步骤，测量五次，求其平均值 $\bar{\varepsilon}_r$，并与表 5-7-1 中的标准值进行比较，求相对误差.

2. 用频率法测量液体电介质的相对介电常量

(1) 按图 5-7-3 连接线路，分别测出以空气为电介质时与电容 C_1、C_2 相对应的振荡频率 f_{01}、f_{02} 各十个数据，取平均值 $\bar{f}_{01}$、$\bar{f}_{02}$.

(2) 分别测出填充待测液体电介质时与 C_1、C_2 相对应的振荡频率 f_1、f_2 各十个数据,取平均值 $\bar{f_1}$、$\bar{f_2}$.

(3) 将上述平均值代入(5-7-15)式求出待测电介质的相对介电常量 ε_r,并与表 5-7-1 中的标准值比较,求相对误差.

【思考题】

(1) 本实验的测量方法有何特点？影响测量准确度的因素有哪些？

(2) 设电容及相应的振荡频率分别为 C_{01} 和 f_{01},试导出电介质的相对介电常量(5-7-15)式.

(云南师范大学物理实验教学示范中心供稿　张雄编　郑永刚校)

5.8　地磁场的测量

【实验目的】

学会一种测定地磁场水平分量的方法.

【实验原理】

地球本身是一个大磁体,所以地球及近地空间存在着磁场,称为地磁场. 图 5-8-1 是地磁场磁力线示意图,在北半球,所有磁力线都会集在北纬 70°50′ 东经 96° 的地方,这点称地球的南磁极,以 S_m 表示；在南半球,磁力线的会集点在南纬 70°10′ 西经150°45′的地方,称此为地球的北磁极,以 N_m 表示. 它们并不和地理的南、北极相重合,而且两者间的偏差随时间不断地缓慢变化.

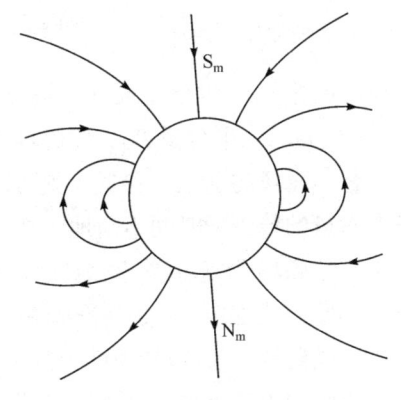

图 5-8-1　地磁场磁力线示意图

实际上,地球的磁场并不像图 5-8-1 那样完全对称,它随地理位置而异,而且还受到地下矿藏和地壳的影响,因此地磁场是很复杂的,利用人造卫星和探空

火箭的最新资料，人们研究指出，在很远处，由于太阳风(即太阳排出来的一种稀薄的热气体)的影响，地球磁场发生畸变，如图 5-8-2 所示，但在一个不太大的范围内，地磁场基本上是均匀的.

图 5-8-2　电磁场畸

地磁场是一个矢量，可用三个参量来表示它的大小和方向.

(1) 磁偏角 α. 地球表面任一点的地磁场强度矢量 **B** 所在的垂直平面(图 5-8-3 中 **B** 、z 轴构成的平面，称地磁子午面)与地理子午面(图 5-8-3 中 x 轴、z 轴构成的平面)之间的夹角.

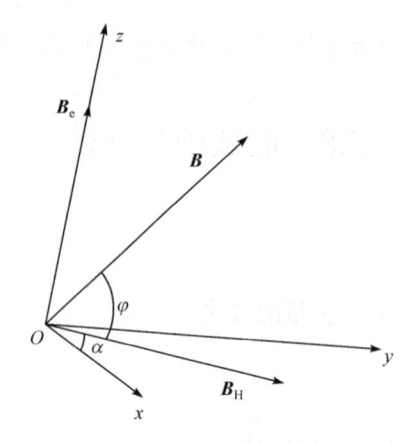

图 5-8-3　地磁场要素

(2) 磁倾角 φ. 地磁场强度矢量 **B** 与水平面之间的夹角.
(3) 地磁场水平分量 B_H. 地磁场强度矢量 **B** 在水平面上的投影.

测量地磁场的这三个参量，就可确定某点地磁场矢量 **B** 的方向和大小. 当然这三个参量的数值随时间不断地改变，但这一变化极其缓慢、极其微弱.

由于地磁场(除赤道外)随地理位置的不同而不同，它的水平分量也不相同，需要由实验方法确定. 但是要准确测定地磁场是比较困难的，因它要求在很宽广范围内无铁磁性物质(包括地面上的钢筋建筑物和地下磁性矿物)，所以通常将室外比较空旷地点的磁场近似作为地磁场. 测量地磁场的方法很多，本实验采用小磁铁悬吊在均匀磁场中作谐振动的方法.

设有一小磁铁，将它悬吊在磁感应强度为 B 的均匀磁场中，如图 5-8-4 所示，如果 θ 角很小，则磁铁在磁场中所受力矩为

$$\tau = MB\theta \tag{5-8-1}$$

式中 M 为小磁铁的磁矩, 其值由小磁铁的磁性强度和长度决定.

小磁铁在力矩的作用下, 绕 O 点在水平面来回摆动, 如果忽略空气阻尼和悬丝扭转力矩的作用, 则小磁铁在磁场中的运动方程为

$$\frac{d^2\theta}{dt^2} + \frac{MB}{J}\theta = 0 \tag{5-8-2}$$

(5-8-2)式是简谐振动方程, 其振动的周期为

$$T = 2\pi\sqrt{\frac{J}{MB}} \tag{5-8-3}$$

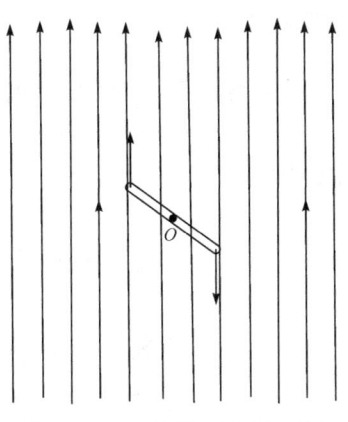

图 5-8-4 小磁铁在磁场中偏转

本实验是将小磁铁悬吊在磁场为 $B_S(\mu_0 nI)$ 的螺线管中部的轴线上, 小磁铁只在磁场的方向上静止, 则小磁铁在螺线管轴芯处的合磁场为

$$B = B_S + B_e \tag{5-8-4}$$

式中 B_e 为地磁场的水平分量, 其方向与螺线管的磁场方向一致(可用指南针检验), 由(5-8-3)式可得

$$B = \frac{4\pi^2 J}{MT^2} \tag{5-8-5}$$

故(5-8-4)式可写成

$$I = \frac{4\pi^2 J}{\mu_0 Mn}\frac{1}{T^2} - \frac{B_e}{\mu_0 n} \tag{5-8-6}$$

式中, 除了振动周期 T 和励磁电流 I 是变量外, 其余均为常数, 因此, 只要测得不同励磁电流 I 所对应的振动周期 T, 用线性回归方法, 则可求出地磁场水平分量 B_e 值.

【实验内容】

(1) 请实验者自己设计和安装实验装置.

(2) 测量前, 调节实验装置, 使小磁铁的磁矩方向与螺线管内的合磁场 B 的方向平行. (你怎样检验它们是否平行?)

(3) 螺线管通以励磁电流 I, 用秒表记录小磁铁振动 100 次所需时间, 重复三次, 算出小磁铁振动周期的平均值 $\bar{T}$. 取 10 个不同的电流值 $I_1, I_2, \cdots, I_{10}$, 测出相应的振动周期 $T_1, T_2, \cdots, T_{10}$, 用线性回归方法求出 B_e 值.

(4) 将仪器拿到室外空旷的地方, 用同样方法测量, 与室内测得的 B_e 值作比较.

【思考题】

(1) 测得的室内外的 B_e 值是否相等？对此结果作出解释.

(2) 将本实验中的螺线管磁场用亥姆霍兹线圈代替，请画出电路图，并导出求地磁场水平分量的表达式.

(云南师范大学物理实验教学示范中心供稿　张雄、郑永刚编)

5.9　非平衡测温电桥的设计与定标

【实验目的】

(1) 了解热敏电阻与温度的关系；
(2) 掌握非平衡电桥的原理；
(3) 初步掌握非平衡测温电桥的设计和定标方法.

【实验原理】

1. 热敏电阻的温度特性

热敏电阻是由金属氧化物粉料按一定比例挤压或用其他工艺成型，经过高温烧结而成的一种半导体器件，它具有许多独特的优点，例如，能测出温度的微小变化、稳定性好、热惯性小、结构简单、体积小等，因此它在自动化、无线电技术、测温技术等方面都有广泛应用.

热敏电阻的基本特性是温度特性. 由于半导体中载流子是随温度的升高而按指数规律急剧地增加的，载流子浓度越大，导电能力就越强，电阻率就越小，因此热敏电阻随温度的升高，其电阻将按指数规律迅速减小，如图 5-9-1 所示.

理论和实验都表明，在一定温度范围内，热敏电阻变化可用下式表示：

$$R_T = R_0 e^{B\left(\frac{1}{T} - \frac{1}{T_0}\right)} \tag{5-9-1}$$

式中 R_T 为温度 T 时热敏电阻的阻值；R_0 为温度 T_0 时热敏电阻的阻值，通常 $T_0 = (273.15 + 25)$K，此时的电阻值称为标称阻值；B 为热敏

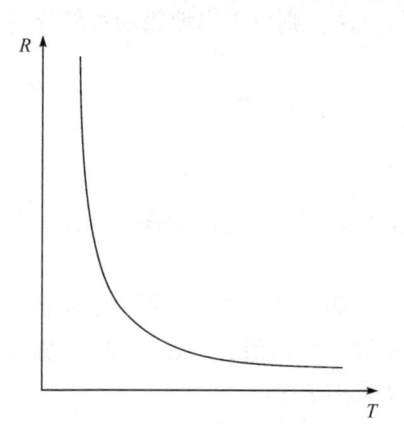

图 5-9-1　热敏电阻温度特性

材料常数,简称 B 值(单位 K),在一定温度范围内可以认为是一常数,其由实验测出,通常将温度 $T_1 = 298.15\text{K}$,$T_2 = 358.15\text{K}$ 时的 B 值称为标称 B 值

$$B = \frac{\ln R_{T_1} - \ln R_{T_2}}{\dfrac{1}{T_1} - \dfrac{1}{T_2}}$$

根据电阻温度系数的定义

$$a = \frac{1}{R_T}\frac{dR_{T_2}}{dT} \tag{5-9-2}$$

将(5-9-1)式代入(5-9-2)式,可得到热敏电阻的电阻温度系数

$$a = -\frac{B}{T^2} \tag{5-9-3}$$

可见热敏电阻的电阻温度系数是负值,对于一定材料的热敏电阻,a 仅是温度 T 的函数.

2. 非平衡电桥

实验 4.12 中所述的电桥是利用平衡条件求待测电阻值,这种电桥称为平衡电桥. 不根据平衡条件,而是由通过电桥输出的电流(或电压)确定其测量结果的,称为非平衡电桥. 当电桥处在非平衡状态下工作时,其输出电流 I_0 可根据基尔霍夫定律得

$$I_0 = \frac{(R_1 R_x - R_3 R_2)U}{R_1 R_2 (R_3 + R_x) + R_3 R_x (R_1 + R_2) + R_g (R_1 + R_2)(R_3 + R_x)} \tag{5-9-4}$$

在非平衡电桥中,一般保持电桥三个臂的电阻值不变,而剩下的一臂作为待测电阻 R_x,I_g 随阻值的不同而变化,所以 I_g 的大小可作为待测电阻值的度量.

如果待测电阻为热敏电阻 R_T,其阻值由原来的 R_T 变到 $R_T + \Delta R_T$,且将电桥平衡时 $R_1 R_T = R_2 R_3$ 的条件代入(5-9-4)式,此时电桥的输出电流为

$$I_0 = \frac{R_1 U}{M}\Delta R_T \tag{5-9-5}$$

式中

$$M = R_1 R_2 (R_3 + R_T + \Delta R_T) + R_3 (R_T + \Delta R_T)(R_1 + R_2) + R_g (R_3 + R_T + \Delta R_T)(R_1 + R_2)$$

经整理,(5-9-5)式可化为

$$I_g = \frac{R_1 U}{a\Delta R_T + b}\Delta R_T = \frac{R_1 U}{M}\Delta R_T \tag{5-9-6}$$

式中

$$a = R_1R_2 + (R_1 + R_2)(R_3 + R_g)$$
$$b = (R_3 + R_T)\left[R_1R_2 + R_g(R_1 + R_2)\right] + R_3R_T(R_1 + R_2)$$

对于给定的电桥来说，a、b、R_1、U 均为常数，因此，非平衡电桥的输出只是 ΔR_T 的函数，这一关系对任何只有一臂可变的电桥都是一样的. 因此，在非平衡电桥线路中，将电流计的表面刻度定标成温度指示刻度，此即非平衡测温电桥，常用的热敏电阻温度计就是一个非平衡测温电桥. 典型电路如图 5-9-2 所示，图中 R_T 为热敏电阻，R_1、R_2 为功率匹配电阻，R_3 为起始电阻，R_m 为满度值的电阻，电桥输出由指示仪表 G 给出，根据输出电流的大小来表示温度值，U 为直流稳压电源的电压.

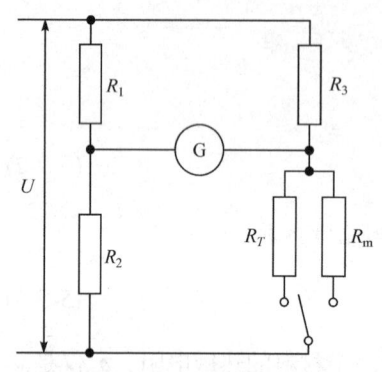

图 5-9-2 非平衡测温电桥

利用非平衡电桥进行测量，总希望被测量的电阻值与电桥输出的电压或电流尽可能是线性关系. 由上述可知，一方面热敏电阻 R_T 与温度 T 之间存在非线性关系；另一方面非平衡电桥的输出与桥臂电阻变化也是非线性的，因此在使用中对它们常采取各种线性化措施. 例如，在要求不高的一般场合下，可采用如图 5-9-3 所示电路，与热敏电阻并联一电阻，使得在一定温度范围内，电桥的输出有近似线性关系，并联电阻 R_P 可用如下公式确定：

$$R_P = \frac{R_M(R_L + R_H) - 2R_LR_H}{R_L + R_H - 2R_M} \tag{5-9-7}$$

式中 R_L 为低温 (L℃) 时热敏电阻的阻值；R_H 为高温 (H℃) 时热敏电阻的阻值；R_M 为算术平均温度 (M℃) 时热敏电阻的阻值.

由(5-9-7)式可知，要保证 $R_P > 0$，则 R_M 还需满足

$$\frac{R_L + R_H}{2} > R_M > \frac{2R_LR_H}{R_L + R_H} \tag{5-9-8}$$

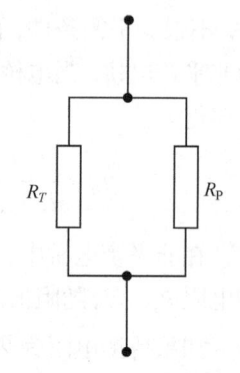

图 5-9-3 热敏电阻温度线性化示意图

【实验内容】

(1) 根据实验室给出的热敏电阻参数及电流计参数，设计一个测温范围为 0～80℃ 的非平衡测温电桥线路.

热敏电阻参数：标称阻值 $R_{25} = $ _____ kΩ；

测试功率 $P_C = $ _____ mW；

材料常数 $B = $ _____ K.

电流计参数：内阻 $R_g = \underline{\quad}$ Ω；

电流 $I_g = \underline{\quad}$ A．

设计具体要求是：

(i) 算出各桥臂电阻的阻值．电桥线路采取对称电桥线路，即图 5-9-2 中的 $R_1 = R_2$，为了减小热敏电阻的自热效应，桥臂电阻 R_3、R_T 的功率匹配关系应满足热敏电阻 R_T 上的耗散功率小于或等于规定的测试功率 P_C，即

$$\left(\frac{U}{R_3 + R_T}\right)^2 R_T \leqslant P_C \tag{5-9-9}$$

(ii) 算出所需电源电压的大小．

(2) 测量热敏电阻的温度特性．利用平衡电桥测量热敏电阻在测温范围内不同温度所对应的电阻值，根据测量数据，用回归法得出热敏电阻值的经验公式并绘出 R_T-T 关系曲线．

(3) 用你所设计的非平衡测温电桥，在工作范围内对热敏电阻进行测量，作出电桥输出电流 I_g 与温度 T 关系曲线，根据此曲线就可以在电流计的表面上标出温度刻度．

(4) 使电桥输出与温度关系线性化，并用实验检查热敏电阻随温度变化的线性度．

(5) 对测量结果进行误差分析．

【思考题】

(1) 非平衡电桥与平衡电桥有什么区别？各自有什么优点？

(2) 测温电桥能否用平衡电桥的原理来制作？

(3) 半导体温度计的原理线路如图 5-9-4 所示，试求在室温下当开关 K_2 置 "R_1=6.5kΩ" 端时，I_g 多大．

在其他条件不变的情况下，将开关 K_2 置于 "R_2=0.6kΩ" 端时，电流计的电流为 50μA，试问这时 R_T 为多大？

(云南师范大学物理实验教学示范中心供稿

张雄编　郑永刚校)

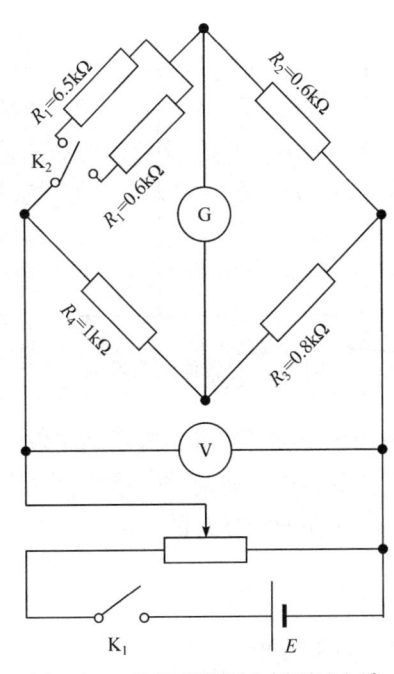

图 5-9-4 非平衡测温电桥测试电路

5.10 磁致伸缩系数的测量

【实验目的】

(1) 研究磁致伸缩系数与外磁场强度的关系；
(2) 掌握应变电测法原理.

【实验原理】

铁磁性材料在磁化时，会产生磁致伸缩现象. 所谓磁致伸缩，就是铁磁性材料的磁畴在外磁场作用下会定向排列，从而引起介质中晶格间距的改变，致使铁磁体发生长度和体积的变化. 在这里我们只研究铁磁体在长度方向上发生形变的磁致伸缩.

将外磁场加在铁磁体材料的长度方向上，铁磁体长度变化率 ($\Delta L / L$) 随外磁场强度的增大而增大，最后达到饱和，它的变化规律很像磁化曲线的变化情况，如图 5-10-1 所示. 一般把长度变化率的饱和值 $(\Delta L / L)_S$ 称为磁致伸缩系数，用 λ 表示. $\lambda > 0$ 表示伸长，$\lambda < 0$ 表示缩短，不同铁磁性材料其值不同，但对多数铁磁性材料来说，λ 值接近 $10^{-8} \sim 10^{-5}$ 数量级，例如，镍的 λ 值为 35×10^{-5}. 近几年来发现了某些材料在低温下磁致伸缩形变可达到百分之几十. 磁致伸缩在技术应用上用于机械振动的检测和超声波换能器.

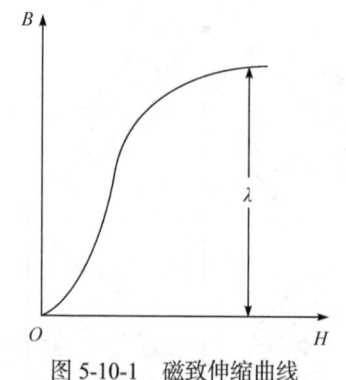

常用的测量磁致伸缩系数的方法有：光杠杆法和应变电测法. 本实验采用应变电测法，它利用电阻应变片将磁致伸缩形变量转换成电阻的变化，通过对电阻变化的测量从而测定磁致伸缩系数. 目前用得最广的电阻应变片有两种：电阻丝应变片和半导体应变片.

图 5-10-1　磁致伸缩曲线

电阻丝应变片是用一根对形变十分敏感、具有高电阻率、温度系数小的康铜丝制成. 电阻丝排成栅状，粘贴在两层绝缘的基片之间，电阻丝两端焊接有引出线，如图 5-10-2 所示.

电阻丝应变片的电阻

$$R = \rho \frac{L}{\pi r^2} \tag{5-10-1}$$

当发生形变时

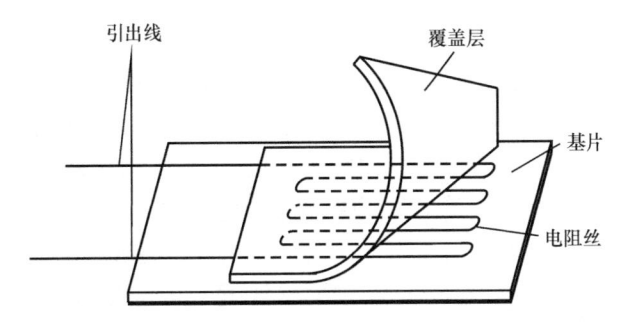

图 5-10-2 电阻丝应变片

$$\frac{\Delta R}{R} = \frac{\Delta \rho}{\rho} + \frac{\Delta L}{L} - 2\frac{\Delta r}{r} \tag{5-10-2}$$

将电阻丝材料的泊松比

$$u = \frac{\Delta r / r}{\Delta L / L}$$

代入(5-10-2)式可得到

$$\frac{\Delta R}{R} = \frac{\Delta p}{p} + \frac{\Delta L}{L}(1+2u) = \left(1+2u+\frac{\Delta p / p}{\Delta L / L}\right)\frac{\Delta L}{L} \tag{5-10-3}$$

令

$$1 + 2u + \frac{\Delta p / p}{\Delta L / L} = K_0$$

可得

$$\frac{\Delta R}{R} = K_0 \frac{\Delta L}{L} = K_0 \lambda \tag{5-10-4}$$

式中 K_0 称为材料的灵敏系数,其值在 1.6~2,由生产厂家给出.

由(5-10-4)式可知,电阻丝应变片的电阻应变量 $\frac{\Delta R}{R}$ 与长度的相对变化量 $\frac{\Delta L}{L}$ 成正比.所以测量铁磁性材料在外磁场中的磁致伸缩系数 λ,就归结到对应变片的电阻应变量 $\frac{\Delta R}{R}$ 的测量.

常规的电阻丝应变片的 K_0 值很小($K_0 \approx 2$),机械应变一般在 $10^{-8} \sim 10^{-5}$ 范围内,故电阻丝应变片的电阻变化范围应变为 $10^{-1} \sim 10^5 \Omega$,因而要求测量电路应能精确测量出这些小的电阻变化,最常采用的就是非平衡电桥测量电路,如图 5-10-3 所示,电桥的输出电流为

$$I_g = \frac{(R_1 R_3 - R_4 R_2)U}{R_1 R_2 (R_3 + R_4) + R_3 R_4 (R_1 + R_2) + R_g (R_1 + R_2)(R_3 + R_4)} \tag{5-10-5}$$

现考虑电桥为等臂电桥,即 $R_1 = R_2 = R_3 = R_4 = R$,$R_1$ 为待测臂,将电阻应变片粘贴在被测的铁磁材料上,放入外磁场为 H 的磁场中,在 H 的作用下,当从 R_1 变化到 $R + \Delta R$ 时,电桥的输出电流为

$$I_g = \frac{\Delta R U}{2R(2R + 2R_g) + (2R + 2R_g)\Delta R} \quad (5\text{-}10\text{-}6)$$

令

$$\frac{2R + 2R_g}{2R(2R + 2R_g)} = K$$

并考虑

$$K\Delta R \ll 1$$

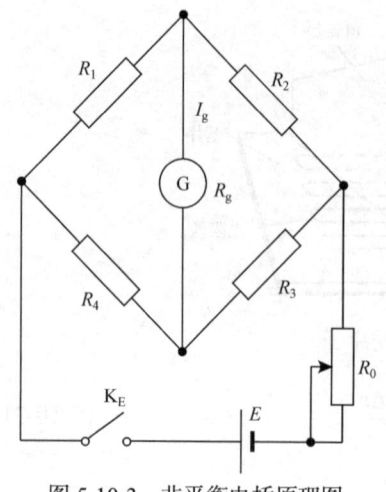

图 5-10-3 非平衡电桥原理图

(5-10-6)式变为

$$I_g = \frac{U}{4(R + R_g)} \frac{\Delta R}{R} \quad (5\text{-}10\text{-}7)$$

因电流计 G 的偏转格数 $d = S_g I_g$(S_g 为电流计的电流灵敏度),则(5-10-7)式可写成

$$d = \frac{U S_g}{4(R + R_g)} \frac{\Delta R}{R} \quad (5\text{-}10\text{-}8)$$

令

$$\frac{U S_g}{4(R + R_g)} = S_I \quad (5\text{-}10\text{-}9)$$

(5-10-8)式可写成

$$d = S_I \frac{\Delta R}{R} \quad (5\text{-}10\text{-}10)$$

(5-10-10)式中的 S_I 称为非平衡电桥的电流灵敏度,其值可由(5-10-9)式计算,也可以用实验方法准确地进行测定,将(5-10-4)式代入(5-10-10)式得

$$\lambda = \frac{1}{K_0 S_I} d \quad (5\text{-}10\text{-}11)$$

(5-10-11)式表明,在外磁场的作用下,用非平衡电桥测得的磁致伸缩系数 λ 与电桥的输出(即电流计的偏转)成正比。

本实验是在室温条件下,研究磁致伸缩系数 λ 与外磁场 H 的关系,从而测出 λ 的值。它们之间的关系,可以用

$$\lambda = f(H)$$

来表示，外磁场 H 由通电螺线管的电流产生，其大小为

$$H=nI$$

式中 n 为螺线管线圈单位长度上的匝数.

【实验内容】

(1) 设计用应变电测法测镍的磁致伸缩系数 λ 值的实验装置，并画出装置电路图. 在设计时必须考虑：

(i) 温度的影响. 温度变化会引起应变片电阻变化，给测量带来较大影响，为了消除这种影响，常用温度补偿法，即在电桥测量线路中，电桥相邻两臂分别接两个特性相同的应变片，例如，R_1 为工作应变片，r_1 为补偿应变片. R_1 应变片粘贴在被测试件上，r_1 应变片粘贴在膨胀系数与试件相近的非磁性材料上，并将 R_1、r_1 紧靠在一起置于磁场中. 当温度变化时，若 R_1、r_1 的电阻变化值大小相等，则它们对电桥输出的影响将互相抵消.

(ii) 电桥的平衡. 测量前，必须先调节使电桥达到平衡，为此在 r_1 桥臂上并联一可调电阻 r_2 来调节电桥的平衡，r_2 值应远大于 r_1 值，在测量时就不需再进行平衡调节了.

(2) 用实验方法测出非平衡电桥的电流灵敏度 S_I. 先调节 r_2 可变电阻使电桥达到平衡，记下此值为 r_{20}，然后改变 r_2 使电桥失去平衡，记下电流计偏转格数，取不同的 r_2 值，记下下列几种偏转时的 $\dfrac{r_1}{r_{20}}\dfrac{\Delta r_2}{r_{20}}$ 值，求出 S_I 的平均值.

表 5-10-1　非平衡电桥电流计的偏转格数与电阻应变量测量表

d	10	20	30	40	50	60
$\dfrac{r_1}{r_{20}}\dfrac{\Delta r_2}{r_{20}}$						

表 5-10-1 中

$$\frac{r_1}{r_{20}}\frac{\Delta r_2}{r_{20}}=\frac{\Delta R_2}{R_2}=\frac{\Delta R}{R}$$

(3) 研究镍的 λ 值随外磁场 H 变化的规律. 将达到平衡时电桥的 R_1 (测量臂) 和 R_2 (即与 r_2 并联的那个桥臂) 置于螺线管中，取不同的励磁电流使 λ 值从零值至饱和值，记下电流计相同偏转格数，作 λ-H 曲线，求出 $\lambda = f(H)$ 的经验公式.

(4) 求出镍的磁致伸缩系数 λ 值.

【思考题】

(1) 本实验为什么采用非平衡电桥而不用平衡电桥测电阻？

(2) 怎样用实验方法测定 d 与 $\dfrac{\Delta R}{R}$ 的关系？试比较用实验方法测定的 S_1 值与理论计算的 S_1 值.

(3) 试分析 λ 的测量误差.

【附录】

由图 5-10-4 可知

$$R_2 = \dfrac{r_1 r_2}{r_1 + r_2}$$

$$\dfrac{\Delta R_2}{R_2} = \dfrac{\Delta r_1}{r_1} + \dfrac{\Delta r_2}{r_2} - \dfrac{\Delta(r_1 + r_2)}{r_1 + r_2}$$

$$= \left(\dfrac{1}{r_1} - \dfrac{1}{r_1 + r_2}\right)\Delta r_1 + \left(\dfrac{1}{r_2} - \dfrac{1}{r_1 + r_2}\right)\Delta r_2$$

又由于 $\Delta r_1 = 0, r_1 \ll r_2$，故

$$\dfrac{\Delta R_2}{R_2} = \dfrac{r_1 \Delta r_2}{r_2^2} = \dfrac{r_1}{r_2}\dfrac{\Delta r_2}{r_2}$$

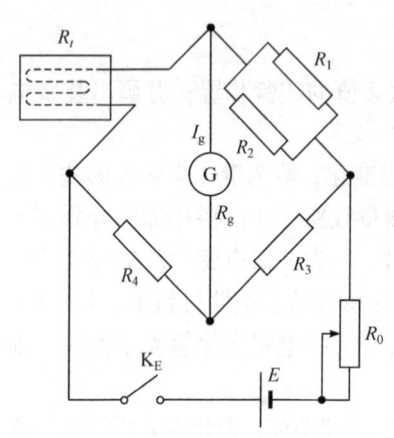

图 5-10-4 磁致伸缩系数测试电路

在平衡点附近有

$$\dfrac{\Delta R_2}{R_2} = \dfrac{r_1}{r_2}\dfrac{\Delta r_2}{r_2}\bigg|_{r_2 = r_{20}} = \dfrac{r_1}{r_{20}}\dfrac{\Delta r_2}{r_{20}}$$

(云南师范大学物理实验教学示范中心供稿　张雄编　郑永刚校)

5.11　微波段电子自旋共振

电子自旋共振(electron spin resonance，ESR)是由苏联科学家扎伏伊斯基在 1944 年首先发现的一种电子自旋磁矩在恒定外磁场作用下发生能级分裂的磁共振现象，是分裂后的能级在射频电磁场作用下发生的一种在高低能级间的共振跃迁过程. 在该实验过程中利用了电子的顺磁性，因此也被称为电子顺磁共振(electron paramagnetic resonance，EPR). 电子自旋共振是用来测定未成对电子与其环境相互作用的一种物理方法. 当未成对电子在不同的原子或化学键上，或附近有不同的基团即具有不同的化学环境时，其电子自旋共振光谱就可以详细地反映出来，并且不受其周围反磁性物质(如有机配体)的影响. 自 1944 年发现电子自旋共振以来，该技术在化学、物理、生物和医学等各方面都获得了极其广泛的应用，例如：发现过渡族元素的离子；研究半导体中的杂质和缺陷；离子晶体的结构；

金属和半导体中电子交换的速度及导电电子的性质；生物体内的各种蛋白酶如铜锌超氧化物歧化酶等的活性；中心金属离子所处化学环境的研究等.

【实验目的】

(1) 本实验的目的是在了解电子自旋共振原理的基础上，学习用微波频段检测电子自旋共振信号的方法；

(2) 通过有机自由基二苯基苦酸基联氨(DPPH)的电子的朗德因子 g 值和电子自旋共振谱线共振线宽测出的 DPPH 的共振频率，算出共振磁场，与特斯拉计测量的磁场对比；

(3) 了解、掌握微波仪器和器件的应用；

(4) 学习利用锁相放大器进行小信号测量的方法.

【实验原理】

(1) 原子中的电子在沿轨道运动的同时具有自旋，其自旋角动量为 $p_S = \sqrt{S(S+1)}\hbar$，其中 S 是电子自旋量子数，$S=1/2$.

电子的自旋角动量 $\boldsymbol{p}_S$ 与自旋磁矩 $\boldsymbol{\mu}_S$ 间的关系为

$$\begin{cases} \boldsymbol{\mu}_S = -g\dfrac{e}{2m_e}\boldsymbol{p}_S \\ \mu_S = g\mu_B\sqrt{S(S+1)} \end{cases}$$

其中 e 为电子电荷；m_e 为电子质量；$\mu_B = \dfrac{e\hbar}{2m_e}$ 称为玻尔磁子，其值为 $\mu_B = 9.273 \times 10^{-24}$ J/T；g 为电子的朗德因子，具体表示为

$$g = 1 + \frac{J(J+1) - L(L+1) + S(S+1)}{2J(J+1)}$$

(5-11-1)

对于自由电子，$L=0, J=S=1/2$，因此 $g=2.0$.

设 $\gamma = \dfrac{e}{2m_e}g$ 为电子的旋磁比，$\boldsymbol{\mu}_S = \gamma \boldsymbol{p}_S$. 电子自旋磁矩在恒定外磁场 B_0 (z 轴方向)的作用下，会发生进动，进动角频率 $\omega_0 = \gamma B_0$. 由于电子的自旋角动量 $\boldsymbol{p}_S$ 的空间取向是量子化的，在 z 方向上只能取 $p_{Sz} = m\hbar$ ($m = S, S-1, \cdots, -S+1, -S$)，$m$ 表示电子的磁量子数，由于 $S=1/2$，所以 m 可取 $\pm 1/2$. 电子的自旋磁矩与外磁场 $\boldsymbol{B}_0$ 的相互作用能为

$$E = \boldsymbol{\mu}_S \cdot \boldsymbol{B}_0 = \mu_{Sz} B_0 = \pm \frac{1}{2}\gamma \hbar B_0$$

相邻塞曼能级间的能量差为

$$\Delta E = \omega_0 \hbar = \gamma \hbar B_0 = g \mu_B B_0$$

显然，如果在垂直于 B_0 平面内施加一个角频率等于 ω_0 的旋转磁场 B_1，则电子将吸收此旋转磁场的能量，实现能级间的跃迁，即发生电子自旋共振。B_1 可以在射频段由射频线圈产生，也可以在微波段由谐振腔产生，由此对应两种实验方法，即射频段电子自旋共振和微波段电子自旋共振。

(2) 在电子自旋共振中也有两个过程同时起作用。

(i) 受激跃迁过程。受激跃迁过程中，从整个系统来说是电子自旋磁矩的能量占优势，使高、低能级上粒子数差减少而趋于饱和。

(ii) 弛豫过程。自旋-晶格相互作用，这是自旋电子与周围其他质点交换能量，使电子自旋磁矩在磁场中从高能级状态返回低能级状态，以恢复玻尔兹曼分布。这种作用的特征时间用 T_1 表示，即自旋-晶格弛豫时间。自旋-自旋相互作用发生在自旋电子之间，使得各个自旋电子所处的局部场不同，其共振频率也相应有所差别，从而电子自旋磁矩在横向平面上的投影趋于完全的无规律分布，这种作用特征时间用 T_2 表示，称为自旋-自旋弛豫时间。

【实验装置】

本实验的装置主要由 3cm 固态信号源、3cm 波段波导传输系统、电磁铁及调制、扫描、放大、相移和指示电路等部分组成，自旋共振信号用示波器显示，由数字特斯拉计测量磁场强度。装置连接如图 5-11-1 所示(吴思诚、王祖铨，2005)。

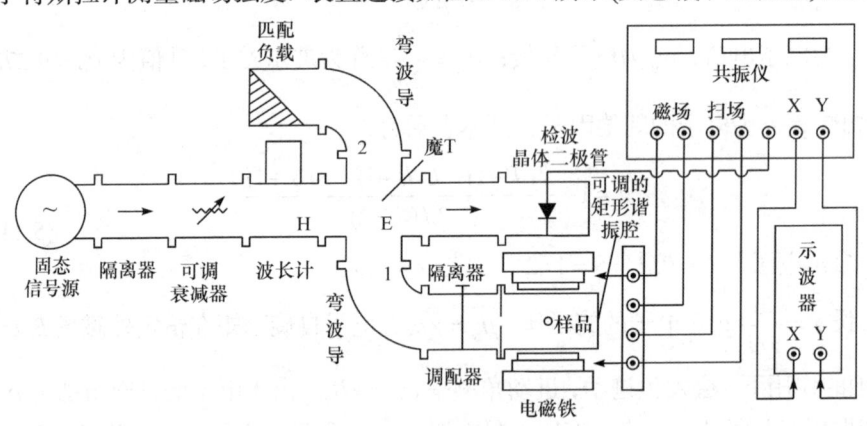

图 5-11-1 微波电子顺磁共振实验装置

(1) 固态信号源。在 3cm 固态信号源作用下，可由其体振荡产生波长约为 3cm 的微波信号。调节其上的螺旋丝杆可对微波信号的频率进行微调。

(2) 隔离器。又称单向器，是一种单向传输电磁波的器件，利用铁氧体中波传播的非互易特性制成。当电磁波沿正向传输时，可将功率全部馈给负载，对来自负载的反射波则产生较大衰减,这种单向传输特性可以用于隔离负载变动对固态信号源的影响. 场移式隔离器和法拉第旋转隔离器是微波系统中常用的两种隔离器件.

(3) 匹配负载(匹配器). 反射系数均为零的器件称为匹配负载,一般是安装在波导终端的吸收微波的介质,能将投射到匹配负载的电磁波全部吸收而没有反射. 小功率时微波吸收材料一般做成薄片,或者涂在玻璃等介质基片上,薄片或基片表面与电场平行以有效吸收微波能量. 且吸收片做成楔形,以实现阻抗匹配,如图 5-11-2(a)所示(庄华梅等,2005).

(4) 可调衰减器. 对于模,波导宽边中心电场最强,如果吸收片从波导宽边中间插入,则随吸收片插入波导深度的增加,对微波场的衰减也不断增加. 如果吸收片从波导窄边逐步移向波导中心,吸收片对微波场的衰减也不断增加,这种装置叫可调衰减器,如图 5-11-2(b)和(c)所示(庄华梅等,2005).

(a) 匹配负载　　(b) 吸收片由波导宽边中心插入

(c) 吸收片从波导窄边推向波导中心

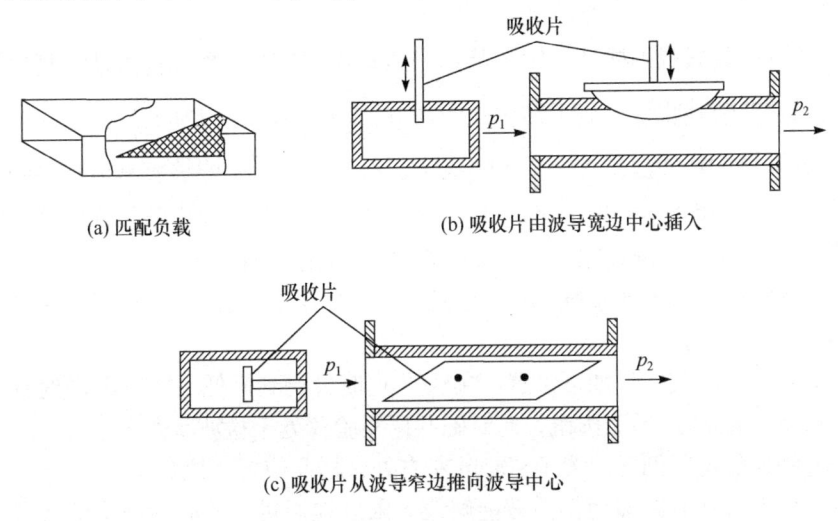

图 5-11-2　匹配负载与可调衰减器

(5) 波长计(频率计). 通过螺旋丝杆调节其谐振腔与微波频率达到匹配时,可产生较强的谐振吸收. 后续微波通道上的检波器检测到这个谐振吸收信号时,可根据螺旋丝杆读数查表确定微波的实际波长.

(6) 魔 T. 魔 T 是一种互易无损耗四端口网络,与低频桥式线圈相对应,故又称桥式接头,有"双臂隔离,旁臂平分"的特性. 当单螺调配器一侧与样品腔一侧状态匹配时,输出到检波器的信号幅度最小.

(7) 可调的矩形谐振腔. 可调的矩形谐振腔结构如图 5-11-2 所示,它既为样品提供线偏振磁场,同时又将样品吸收的偏振磁场能量的信息传递出去. 谐振腔的末端是可移动的活塞,调节其位置,可以改变谐振腔的长度,腔长可以从带游标的刻度连杆读出. 为了保证样品处于微波磁场最强处,在谐振腔宽边正中央开了一条窄槽，通过机械传动装置可以使样品处于谐振腔中的任何位置，样品在谐振腔中的位置可以从窄边上的刻度直接读出.该图还画出了矩形谐振腔谐振时微波磁力线的分布示意图.

(8) 检波晶体二极管.
(9) 扫描线圈.
(10) 稳恒磁场线圈.
(11) 恒定电流.
(12) 扫场电流.
(13) 相移器.
(14) 示波器.

【实验内容】

电子自旋共振观测样品采用二苯基三硝基苯 DPPH，含有自由基，其化学名称是二苯基苦酸基联氨，分子结构式为 $(C_6H_5)_2 N\text{-}NC_6H_2 \cdot (NO_2)_2$，它的第二个 N 原子少了一个共价键，有一个未偶电子，所以在实验中能够容易地观察到电子自旋共振现象.由于 DPPH 中的"自由电子"并不是完全自由的，其朗德因子 g 标准值为 2.0036，标准线宽为 $2.7×10^{-4}$ T.实验操作过程如下.

(1) 按实验装置连接系统，将可变衰减器顺时针旋至最大，开启系统中各仪器的电源，预热 20min.

(2) 将旋钮和按钮作如下设置："磁场"逆时针调到最低，"扫场"顺时针调到最大.按下"检波/扫场"按钮，此时磁共振实验仪处于检波状态.

(3) 将样品位置刻度尺置于 90mm 左右处，样品应置于磁场正中央.

(4) 调节可变衰减器使得微波能够最大限度地通过，此时检波电流表显示最大读数(如在此过程中，检波电流表超过量程，可将"检波灵敏度"旋钮逆时针旋转降低其灵敏度，回到量程范围内).

(5) 用波长表测定微波信号的频率，方法是：旋转波长表的测微头，找到电表跌落点，查波长表-刻度表即可确定振荡频率，若振荡频率不在9370MHz，应调节信号源的振荡频率，使其接近9370MHz.测定完频率后，需将波长表刻度旋开谐振点.

(6) 为使样品谐振腔对微波信号谐振，调节样品谐振腔的可调终端活塞，使调谐电表指示最小.

(7) 调节魔 T 另一支臂单螺调配器指针，使调谐电表指示更小.若磁共振实验仪电表指示太小，可调节灵敏度，使指示增大.

(8) 弹出"检波/扫场"按钮，此时磁共振实验仪处于扫场状态.

(9) 顺时针调节稳恒磁场电流，当电流达到1.5~2.5A 的某个位置时，示波器上即可出现电子共振信号. 缓慢调节直流调节电位器, 使得输出信号等间距.

(10) 利用波长计(频率计)测量微波的频率.

(11) 取出样品. 利用数字特斯拉计测量样品所在处的磁感应强度. 在利用数字特斯拉计测量磁场前先进行校零. 测量过程中, 特斯拉计探头垂直伸入放置样品的空腔, 并保持探头与磁场垂直, 缓慢旋转探头, 观察特斯拉计读数的变化, 取最大值为本次测量值.

【注意事项】

(1) 由于仪器的样品是使用有机玻璃管封装, 故在放置样品的时候, 要谨防玻璃管折断后破碎.

(2) 本实验在操作的过程中, 要严格按照说明书上的操作步骤去做实验, 实验中的每一步都需要细心地完成.

(3) 样品位置和腔长调整不要用力过大、过猛, 防止损坏.

(4) 保护特斯拉计的探头, 防止挤压磕碰, 用后不要拔下探头.

(5) 实验完毕后, 应将仪器上所有电位器都旋到零位, 以防止下次开机时的冲击电流将电位器损坏.

【思考题】

(1) 试比较电子自旋共振与核磁共振的异同点.

(2) 简要叙述射频段电子自旋共振的实现方法.

(3) 为什么电子自旋共振实验中必须考虑地磁场的影响, 而核磁共振实验中不需要?

(4) 如果要测量其他样品的朗德因子 g, 应该用什么方法?

【参考文献】

冯蕴深. 1988. 磁共振原理[M]. 北京: 高等教育出版社.

高铁军, 孟祥省, 王书运. 2009. 近代物理实验[M]. 北京: 科学出版社.

何光龙. 2010. Biomedical applications of in vivo electron Paramagnetic resonance spectroscopy and imaging[J]. 波谱学杂志, 27(1): 1-21.

王子宇. 2003. 微波技术基础[M]. 北京: 北京大学出版社.

吴思诚, 王祖铨. 2005. 近代物理实验[M]. 3版. 北京: 高等教育出版社.

庄华梅, 何德. 2005. 核磁共振技术及其在生命科学中的应用[J]. 生物磁学, 5(4): 58-61.

(梁红飞编)

5.12 核磁共振

核磁共振，是指具有磁矩的原子核在恒定磁场中由电磁波引起的共振跃迁现象。泡利于 1924 年提出核自旋假设，1930 年埃斯特曼在实验上证实。这一原子核基态的重要特征表明原子核不是一个质点而是有电荷分布，还有自旋角动量和磁矩。1939 年美国物理学家拉比用他创立的分子束共振法实现了核磁共振，精确测定了一些原子核的磁矩，获得了 1944 年的诺贝尔物理学奖。但分子束技术要把样品高温蒸发后才能做实验，这就破坏了凝聚物质的宏观结构，其应用范围自然受到限制。1945 年 12 月，美国哈佛大学的珀塞尔等报道了他们在石蜡样品中观察到质子的核磁共振吸收信号；1946 年 1 月，美国斯坦福大学的布洛赫等也报道了他们在水样品中观察到质子的核感应信号。两个研究小组用了稍微不同的方法，几乎同时在凝聚物质中发现了核磁共振。因此，布洛赫和珀塞尔荣获了 1952 年的诺贝尔物理学奖。此后，核磁共振技术迅速发展，目前核磁共振已经广泛地应用到许多科学领域，是物理、化学、生物和医学研究中的一项重要实验技术。它是测定原子的核磁矩和研究核结构的直接而又准确的方法，也是精确测量磁场的重要方法之一。

【实验目的】

(1) 掌握核磁共振的原理与基本结构；

(2) 用边限振荡器扫场法观察 ^{1}H(氢核，样品为 H_2O 掺有 $FeCl_3$)的核磁共振现象，验证共振频率与磁场的关系 $2\pi f_0 = \gamma B_0$；

(3) 测定 ^{1}H 的 g_N、旋磁比 γ 及核磁矩 μ；

(4) 观察 ^{19}F(氟核，样品为聚四氟乙烯)的核磁共振现象。测定 ^{19}F 的 g_N、旋磁比 γ 及核磁矩 μ。

【实验原理】

1. 原子核的磁共振

通常将原子核的总磁矩在其角动量 p 方向上的投影 μ 称为核磁矩，它们之间的关系通常写成

$$\mu = \gamma p$$

或

$$\mu = g_N \frac{e}{2m_p} p \tag{5-12-1}$$

式中 $\gamma = g_N \dfrac{e}{2m_p}$ 称为旋磁比，e 为电子电荷，m_p 为质子质量，g_N 为朗德因子. 对氢核来说，$g_N = 5.5851$.

按照量子力学，原子核角动量的大小由下式决定：

$$p = \sqrt{I(I+1)}\hbar \tag{5-12-2}$$

式中 $\hbar = \dfrac{h}{2\pi}$，h 为普朗克常量；I 为核的自旋量子数，可以取 $I = 0, \dfrac{1}{2}, 1, \dfrac{3}{2}, \cdots$，对氢核来说，$I = \dfrac{1}{2}$.

把氢核放入外磁场 $\boldsymbol{B}$ 中，可以取坐标轴 z 方向为 $\boldsymbol{B}$ 的方向. 核的角动量在 $\boldsymbol{B}$ 方向上的投影值由下式决定：

$$p_B = m\hbar \tag{5-12-3}$$

式中 m 称为磁量子数，可以取 $m = I, I-1, \cdots, -(I-1), -I$. 核磁矩在 $\boldsymbol{B}$ 方向上的投影值为

$$\mu_B = g_N \dfrac{e}{2m_p} p_B = g_N \left(\dfrac{eh}{2m_p}\right) m$$

将它写为

$$\mu_B = g_N \mu_N m \tag{5-12-4}$$

式中 $\mu_N = 5.050787 \times 10^{-27}$ J/T 称为核磁子，是核磁矩的单位.

核磁矩为 $\boldsymbol{\mu}$ 的原子核在恒定磁场 $\boldsymbol{B}$ 中具有的势能为

$$E = -\boldsymbol{\mu} \cdot \boldsymbol{B} = -\mu_B B = -g_N \mu_N m B$$

任何两个能级之间的能量差为

$$\Delta E = E_{m1} - E_{m2} = -g_N \cdot \mu_N \cdot B \cdot (m_1 - m_2) \tag{5-12-5}$$

考虑最简单的情况，对氢核而言，自旋量子数 $I = \dfrac{1}{2}$，所以磁量子数 m 只能取两个值，即 $m = \dfrac{1}{2}$ 和 $m = -\dfrac{1}{2}$. 磁矩在外场方向上的投影也只能取两个值，如图 5-12-1(a) 所示，与此相对应的能级如图 5-12-1(b) 所示.

根据量子力学中的选择定则，只有 $\Delta m = \pm 1$ 的两个能级之间才能发生跃迁，这两个跃迁能级之间的能量差为

$$\Delta E = g_N \cdot \mu_N \cdot B \tag{5-12-6}$$

由这个公式可知：相邻两个能级之间的能量差 ΔE 与外磁场 $\boldsymbol{B}$ 的大小成正比，磁场越强，则两个能级分裂越大.

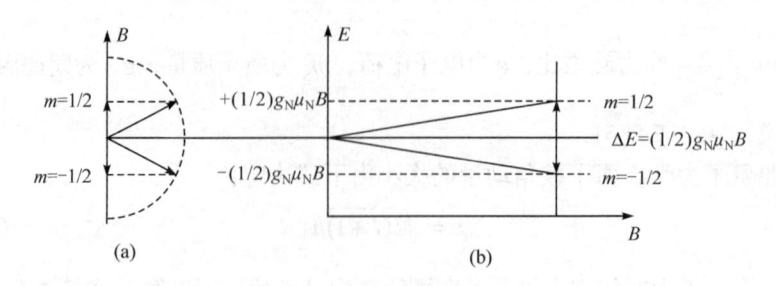

图 5-12-1　氢核能级在磁场中的分裂

如果实验时外磁场为 B_0，在该稳恒磁场区域又叠加一个电磁波作用于氢核，如果电磁波的能量 $h\nu_0$ 恰好等于这时氢核两能级的能量差 $g_N\mu_N B_0$，即

$$h\nu_0 = g_N\mu_N B_0 \tag{5-12-7}$$

则氢核就会吸收电磁波的能量，由 $m = \dfrac{1}{2}$ 的能级跃迁到 $m = -\dfrac{1}{2}$ 的能级，这就是核磁共振吸收现象. (5-12-7)式就是核磁共振条件. 为了应用上的方便，常写成

$$\nu_0 = \left(\frac{g_N\mu_N}{h}\right)B_0$$

即

$$\omega_0 = \gamma B_0 \tag{5-12-8}$$

2. 核磁共振信号的强度

上面讨论的是单个的核放在外磁场中的核磁共振理论，但实验中所用的样品是大量同类核的集合. 如果处于高能级上的核数目与处于低能级上的核数目没有差别，则在电磁波的激发下，上、下能级上的核都要发生跃迁，并且跃迁概率是相等的，吸收能量等于辐射能量，我们就观察不到任何核磁共振信号. 只有当低能级上的核数目大于高能级上的核数目，吸收能量比辐射能量多，才能观察到核磁共振信号. 在热平衡状态下，核数目在两个能级上的相对分布由玻尔兹曼因子决定

$$\frac{N_1}{N_2} = \exp\left(-\frac{\Delta E}{kT}\right) = \exp\left(-\frac{g_N\mu_N B_0}{kT}\right) \tag{5-12-9}$$

式中 N_1 为低能级上的核数目，N_2 为高能级上的核数目，ΔE 为上、下能级间的能量差，k 为玻尔兹曼常量，T 为绝对温度. 当 $g_N\mu_N B_0 \ll kT$ 时，(5-12-9)式可以近似写成

$$\frac{N_1}{N_2} = 1 - \frac{g_N\mu_N B_0}{kT} \tag{5-12-10}$$

(5-12-10)式说明，低能级上的核数目比高能级上的核数目略微多. 对氢核来说，如

果实验温度 $T = 300\text{K}$，外磁场 $B_0 = 1\text{T}$，则

$$\frac{N_2}{N_1} = 1 - 6.75 \times 10^{-6}$$

或

$$\frac{N_1 - N_2}{N_1} \approx 7 \times 10^{-6}$$

这说明，在室温下，每百万个低能级上的核比高能级上的核大约只多出 7 个. 这就是说，在低能级上参与核磁共振吸收的每一百万个核中只有约 7 个核的核磁共振吸收未被共振辐射所抵消，所以核磁共振信号非常微弱，检测如此微弱的信号，需要高质量的接收器.

由(5-12-10)式可以看出，温度越高，粒子在高、低能级上的数目差数越小，对观察核磁共振信号越不利. 外磁场 B_0 越强，粒子在高、低能级上的数目差数越大，越有利于观察核磁共振信号. 一般核磁共振实验要求磁场强一些，其原因就在这里.

另外，要想观察到核磁共振信号，仅磁场强一些还不够，磁场在样品范围内还应高度均匀，否则磁场多么强也观察不到核磁共振信号. 原因之一是，核磁共振信号由(5-12-7)式决定，如果磁场不均匀，则样品内各部分的共振频率不同. 对于某个频率的电磁波，将只有少数核参与共振，结果信号被噪声所淹没，难以观察到核磁共振信号.

【实验仪器】

核磁共振实验仪主要包括电磁铁及调场线圈、探头与样品、边限振荡器、磁场扫描电源、频率计及示波器等.

核磁共振系统接线示意图如图 5-12-2 所示，实验装置示意图如图 5-12-3 所示. 其中的电磁铁及调制线圈是实验装置的核心部分，它们的结构如图 5-12-4 所示，下面详细介绍核磁共振实验装置的各个部分.

(1) 磁铁.

磁铁的作用是产生稳恒磁场 B_0，它是核磁共振实验装置的核心，要求磁铁能够产生尽量强的、非常稳定、非常均匀的磁场. 首先，强磁场有利于更好地观察核磁共振信号；其次，磁场空间分布均匀性和稳定性越好，则核磁共振实验仪的分辨率越高. 核磁共振实验装置中的磁铁有三类：永久磁铁、电磁铁和超导磁铁. 永久磁铁的优点是，不需要磁铁电源和冷却装置，运行费用低，而且稳定度高. 电磁铁的优点是通过改变励磁电流可以在较大范围内改变磁场的大小. 为了产生所需要的磁场，电磁铁需要很稳定的大功率直流电源和冷却系统，另外还要保持电磁铁温度恒定. 超导磁铁最大的优点是能够产生高达十几特斯拉的强磁场，对大

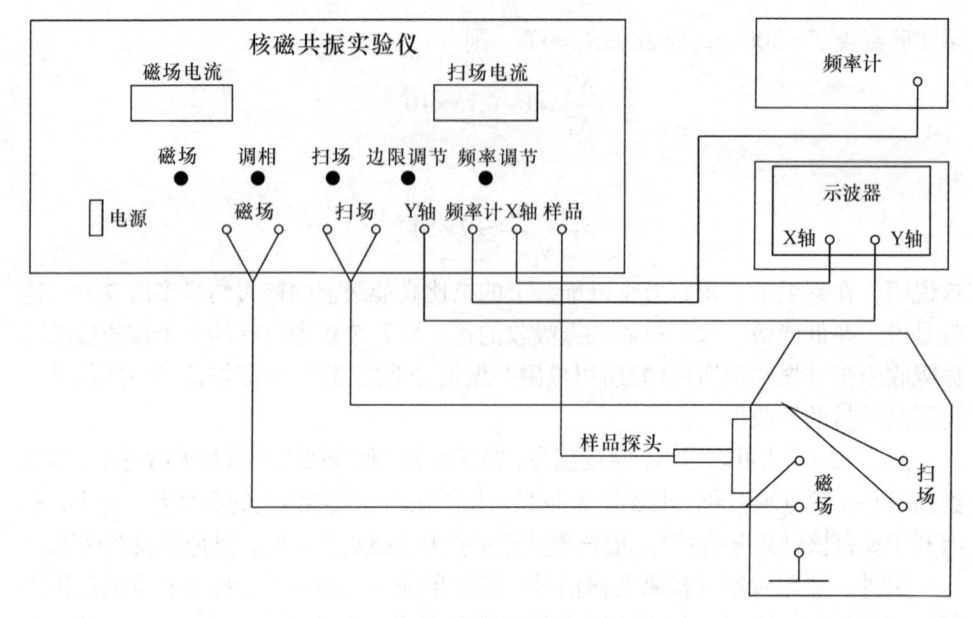

图 5-12-2　核磁共振系统接线示意图

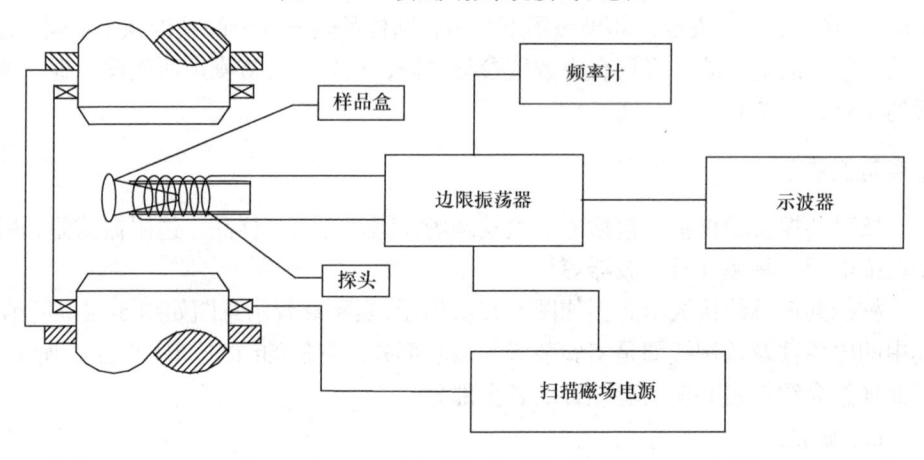

图 5-12-3　核磁共振实验装置示意图

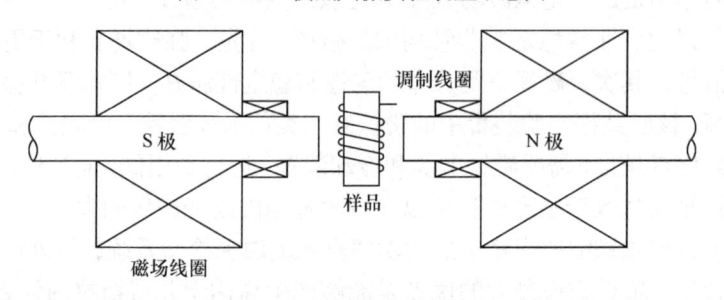

图 5-12-4　电磁铁及调制线圈

幅度提高核磁共振谱仪的灵敏度和分辨率极为有益，同时磁场的均匀性和稳定性也很好，是现代谱仪较理想的磁铁，但仪器使用液氮或液氦给实验带来了不便.北京大华科教仪器有限公司生产的 DH404A 型核磁共振教学仪采用电磁铁，磁场均匀度比较好，能够方便地通过改变电流的大小来实现调节磁场强度的大小.

(2) 边限振荡器.

边限振荡器具有与一般振荡器不同的输出特性，其输出幅度随外界吸收能量的轻微增加而明显下降，当吸收能量大于某一阈值时即停振，因此通常被调整在振荡和不振荡的边缘状态，故称为边限振荡器.

如图 5-12-4 所示，样品放在边限振荡器的振荡线圈中，振荡线圈放在固定磁场 B_0 中，由于边限振荡器是处于振荡与不振荡的边缘，当样品吸收的能量不同(即线圈的 Q 值发生变化)时，振荡器的振幅将有较大的变化.当发生共振时，样品吸收增强，振荡变弱，经过二极管的倍压检波，就可以把反映振荡器振幅大小变化的共振吸收信号检测出来，进而用示波器显示.由于采用边限振荡器，所以射频场 B_1 很弱，饱和效应的影响很小.但如果电路调节得不好，偏离边限振荡器状态很远，一方面射频场 B_1 很强，出现饱和效应，另一方面，样品中少量的能量吸收对振幅的影响很小，这时就有可能观察不到共振吸收信号.这种把发射线圈兼做接收线圈的探测方法称为单线圈法.

(3) 扫场单元.

观察核磁共振信号最好的手段是使用示波器，但是示波器只能观察交变信号，所以必须想办法使核磁共振信号交替出现.有两种方法可以达到这一目的：一种是扫频法，即让磁场 B_0 固定，使射频场 B_1 的频率 ω 连续变化，通过共振区域，当 $\omega = \omega_0 = \gamma B_0$ 时出现共振峰；另一种方法是扫场法，即把射频场 B_1 的频率 ω 固定，而让磁场 B_0 连续变化，通过共振区域.这两种方法是完全等效的，显示的都是共振吸收信号 v 与频率差 $(\omega - \omega_0)$ 之间的关系曲线.

由于扫场法简单易行，确定的共振频率比较准确，所以现在通常采用大调制场技术，在稳恒磁场 B_0 上叠加一个低频调制磁场 $B_m \sin \omega' t$，这个低频调制磁场就是由扫场单元(实际上是一对亥姆霍兹线圈)产生的，那么此时样品所在区域的实际磁场为 $B_0 + B_m \sin \omega' t$.由于调制场的幅度 B_m 很小，总磁场的方向保持不变，只是磁场的幅值按调制频率发生周期性变化(其最大值为 $B_0 + B_m$，最小值为 $B_0 - B_m$)，拉莫尔进动频率 ω_0 也相应地发生周期性变化，即

$$\omega_0 = \gamma (B_0 + B_m \sin \omega' t) \tag{5-12-11}$$

这时只要射频场的角频率 ω 调在 ω_0 变化范围之内，同时调制磁场扫过共振区域，即 $B_0 - B_m \leqslant B_0 \leqslant B_0 + B_m$，则共振条件在调制场的一个周期内被满足两次，所以在示波器上观察到如图 5-12-5(b)所示的共振吸收信号.此时若调节射频场的频

率，则吸收曲线上的吸收峰将左右移动．当这些吸收峰间距相等时，如图 5-12-5(a) 所示，则说明在这个频率下的共振磁场为 B_0．

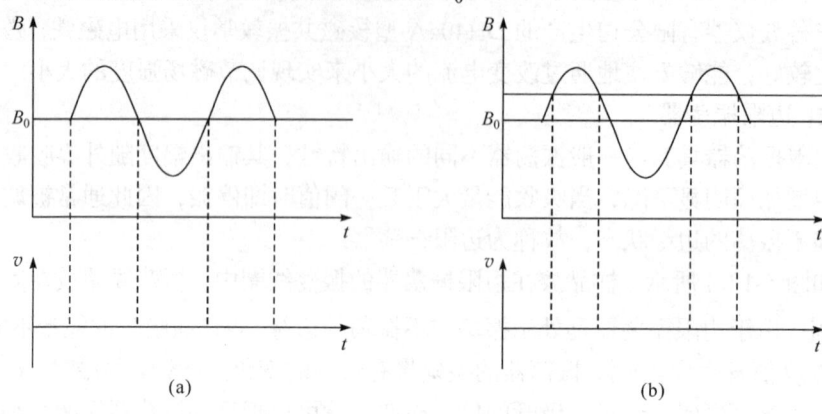

图 5-12-5　扫场法检测共振吸收信号

值得指出的是，如果扫场速度很快，也就是通过共振点的时间比弛豫时间小得多，这时共振吸收信号的形状会发生很大的变化．在通过共振点之后，会出现衰减振荡．这个衰减的振荡称为"尾波"，这种尾波非常有用，因为磁场越均匀，尾波越大．所以应调节磁场线圈使尾波达到最大．

(4) 频率计．

频率计用于测量振荡器的振荡频率．

(5) 示波器．

示波器用于观察共振信号，注意示波器的同步模式应设为 Normal(普通)，同步源设为 Line(电源)，否则共振信号无法同步．如果采用李萨如图形观察，可以避免同步不稳带来的观察困难．

【实验内容】

(1) 将整个实验装置按照示意图(图 5-12-2)连接好，接通电源．

(2) 将装满 $CuSO_4$ 溶液的样品管放入电磁铁中央，调节边限振荡器的频率旋钮使频率处于一个合适的位置；调节边限振荡旋钮使得从示波器上看到的振荡信号处于明显的振荡状态(不要进入自激振荡区域)．

(3) 逐渐增大稳恒磁场直流电源的电流强度，在示波器上捕捉随电流变化出现的有规律地向左或者向右移动的信号．

(4) 当满足共振条件 $\omega = \gamma B_0$ 时，可以观察到共振信号．微调稳恒磁场的电流旋钮，使得示波器窗口上的共振信号呈现等间距分布．记录电流强度和频率．反复改变频率，重新调节电流强度使共振信号呈现等间距分布，记录多组数据．

(5) 用聚四氟乙烯样品做以上实验，重复(2)~(4)内容，观察共振吸收信号的差异,并记录下频率和电流强度.

【注意事项】

(1) 磁极面是经过精心抛光的软铁,要防止损伤表面,以免影响磁场的均匀性,并采取有效措施严防极面生锈.

(2) 确保实验系统各连线正确,打开或关闭核磁共振仪电源前,均应将"磁场"和"扫场"旋钮逆时针旋到底,以防损坏电磁铁和系统.

(3) 样品线圈的几何形状和绕线状况对吸收信号的质量影响大,在安放时应注意保护,防止变形及破碎.

(4) 调节好边振振荡调节旋钮,适当提高射频幅度可提高信噪比,然而,过大的射频幅度会引起振荡器的自激.

【思考题】

(1) 简述核磁共振的原理,并回答什么是扫场法和扫频法.
(2) 核磁共振实验中共用了几种磁场?各起什么作用?
(3) 不加扫场电压能否观察到共振信号?
(4) 简述磁共振测量磁场的原理.

【参考文献】

戴道宣, 戴乐山. 2006. 近代物理实验[M]. 北京: 高等教育出版社.
冯蕴深. 1988. 磁共振原理[M]. 北京: 高等教育出版社.
高铁军, 孟祥省, 王书运. 2009. 近代物理实验[M]. 北京: 科学出版社.
吴思诚, 王祖铨. 2005. 近代物理实验[M]. 3 版 北京: 高等教育出版社.
吴先球, 熊予莹. 2009. 近代物理实验教程[M]. 2 版. 北京: 科学出版社.
杨福家. 2000. 原子物理学[M]. 3 版. 北京: 高等教育出版社.
张天喆, 董有尔. 2004. 近代物理实验[M]. 北京: 科学出版社.
庄华梅, 何德. 2005. 核磁共振技术及其在生命科学中的应用[J]. 生物磁学, 5(4): 58-61.

(梁红飞编)

5.13 光栅单色仪

【实验目的】

(1) 了解光栅单色仪的工作原理;
(2) 了解光栅单色仪的构造和使用方法;
(3) 用高压汞灯的主要谱线,对自组光栅单色仪在可见光区进行定标.

【实验原理】

光栅单色仪的结构如图 5-13-1 所示，由三部分组成：①光源或照明系统；②分光系统；③接收系统. 光栅单色仪的分光系统如图 5-13-2 所示. 光源或照明系统发出的光束均匀地照亮在入射狭缝 S_1 上，S_1 位于离轴抛物镜 M_1 的焦平面上. 光通过 M_1 变成平行光照射到光栅上，再经过光栅，光栅转动时，从 S_2 出射的光由短波到长波依次出现. 如图 5-13-2 所示为利特罗式系统，这种系统结构简单、尺寸小、像差小、分辨率高、更换光栅方便. 分光系统中的光栅是闪耀光栅，其原理如图 5-13-3 所示. 利用光栅方程和闪耀光栅的几何关系，可以确定闪耀角 θ_0 的大

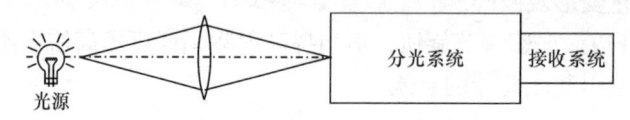

图 5-13-1 光栅单色仪的结构

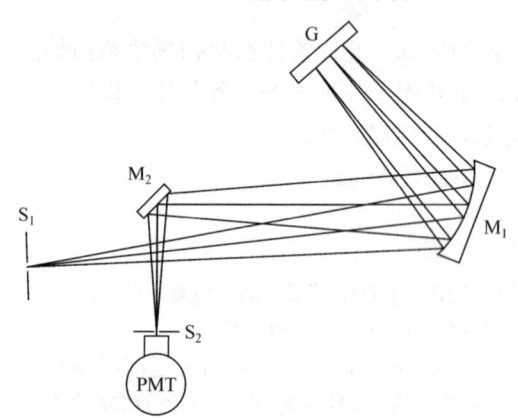

图 5-13-2 光栅单色仪的分光系统

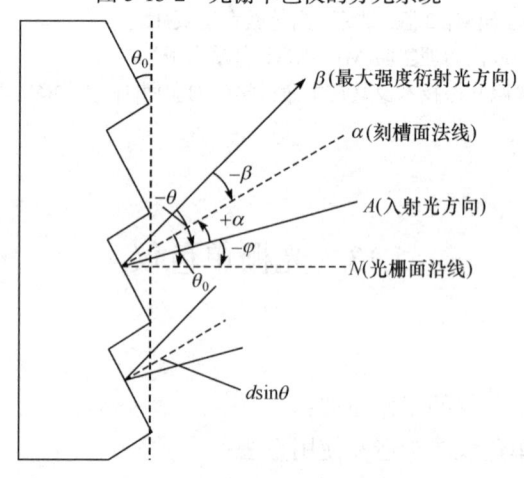

图 5-13-3 闪耀光栅原理图

小. 若希望第 m 级干涉加强时, θ_0 应满足关系 $2d\sin\theta_0 = m\lambda_0$. 当入射光为宽光谱的白光时, 改变入射角方向(通过转动光栅转台实现), 不同波长的单色光先后实现干涉加强, 出现不同颜色的谱线, 实现了使用闪耀光栅分光, 得到单色光的目的(张皓晶, 2017; 王云才, 2008).

【实验仪器及实物图】

实验仪器及实物图如图 5-13-4 所示.

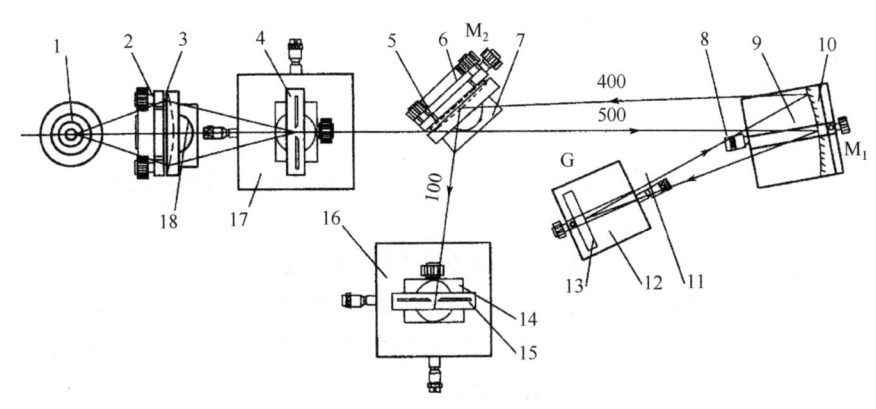

图 5-13-4 俯视示意图

1. 低压汞弧灯(带圆孔光阑); 2. 凸透镜: $f = 50$mm; 3. 二维调整架: SZ-07; 4. 入射可调狭缝: SZ-22; 5. 平面反射镜 M_2; 6. 二维调整架: SZ-07; 7. 二维底座: SZ-02; 8. 二维底座: SZ-02; 9. 二维调整架: SZ-07; 10. 自准球面镜 M_1; 11. 三维底座: SZ-01; 12. 光栅转台: SZ-10; 13. 平面闪耀光栅(1200线/mm, 闪耀波长 5000Å, 闪耀角 17°27′); 14.三维底座: SZ-01; 15.出射可调狭缝: SZ-22; 16.二维底座: SZ-02; 17.二维调整架: SZ-07; 18.一维底座: SZ-03

【实验内容】

(1) 根据图 5-13-4, 将各部件在平台上调在同一高度, 光路主截面大致平行于桌面, 用 $f = 50$mm 的凸透镜将低压汞弧灯聚光于较宽的入射缝上(缝宽大于 0.5mm). 按实物图放置各个部件, 注意安装光栅时, 一定要使带箭头记号朝上, 以保证闪耀效果(可先用激光器调好光路后, 再换成低压汞弧灯). 用白屏沿光路检查光投射到各个部件 M_1、G、M_2 的情况, 务使投射丰满不漏, 没有挡光现象.

(2) 射到 M_1 和从 M_1 出射的光方向力求夹成小角度, 这样可近似认为光路是利特罗自准的. 可使用白屏代替出射缝, 并沿纵向前后移动白屏, 以获得最佳聚焦状态, 然后将屏换成出射缝(此步也可以不用), 注意入射缝和出射缝的锐刀口面一定面对入射光方向, 将入射缝、出射缝变窄, 达到所需宽度, 如 0.02mm. 图中 M_1 和 G 之间的距离为 200mm, 此数要求不严, 可略近或略远.

(3) 调节光栅水平面位置,以在旋转微调螺旋时,可使黄光到紫光相继循序从出射缝射出. 或可不按实物图的装置安排光路,使 G 略作前倾,将反射镜 M₂ 放置于入射缝后下方,出射缝位置不变,以获得更好的闪耀效果.

(4) 观察汞灯的线状光谱.

高压汞灯为光源,观察到一些分立的线状光谱,它们是汞原子的发射光谱. 旋转微调螺旋时使红光到紫光相继循序从出射缝射出,记录微调螺旋计读数(T)及与之对应的高压汞灯光源特征谱波长(λ).

(5) 以谱线波长(λ)为横坐标,鼓轮读数(T)为纵坐标,画出定标曲线.

(6) 比较棱镜单色仪与光栅单色仪定标曲线的同异.

【思考题】

(1) 由于汞灯的光不够强,调整各光学部件位置时看不到光路,应用什么方法解决?

(2) 为什么狭缝有最佳宽度? 如何求狭缝的最佳宽度?

(3) 单色仪的理论分辨本领如何计算? 实际分辨本领如何测量和计算?

(4) 光栅单色仪实验中,为什么用汞灯而不用激光作光源?

(5) 如图 5-13-5 所示,在透明薄膜上压制一系列等距的劈形纹路,制成一块相位型透射式闪耀光栅,透明膜的折射率为 $n=1.56$,劈角为 $\alpha=0.2\text{rad}$,纹路密度为 200 线/mm,平行光垂直光栅平面入射,求光栅单元零级衍射的方位角和光栅的一级闪耀波长.

(6) 选用闪耀角为 15°的反射式光栅,在一级光谱中闪耀波长在 550nm 附近,求平行光沿光栅平面法线方向入射时的闪耀光栅的刻槽密度.

(7) 单色光垂直槽面入射到纹路密度为 500 线/mm 的闪耀光栅上,闪耀波长为 550nm 的一级光谱,求闪耀角.

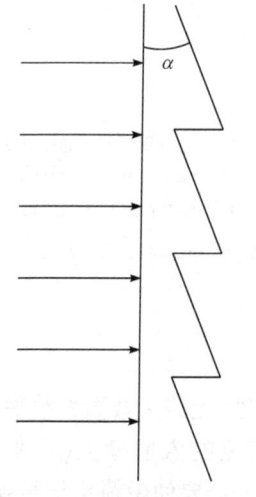

图 5-13-5 压制的闪耀光栅剖面示意图

【参考文献】

王云才. 2008. 大学物理实验教程[M]. 3 版. 北京: 科学出版社: 239-242.
张皓晶. 2017. 光学平台上的综合与设计性物理实验[M]. 北京: 科学出版社: 134-137.

(张皓晶编)

5.14 永磁式塞曼效应实验仪

【实验目的】

(1) 学习观察塞曼效应的实验方法；
(2) 研究 Hg 灯的光谱线在磁场中的分裂情况，测定 e/m.

【实验原理】

1896 年，荷兰著名的实验物理学家塞曼将光源置于强磁场中，研究磁场对谱线的影响，结果发现，原来的一条光谱线分裂成几条光谱线，分裂的谱线成分是偏振的，这一现象称为塞曼效应. 由于发现了这个效应，塞曼在 1902 年获得诺贝尔物理学奖. 这是当时实验物理学家的重要成就之一，它使人们对物质的光谱、原子和分子的结构有了更多的了解. 塞曼效应与施特恩-格拉赫实验及碱金属光谱中的双线一样，有力地证明了电子具有自旋，能级的分裂是电子轨道磁矩与自旋磁矩相互作用的结果(高立模等，2006).

将光源置于外磁场中，则垂直于磁场方向进行的光，一条谱线分裂为三条，这三条均是线偏振光，中间一条的振动方向平行于磁场，叫 π 分量，旁边两条的振动方向垂直于磁场，叫 δ 分量. 理论和实验表明，π 分量的频率等于原谱线无磁场时的频率 v_0，δ 分量的频率为 $(v_0 + \Delta v)$ 和 $(v_0 - \Delta v)$，两个 δ 分量的光强度相等. π 分量的光强度是每一个 δ 分量的两倍，而三者的光强度之和等于原谱线的光强度，这就是简单塞曼效应的横效应.

沿着磁场方向行进的光，一条谱线分裂成为两条，这两条都是圆偏振光，它们的频率分别与横效应中的两个 δ 分量频率相同，高频光 $(v_0 + \Delta v)$ 是一条左旋圆偏振光，低频光 $(v_0 - \Delta v)$ 是一条右旋圆偏振光，它们强度相等，其和等于原谱线的强度，这就是简单的塞曼效应的纵效应，如图 5-14-1 所示.

对于沿着与磁场方向成 θ 角 $(0 < \theta < 2\pi)$ 行进的光，其谱线的偏振状态和光强度问题，文献(张之翔，1978)应用量子力学方法，详细推证了 m 减值的跃迁 $(m = m' - 1)$、m 增值的跃迁 $(m = m' + 1)$、m 不变的跃迁 $(m = m')$ 几种情况，得出的结论归纳后列入表 5-14-1.

表 5-14-1　在任意方向上塞曼效应的偏振状态和光强度

偏振状态	谱线		
	$\delta_+(\nu_0+\Delta\nu)$	$\pi(\nu_0)$	$\delta_-(\nu_0-\Delta\nu)$
$\theta=0$	左旋圆偏振光	无光($I_0=0$)	右旋圆偏振光
$0<\theta<\dfrac{\pi}{2}$	左旋圆偏振光	平面偏振光($p/\!/B$)	右旋圆偏振光
$\theta=\dfrac{\pi}{2}$	平面偏振光($p/\!/B$)	平面偏振光($p/\!/B$)	平面偏振光($p\perp B$)
$\dfrac{\pi}{2}<\theta<\pi$	右旋椭圆偏振光	平面偏振光($p/\!/B$)	左旋椭圆偏振光
$\theta=\pi$	右旋圆偏振光	无光($I_0=0$)	左旋椭圆偏振光
光强度	$I_{\theta_+}=\dfrac{1}{4}I_0(1+\cos^2\theta)$	$I_\pi=\dfrac{1}{2}I_0\sin^2\theta$	$I_{\theta_-}=\dfrac{1}{4}I_0(1+\cos^2\theta)$

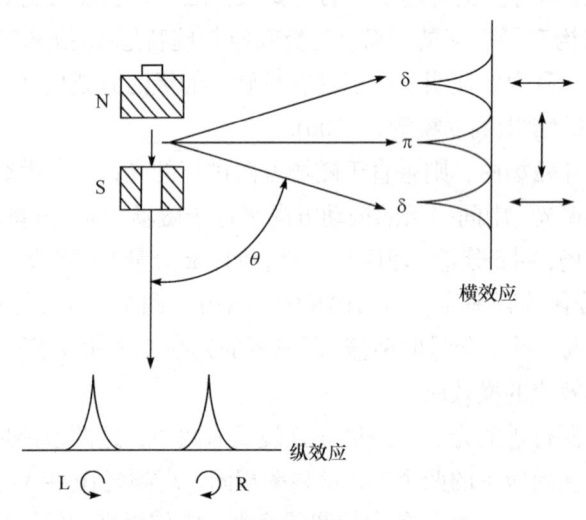

图 5-14-1　在任意方向上的塞曼效应

实验中，将偏振光片的振动面垂直放在磁场 B 与光线行进方向构成的平面内，转动偏振片，使其始终保持与该平面垂直，当磁场方向改变或观察方向(θ 角)改变时，由表 5-14-1 得知，在任意位置 θ 上透过偏振光片的总光强

$$I_\theta=I_{\theta_+}+I_{\theta_-}=\frac{1}{2}I_0(1+\cos^2\theta) \tag{5-14-1}$$

在 $\theta=0$ 位置，透过偏振片的总光强为

$$I_\theta=I_{\theta_+}+I_{\theta_-}=I_0 \tag{5-14-2}$$

在 $\theta = \pi/2$ 位置，透过偏振片的总光强

$$I_\theta = I_0/4 + I_0/4 = I_0/2 \tag{5-14-3}$$

此时若取下偏振片，则有

$$I_\theta = I_{\theta+} + I_{\theta-} + I_\pi = I_0/4 + I_0/4 + I_0/2 = I_0 \tag{5-14-4}$$

根据文献(张之翔，1978)的推导，令(5-14-1)式中 $I_\theta = y, a_0 = I_0/2, a_1 = I_0/2$，$\cos^2\theta = x$，应用一元线性回归法处理数据，可以求出 I_0。如果 I_0 的值与纵效应的直接测量值在测量误差允许范围内相等，则文献(张之翔，1978)的量子力学方法推论是正确的。

【实验器材】

永磁型塞曼效应实验仪、低压汞灯、滤光片、F-P 标准具。

【实验仪器说明】

1. 永磁型实验装置

为了准确观测任意方向上塞曼效应的偏振状态和光强度的变化，设计了如图 5-14-2 所示的实验仪器，M 是最新永磁材料(Nd-Fe-B)制成的永久磁铁，它具有稳定性好、磁场强、气隙可调、重量轻等优点。极头直径 40mm，在可调气隙 50～500mm 内，对应磁感应强度为 0.90～0.47T，通过实测，永磁铁可调气隙间的磁感应强度 B 与两磁极之间的距离 x，大致满足公式 $B = B_0 \mathrm{e}^{-0.015x}$，$B_0 = 1000\mathrm{mT}$。设计时，将永磁铁和滤光片 F、F-P 标准具构成一体，并牢固地吸附在分光仪的载物平台 C 上，永磁铁的气隙要便于调节，使其能在两极之间获得不同 B 值，永磁铁上的光源支承架要可调整，整个装置放在分光仪载物台上，应不影响分光仪的调整和正常使用。

K 和 P 分别是四分之一波片和偏振片，为了便于调整，将其套紧在分光仪望远镜 T 上。

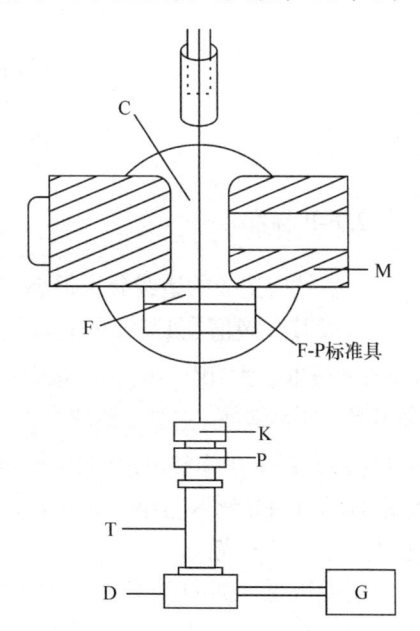

图 5-14-2 永磁型塞曼效应的实验装置

D 为硒光电池，即 YGF-1 型分光仪的附件，G 为光电检流计。实验时，将分

光仪的望远镜目镜取下，安装上 D，光强为 I 的待测光源照到 D 上，由于检流计读数 i 与光强 I 有 $i = s(\lambda)I$ 关系式，则由 i 得出 I 的值.

由近代物理实验教材得知，在塞曼效应实验中，测定电子的 e/m 的实验公式为

$$e/m = \frac{2\pi c}{dB}\left(\frac{D_k^2 - D_{k'}^2}{D_{k-1}^2 - D_k^2}\right) \tag{5-14-5}$$

式中 e/m 是电子荷质比，c 是光速，d 是 F-P 标准具两玻璃板之间的距离，B 为永磁气隙之间的磁感应强度，D 为干涉圆环的直径. 实验中 d、B、c 为常量，测出相应干涉圆环直径，即可求出 e/m.

在图 5-14-2 所示仪器中，直接使用分光仪测角装置测定 D，由于 $\tan\frac{\theta_k}{2} = \frac{D_k}{2l}$，式中 θ_k 是第 k 级干涉圆环直径 D_k 所对应的夹角，l 为与 D_k 对应的邻边，在实验中为常量，则(5-14-5)式可以写为

$$e/m = \frac{2\pi c}{dB} \cdot \frac{\left[2l\tan\left(\frac{\theta_k}{2}\right)\right]^2 - \left[2l\tan\left(\frac{\theta_{k'}}{2}\right)\right]^2}{\left[2l\tan\left(\frac{\theta_{k-1}}{2}\right)\right]^2 - \left[2l\tan\left(\frac{\theta_k}{2}\right)\right]^2}$$

$$= \frac{2\pi c}{dB} \cdot \frac{\tan^2\left(\frac{\theta_k}{2}\right) - \tan^2\left(\frac{\theta_{k'}}{2}\right)}{\tan^2\left(\frac{\theta_{k-1}}{2}\right) - \tan^2\left(\frac{\theta_k}{2}\right)}$$

2. F-P 标准具

塞曼效应造成的谱线分裂很小，其相对值 $\Delta\sigma/\sigma = \Delta\lambda/\lambda = 10^{-6} \sim 10^{-5}$，即在可见光波段其分裂值在 1/10nm 的数量级. 棱镜光谱仪或光栅光谱仪(合称常规光谱仪)的分辨本领为 $10^3 \sim 10^5$，故难以用常规光谱仪来观测塞曼效应. F-P 标准具是一种多光束干涉装置，主要由两块平面玻璃板构成，如图 5-14-3 所示(高立模等, 2006). F-P 标准具的分辨本领可达到 10^6，故常用 F-P 标准具来观测塞曼效应. 但由于 F-P 标准具的自由光谱区很小，通常要先用常规光谱仪分出一条条光谱线后，再用 F-P 标准具进一步分光.

实验以低压汞灯为光源，由于它的谱线间隔很大，利用滤光片即可分离出 546.1nm 谱线，故本实验采用干涉滤光片和 F-P 标准具来完成分光任务.

在 F-P 标准具的投射光中，相邻两光束的光程差为

$$\Delta = 2nd\cos i$$

在空气中 $n=1$，所以
$$\Delta = 2d\cos i$$
其中 d 是 F-P 标准具间隔，i 是投射到 F-P 标准具上的光的入射角. 当光程差 Δ 等于波长的整数倍时，形成干涉亮环，即对于 k 级干涉环，满足
$$\Delta = k\lambda = 2d\cos i \tag{5-14-6}$$
由图 5-14-3 可得
$$\cos i = \frac{f}{\sqrt{f^2 + \left(\frac{D}{2}\right)^2}} \approx 1 - \frac{D^2}{8f^2} \tag{5-14-7}$$
将(5-14-7)式代入(5-14-6)式得
$$2d\left(1 - \frac{D^2}{8f^2}\right) = k\lambda \tag{5-14-8}$$

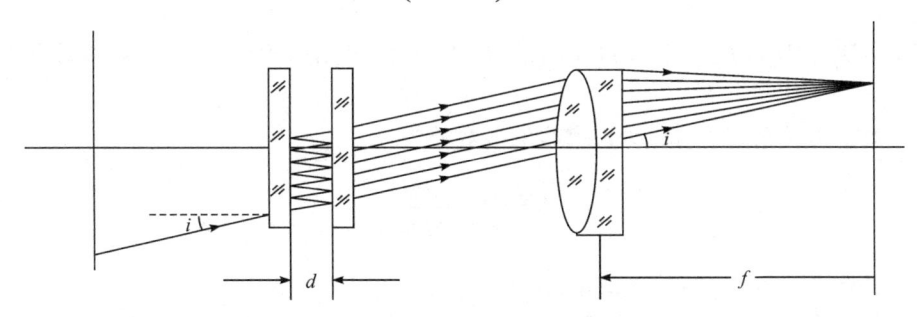

图 5-14-3　F-P 标准具光路及干涉圆环的形成

即对某一波长 λ 的光，干涉级 k 与干涉环直径平方 D^2 是线性关系. 随着干涉条纹直径的增大，条纹密度也增大，其中负号表明，D 越大，干涉级越低，不同波长的光产生的同级干涉条纹中，波长 λ 的光产生的干涉圆条纹直径较大. 对同一波长的光产生的相邻两级 k 和 $k-1$ 线，干涉条纹直径的平方分别表示为 D_k^2 和 D_{k-1}^2，两者之差表示为 ΔD^2，由(5-14-8)式得
$$\Delta D^2 = D_{k-1}^2 - D_k^2 = \frac{4f^2\lambda}{d} \tag{5-14-9}$$
由(5-14-8)式得对同一级不同波长 λ_a 和 λ_b 的波长差
$$\lambda_a - \lambda_b = \frac{d}{4f^2k}(D_b^2 - D_a^2)$$
将(5-14-9)式代入，得
$$\lambda_a - \lambda_b = \frac{\lambda}{k}\left(\frac{D_b^2 - D_a^2}{D_{k-1}^2 - D_k^2}\right) \tag{5-14-10}$$

测量时所用的干涉条纹只是中心附近的一些干涉条纹,令 $i=0$,得到中心干涉条纹的干涉级. 由于这个干涉级次数值很大,它与被测干涉级之间的级次差可以忽略不计,故可用中心干涉环的干涉级 k 来代替被测干涉环的干涉级,由(5-14-6)式得中心干涉环的干涉级为

$$k = \frac{2d}{\lambda}$$

代入(5-14-10)式得

$$\Delta \lambda_{ab} = \lambda_a - \lambda_b = \frac{\lambda^2}{2d}\left(\frac{D_b^2 - D_a^2}{D_{k-1}^2 - D_k^2}\right)$$

用波数差表示为

$$\Delta \sigma_{ab} = \sigma_a - \sigma_b = \frac{1}{2d}\frac{\Delta D_{ab}^2}{\Delta D^2} \tag{5-14-11}$$

其中 $\Delta D_{ab}^2 = D_b^2 - D_a^2$, $\Delta D^2 = D_{k-1}^2 - D_k^2$. (5-14-11)式就是实验中用以计算波数差的公式.

对于正常塞曼效应,分裂谱线的波数差为

$$\Delta \delta = L = \frac{eB}{4\pi mc}$$

如果计算 $\dfrac{e}{m}$,将此式代入(5-14-11)式,得

$$\frac{e}{m} = \frac{2\pi c}{dB} \cdot \frac{\Delta D_{ab}^2}{\Delta D^2}$$

塞曼效应的研究在历史上推动了量子理论的发展,至今它仍然是研究原子内部能级结构的重要方法之一. 因此,在量子力学和近代物理实验中对它都要讨论,但一般都只要求观测垂直于磁场方向上的横效应和平行于磁场方向上的纵效应,在任意方向上的状态却很少提到,而在天体的磁场测量等实际问题中,由于观察的源处于运动中,其磁场方向在变化,因此涉及任意方向上塞曼效应的光偏振和强度问题. 本节根据文献(张之翔,1978)理论推证,设计了一台体积小、重量轻的永磁式塞曼效应实验仪,用之研究了塞曼效应的偏振和谱线强度与观察方向的关系,检验了文献中用量子力学方法所得的结果,并测定了电子的荷质比 e/m.

【实验内容和测量结果示例】

1. 谱线强度与观察方向的关系

调整偏振片,在保证无谱线 v 透射的条件下,由分光仪的测角装置和检流

计测得如下数据，见表 5-14-2(已修正了暗电流及杂散光影响)，应用回归法处理数据.

表 5-14-2 实验结果

测量值	次数											
	1	2	3	4	5	6	7	8	9	10	11	12
$y = l_0$ /格	21.0	22.0	23.0	24.0	25.0	26.0	27.0	28.0	29.0	30.0	31.0	32.0
θ	70°13′	73°2′	67°8′	63°26′	60°39′	56°47′	54°33′	52°14′	49°1′	46°8′	43°16′	40°93′
$x = \cos^2\theta$	0.0351	0.0851	0.151	0.200	0.240	0.300	0.336	0.376	0.430	0.480	0.530	0.576

$$r = l_{xy}\big/\sqrt{l_{xy}l_{yy}} = 0.999096, \quad a_1 = l_{xy}/l_{xx} = 20.6147$$

$$a_0 = \overline{y} - a_1\overline{x} = 20.076, \quad l_{xx} = \sum_{i=1}^{12} x_i^2 - \frac{1}{12}\left(\sum_{i=1}^{12} x_i\right)^2 = 0.335889$$

$$l_{yy} = \sum_{i=1}^{12} y_i^2 - \frac{1}{12}\left(\sum_{i=1}^{12} y_i\right)^2 = 143, \quad l_{xy} = \sum_{i=1}^{12} x_i y_i - \frac{1}{12}\sum_{i=1}^{12} x_i \sum_{i=1}^{12} y_i = 6.92425$$

$$S = \frac{\sqrt{(1-r^2)l_{yy}}}{10} = 0.16, \quad S_{a_1} = S\big/\sqrt{l_{xx}} = 0.3$$

$$S_{a_0} = \sqrt{\overline{x^2}}\, S_{a_1} = 0.08$$

经验公式：$I_\theta = 20.08 + 20.6\cos^2\theta$ 在 $\pi/2 < \theta < \pi$ 范围内作同样的测量(数据记录略)，作 I_θ-$\cos^2\theta$ 曲线 $(0 < \theta < \pi)$ 如图 5-14-4 所示，图中由直线的截距也可得 $a_0 = I_0/2 = 20.05$ 格.

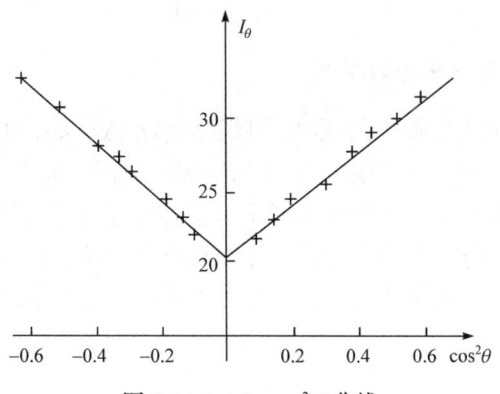

图 5-14-4 I_θ-$\cos^2\theta$ 曲线

实验中，$\theta=0$ 时，取下偏振片，测得 $I_0=40$ 格．当 $\theta=\dfrac{\pi}{2}$ 时，转动偏振片测得 δ_+ 和 δ_- 消光时，$I_\theta = I_0/2 = 20$ 格，π 消光时 $I_\theta = I_0/2 = 19$ 格，此时取下偏振片，测得 $I_\theta = I_0 = 40$ 格，由图 5-14-4 和测量结果证明表 5-14-2 中的结果是正确的，(5-14-1)式是成立的．

2. 测定 e/m

将光电池取下，装上原分光仪望远镜的目镜，调整分光仪使其处于工作状态，用自准直法使望远镜光轴与 F-P 标准具镜面垂直，并能观察到 10 级以上干涉圆环，用分光仪直接测定以干涉环直径 D 为弦所对应载物平台的圆心角 θ，结果见表 5-14-3．

表 5-14-3　干涉环直径的测量值

次数	$\theta_{k-1}(L)$		$\theta_k(L)$		$\theta_{k'}(L)$		$\theta_{k'}(R)$		$\theta_k(R)$		$\theta_{k-1}(R)$	
	θ_1	θ_2	θ_1	θ_2	θ_1	θ_2	θ_1	θ_2	θ_1	θ_2	θ_1	θ_2
1	93°36′	274°17′	93°12′	273°53′	93°7′	273°47′	87°27′	268°6′	87°12′	267°53′	86°0′	266°41′
2	93°37′	274°18′	93°13′	273°54′	93°7′	273°47′	87°26′	268°8′	87°13′	267°53′	86°2′	266°42′
3	93°36′	274°18′	93°12′	273°53′	93°7′	273°48′	87°27′	268°8′	87°12′	267°54′	86°1′	266°41′
平均值	93°36′	274°18′	93°12′	273°53′	93°7′	273°47′	87°27′	268°7′	87°12′	267°53′	86°1′	266°41′

$\theta_{k-1}/2 = 3°48′$，　$\theta_k/2 = 3°0′$，　$\theta_{k'}/2 = 2°50′$，　$B = 0.630\text{T}$

$d = 3.00\text{mm}$，　$c = 3\times 10^8 \text{m/s}$，　$e/m = 1.785\times 10^{11} \text{C/kg}$

相对误差 $E_\text{r} = \dfrac{(1.785-1.759)\times 10^{11}}{1.759\times 10^{11}} = 1.5\%$

3. 任意方向上光偏振态的观测

对于任意方向上光偏振态的观测，可根据文献(张雄等，2001)中的方法，使用分光仪 FGY-01 型的附件四分之一波片和半波片进行验证(结果示例省略)，实验时，将四分之一波片和半波片吸在永磁上或套在分光仪望远镜物镜前，波片与有角度刻度盘的支架固连，它们能作为一个整体在自身平面转动，其所在位置由读数 ϕ 记取，而元件绕分光仪望远镜和平行光管光轴转过的角则等于 ϕ 值的改变量．

【分析讨论】

实验结果证明了文献(张之翔，1978)的推论是正确的，在实际问题中，由于磁场改变或观察方向的改变，讨论任意方向上观测塞曼效应变得很有意义，在近代物理实验教学中讨论该问题，有利于学生对塞曼效应的进一步理解.

我们设计的永磁式塞曼效应实验仪的各项技术指标均优于现行电磁式仪器，永磁式塞曼效应实验仪测量结果准确、调节方便、造价低廉，能作为分光仪的附件使用，特别是应用了新型的磁性材料做永久磁铁，这对其他磁共振实验中磁铁的使用和改进，也有参考价值.

【思考题】

(1) 根据塞曼分裂谱的干涉图样，有几种辨认干涉条纹序列的方法？
(2) 从塞曼分裂谱中如何确定能级的 J 量子数？
(3) 如何判断实验中所具有的三条 δ 线是由 6 条线重叠而成的？若想测量 6 条线，要什么样的实验条件？
(4) 根据塞曼分裂谱的裂距如何确定能级的郎德因子 g？

【参考文献】

高立模, 夏顺保, 陆文强. 2006. 近代物理实验[M]. 天津: 南开大学出版社: 99-104.
张雄, 王黎智, 马力, 等. 2001. 物理实验设计与研究[M]. 北京: 科学出版社.
张之翔. 1978. 塞曼效应的偏振问题[J]. 物理, 7(6): 339.

(张皓晶编)

5.15 用 CCD 较差测光方法绘制变星的光变曲线

【实验目的】

(1) 通过对候选的变星进行较差测光;
(2) 掌握常规天文望远镜观测技术方法;
(3) 理解星象光变曲线的定标绘制方法，认知天体物理学的实测技术.

【实验原理】

1. 变星的研究历程和观测性质简介

变星(variable star)在天文研究中主要是指亮度有显著起伏变化的恒星. 广义地说，具有激烈物理变化的星都可以归属于变星. 因此，对变星的光度变化进行观测实验是天体物理学实验的基本手段之一(黄佑然等, 1987; 苏宜, 2000; 刘学富, 1997).

1) 变星的发现史

早在公元 1054 年，中国古天文学家就用肉眼观测到在金牛座中忽然出现的亮星(客星(guest star))，这颗突然出现的星异常光亮，其亮度在白天依然可见，持续时间达到两个多月.

现今，用小型望远镜对准当年的遗迹区域，仍然可以看见明显的星云物质，这是 M1 蟹状星云. 是超新星爆发出来的遗迹，星际动力学研究表明，蟹状星云仍然在膨胀，最终会溶入星际物质而消散. 图 5-15-1 为超新星爆发出来的遗迹 M1 蟹状星云与历史文献参考.

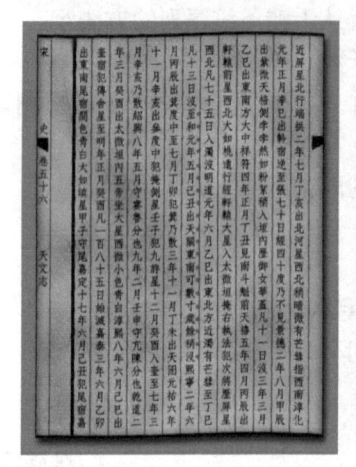

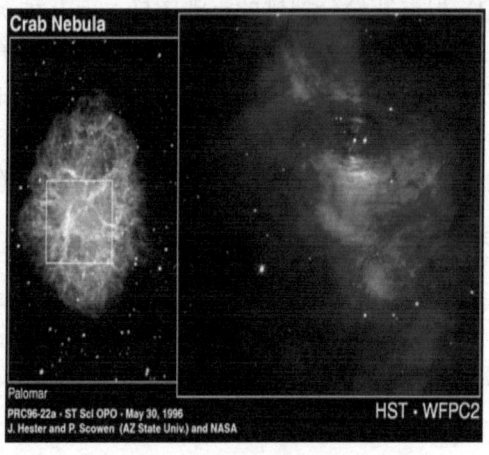

图 5-15-1　超新星爆发出来的遗迹 M1 蟹状星云与历史文献参考

古希腊哲学家亚里士多德曾经认为星空是永远不变的. 但是到了1572年，第古·布拉赫宣布在天上发现了一颗新星，这就是中国《明史稿》记载 "明隆庆六年冬十月丙辰，彗星见于东北方，至万历二年四月乃没" 中所指的那个天体. 时隔三十余年，开普勒又于1604年在蛇夫座中发现了一颗新星，这就是中国史籍中记载的出现在公元 1604 年(明朝万历三十二年)的尾分客星. 这些都是人类历史上对新星最早的一些记载(刘学富，1997；姚建明，2008).

2) 变星的分类

变星按其光变原因，可以分成内因变星和外因变星，前者的光变是光度的真实变化，光谱类型和半径也在变，又称物理变星；而后者的光度、光谱和半径不变，它们是双星. 光变的原因是轨道运动中子星的相互掩食(称食双星或食变星)或椭球效应，外因变星又称为几何变星或光学变星. 内因变星占变星总数的80%，又可分为脉动和爆发两大类. 脉动变星占内因变星的90%，光变是由星体脉动引起的；爆发变星的光变是由一次或多次周期性爆发引起的. 脉动变星和爆发变星又可以分成若干次型. 按照亮度和光谱变化的不同，现在又把变星分为几何变星、脉动变星和爆发变星三大类. 在三个大类以下, 又可再分为若干次型. 脉动变星和爆发变星是物理变星, 都属于不稳定恒星. 变星的分类法随着对变星研究的不断深化而逐渐改变, 其发展逐渐深入. 变星种类繁多, 涉及恒星演化的各个阶段, 对变星的研究必然促进恒星理论的发展. 变星对科学研究具有特别重要的意义, 而且研究它们困难很大, 因此, 格外引起科学工作者们的重视(姚建明, 2008; 李宗伟等, 2000; 胡中为, 2003).

2. CCD 较差测光观测方法简介

测光电荷耦合器件(charge coupled detector, CCD)是以电荷耦合元件为基础将星象的光学影像转化为数字信号的半导体器件, 较差测光法即选一颗光度不变的标准星与变星做比较测量, 在此基础上对变星的光度变化进行定量的分析研究, 依据观测历元与变星的绝对星等之间的变化关系从而获得光变曲线(刘学富, 1997; 胡中为, 2003).

1) 天文观测用 CCD(天文测光 CCD)

CCD 是在场效应管的基础上发展起来的一种新型半导体光电器件, 主要用于检验和读取光信号. 现代天文观测中终端辐射探测器主要是 CCD 辐射探测器. CCD 辐射探测器有许多其他探测器无法达到的性能参数, 这里进行简单介绍(刘学富, 1997; 胡中为, 2003; 张皓晶, 2010).

(1) 量子效率. 单位时间内每入射一个光子所引起的光生电子数, 即 CCD 的响应度. 量子效率实际描述了 CCD 接收和记录信号的能力. 可探测量子效率定义为探测器输出和输入信噪比的平方的比值. CCD 可探测量子效率高达 80% 以上, 采用背照和抗反射膜技术后效率可达 90%, 这大大高于照相底片(4%)和光电倍增管(30%)的效率.

(2) 读出噪声. 信号中包含的任何误差源都称为噪声. 天文观测中的噪声主要有光子噪声、背景噪声和探测器噪声. 这些噪声和天文观测中的信号强度共同决定了观测结果的可信度, 也就是测光的信噪比. 某些噪声可以通过本底(bias)照片和暗场(dark)照片消除.

(3) 线性. CCD 响应度在一定范围内保持常数, 即输入信号增加时, 输出信号的大小随之成正比增加. 现在常用的 CCD 在整个动态范围内线性度很好, 非线性度小于千分之几, 大大优于光电倍增管和照相底片.

(4) 不均匀性. CCD 各个像元的响应度和量子效率不完全一样, 即 CCD 本身存在不均匀性, 各个像元对均匀的光辐射会得到不同的输出值. 天文观测中, 不均匀性通过平场(flat)照片改正来消除, 经过平场改正的图像不均匀性很小.

2) 较差测光法

采用较差测光法, 获得目标变星的光变曲线, 需要注意以下几点(刘学富, 1997;

张皓晶,2010):

(1) 明确观测夜是不是有月夜,观测天体是较亮天体还是较暗天体,月相变化是否对观测结果有影响;

(2) 明确观测目标天体在观测夜的时角、赤纬,观测时天顶距不要太大,以免影响观测效果;

(3) 被选的目标星与标准星是否在同一视场内,要求目标星与标准星有三近,即位置相近、亮度相近和颜色相近.

如果达到上述条件,则利用变星星表选取一些较亮的变星作为测光对象,即可进行实验. 较差测光法的原理是在相同的观测条件下测量变星星等 m_x 与标准星星等 m_c 的差值. 假如已知标准星的绝对星等值,则通过计算出观测历元下,同一 CCD 拍摄视场内的变星星等与标准星星等的差值

$$\Delta m(t) = m_x(t) - m_c(t) \tag{5-15-1}$$

即可获得变星的绝对星等值,式中 t 为观测时刻 $m_x(t)$,即在 t 时刻所测的变星星等. 如观测的目标星与标准星在同一视场内,则变星与标准星的大气质量函数等影响因素几乎相等. 如不在同一视场内,可尽量选择在同一天顶距下的标准星,使大气消光的影响降到最低程度. 为了消除地球大气对天体辐射的影响,需要对测光所得的仪器星等值进行大气消光改正. 大气消光改正计算非常复杂,实际计算中常采用 N-star 法(张皓晶,2010),其基本思想是:对视场中目标星测光的同时也测出同一视场中多颗标准星的仪器星等值,然后用下式进行归算:

$$m = \frac{\sum_{j=1}^{N}(m_{\text{inst}} - m_{j\text{inst}} + m_{j\text{stand}})}{N} \tag{5-15-2}$$

式中,m 是目标星的视星等值,m_{inst} 是目标星的仪器星等值,$m_{j\text{inst}}$ 是第 j 颗标准星的仪器星等值,$m_{j\text{stand}}$ 是第 j 颗标准星的视星等值,N 是视场中所测量的标准星的数目. 得到了标准星的视星等值后,再由下式估算出标准差作为观测误差:

$$\sigma = \sqrt{\frac{\sum_{i=1}^{N}(m_i - \bar{m})^2}{N-1}} \tag{5-15-3}$$

式中,m_i 是第 i 幅 CCD 图像中某颗标准星的仪器星等值,$\bar{m}$ 是同一次观测的同一颗标准星在同一波段的仪器星等的平均值,N 是同一个观测目标在同一 CCD 图像中的多次取值的数目.

3. IRAF 软件介绍

IRAF 是专用于天文图像和数据处理的软件,由美国亚利桑那州 Tucson 国家

天文台编写，里面有通用的图像归算包、CCD 归算包、常用的多种光谱归算包、红外照相和光谱归算包、太阳测量归算包、命令语言包等许多实用工具软件包. IRAF 功能强大，是天文研究工作中不可缺少的工具软件(张皓晶，2010；张皓晶等，2008；Zhang et al.,2008).

【实验装置】

400mm 折反射望远镜、CCD 照相系统、IRAF 软件、数据处理计算机.

【实验内容】

CCD 较差测光方法是当今天体物理学研究的手段之一，其主要针对亮度、光度有剧烈变化的目标天体进行定量研究. 通过本次实验使学生提高望远镜使用的实践能力，加强学生对天球坐标和天文观测的理解. 学会 CCD 较差测光方法的具体步骤，学会用 IRAF 软件进行测光的数据处理. 掌握定量研究变星的方法，初步学会活动星系核光变观测研究. 具体实验要求如下.

(1) 启动 CCD 拍照系统，并与计算机相连.

步骤一：将 CCD 与计算机连接.

注意：要在 CCD、望远镜和计算机均不加电的情况下进行连接.CCD 放在一个平稳的地方，其风扇不能被挡住，不要打开它的镜头盖.

步骤二：对 CCD 和计算机加电，启动 CCD 和计算机.

(2) 启动望远镜，并校准望远镜.

步骤一：对望远镜加电，在计算机上打开望远镜控制软件和标准星图软件，打开监视系统，将圆顶天窗打开.

注意：观察望远镜周围警戒线内是否有阻拦物，保证望远镜安全.

步骤二：将望远镜对准天区某明亮标准天体，从寻星镜视场内进行寻找并校准望远镜位置，控制跟踪时间大于 360s.

步骤三：寻找目标星可参考表 5-15-1，在主镜视场内对准观测目标星.

表 5-15-1 观测目标样品

星名	所在星座	视星等(最亮)	视星等(最暗)	周期/d	类型	赤经	赤纬
天鹰座 η (天桴四)	天鹰座	3.48	4.39	7.1	造父变星	$19^h52^m28.36^s$	+01°00'20.4″
仙王座 δ (造父一)	仙王座	3.48	4.37	5.3	原恒星	$22^h29^m10.27^s$	+58°24'54.7″
天鹅座 χ	天鹅座	3.3	14.2	408.0	米拉变星	$19^h50^m33.92^s$	+32°54'50.6″

续表

星名	所在星座	视星等(最亮)	视星等(最暗)	周期/d	类型	赤经	赤纬
猎户座 α (参宿四)	猎户座	0	1.3	2332.4	半规则变星	$05^h55^m10.3^s$	$+07°24'25.4''$
猎户座 δ (参宿三)	猎户座	2.14	2.26	5.7	大陵五变星	$05^h32^m00.4^s$	$-00°17'57''$
小熊座 α (北极星)	小熊座	1.86	2.13	3.9	造父变星	$02^h31^m48.7^s$	$+89°15'51''$

(3) 将 CCD 拍照系统安装于望远镜主镜上.

(4) 进行观测试拍照.

步骤一：打开 CCD 控制软件.

步骤二：在"Exposure time"框内填入曝光时间. 对于较亮的天体, 曝光时间可选在 1s 内, 首次拍摄时间不能大于 60s.

(5) 在 CCD 对焦图像中对准目标天体.

若天体在 CCD 照片中没有对准, 可按动望远镜控制界面微调按钮, 调整天体位置, 直至对准.

(6) 拍照, 获得测光 fits 文件.

(7) 做好观测记录, 记录观测顺序、观测时间(北京时间)和曝光时间, 以及观测过程中天气变化等其他资料.

【附录】

1. 观测目标天体(较亮的天体用肉眼即可辨认)

详见参考文献(黄佑然等, 1987; 胡中为, 2003)和 https://github.com/iraf-community.

2. 观测数据处理示例及处理方法

详见参考文献(张皓晶, 2010; Pamela, 2005)和 http://iraf.net.

首先, 对观测记录进行整理, 观测数据一般有如下几类:

(1) 本底照片;

(2) 平场照片;

(3) 暗场照片;

(4) 目标(object)源和标准(standard)星照片.

其次, 启动 IRAF 软件处理环境, 导入照片, 并使用批处理命令, 获得处理结果(张皓晶等, 2008; 张皓晶, 2010), 使用 Origin 软件获得光变曲线(黄佑然等, 1987; 刘学富, 1997).

3. 绘制光变曲线示例

图 5-15-2 为以 2006 年 10 月 6 日约翰山大学天文台的观测数据为基础绘制的天体 201 Penelope 光变曲线，显示出一个以上完整的自转周期，至少是 3.7474h(张皓晶, 2015).

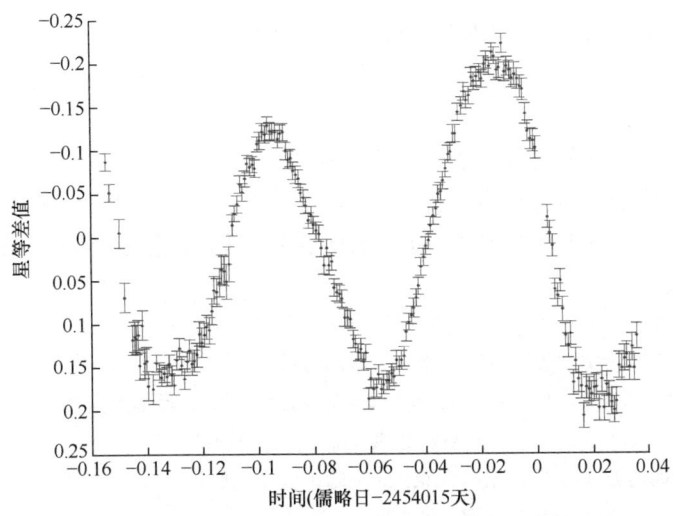

图 5-15-2　201 Penelope 光变曲线

图 5-15-3 是在 2007 年 9 月 30 日获得的 I 波段短时标光变观测结果，在 52min 内天体的 I 波段出现了一个短时标光变，这个光变在 JD2,454,374.093 到 JD2,454,

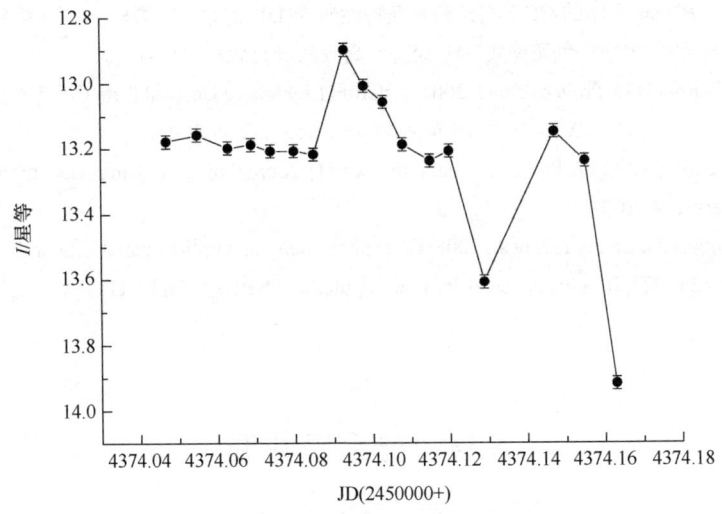

图 5-15-3　BL Lacertae 天体观测夜光变曲线

在 I 波段上观测到短时标光变(张皓晶, 2010)

374.129 间，其变化幅度达到了 ΔI=0.71 星等. 在图中，天体 I 波段首先在 66min 内增加了 0.28 星等(从 13.18 星等变化到了 12.90 星等)，然后在 52min 内变暗了 0.71 星等，最后在 26min 内又增加了 0.46 星等(张皓晶，2010).

【思考题】

(1) 较差测光方法可否用于恒星的光度定标？

(2) 在拍摄星象照片前，是否需要拍摄本底照片、平场照片、暗场照片？其具体操作是什么？

(3) 启动望远镜的具体步骤是什么？条件有哪些？

(4) 如何用功率谱分析方法计算出 201 Penelope 的光变周期(张皓晶，2010)？

(5) 依据图 5-15-3 计算 BL Lacertae 天体的中心黑洞质量及辐射区(张皓晶，2010).

【参考文献】

胡中为. 2003. 普通天文学[M]. 南京：南京大学出版社.

黄佑然，许傲傲，唐玉华，等. 1987. 实测天体物理学[M]. 北京：科学出版社.

李宗伟，肖兴华. 2000. 天体物理学[M]. 北京：高等教育出版社.

刘学富. 1997. 观测天体物理学[M]. 北京：北京师范大学出版社.

苏宜. 2000. 天文学新概论[M]. 武汉：华中理工大学出版社.

姚建明. 2008. 天文知识基础[M]. 北京：清华大学出版社.

张皓晶，张雄，郑永刚，等. 2008. IRAF 软件在 Blazars 天体中的 CCD 测光自动数据处理研究[J]. 天文研究与技术，5(2): 99.

张皓晶. 2010. Blazar 天体的 CCD 测光和光变特性研究[D]. 北京：中国科学院国家天文台.

张皓晶. 2015. 基础物理特色实验集[M]. 北京：高等教育出版社：161-167.

Harris A W, Warner B D, Pravec P, et al. 2007. Asteroid Lightcurve Derived Data [M]. EAR-A-5-DDR-DERIVED-LIGHTCURVE-V8. 0. USA: NASA Planetary Data System.

Pamela L G. 2005. IRAF: the Power, the Pain, the Zen [J]. Journal of American Association of Variable Star Dbserve, 34: 107.

Zhang X, Zheng Y G, Zhang H J, et al. 2008. CCD photometry and optical variability of the BL lacertae object H0323+022[J]. Astrophysical Journal Supplement Series, 174(1): 111.

(张皓晶编)

5.16 光泵磁共振

【实验目的】

(1) 理解光抽运的机理及磁共振的原理；

(2) 观察光抽运信号及共振跃迁现象;
(3) 学会用光泵磁共振方法测定铷原子超精细结构塞曼子能级的朗德因子.

【实验原理】

光抽运机理是建立在光与原子相互作用中角动量守恒的基础之上的,设左旋圆偏振光的角动量为 $\hbar$(平均普朗克常量),记为 σ^+,右旋圆偏振光的角动量为 $-\hbar$,记为 σ^-. 铷灯光谱中特别强的两条谱线分别记为 D_1 线和 D_2 线,核磁矩不为零的原子处于弱磁场中产生超精细结构能级塞曼分裂,标定这些分裂能级的磁量子数 $M_F = F, F-1, \cdots, -F$,因而一个超精细能级分裂为 $2F+1$ 条塞曼子能级,其中 F 为原子总角动量(它由核自旋角动量与电子总角动量耦合而得).

由于各子能级能量差极小,可近似认为各能级上的粒子数相等. 光抽运使能级之间的粒子数之差大大增加,使系统远远偏离热平衡分布状态. 系统由偏离热平衡分布状态趋向热平衡分布状态的过程称为弛豫过程. 本实验涉及的主要弛豫过程有以下几种. ①铷原子与容器器壁的碰撞:导致子能级之间的跃迁,使原子恢复到热平衡分布. ②铷原子之间的碰撞:导致自旋与自旋交换弛豫,失去偏极化. ③铷原子与缓冲气体之间的碰撞:缓冲气体(如氮气)的分子磁矩很小,碰撞对铷原子磁能态扰动极小,对原子的偏极化基本没有影响. 铷原子与器壁碰撞是失去偏极化的主要原因. 抑制弛豫过程增加极化时间为共振提供基础.

在垂直于水平磁场 B_0 的平面内,加进一个频率为 ν 的射频磁场,当满足磁共振条件

$$h\nu = \Delta E = g_N \mu_B B_0 \tag{5-16-1}$$

时,便发生基态超精细塞曼子能级之间的共振跃迁现象. 式中 h 为普朗克常量,ν 为射频场频率,g_N 为朗德因子,B_0 包括水平恒定磁场 $B_{//}$、地磁场的水平分量 $B_{地//}$ 及扫场磁场 B_s.

本实验的样品实际上为 ^{85}Rb 和 ^{87}Rb 所构成的混合铷蒸气. 处在外磁场 B 中的铷原子,由于总磁矩与磁场的相互作用,超精细结构中的各能级将进一步分裂成塞曼子能级. 并且相邻的塞曼子能级的能量差相等,$\Delta E = g_N \mu_B B_0$,其中 g_N 为朗德因子;μ_B 为玻尔磁子. 可见能量差与外磁场大小成正比.

光磁共振实验装置由主体单元、辅助源、DF1642 型低频信号发生器、YB4320A 示波器等几部分组成. 主体单元是北京大华无线电仪器厂生产的 DH807 型光磁共振实验仪,如图 5-16-1 所示,其主要组成为铷光谱灯、干涉滤光镜、偏振片、四分之一波片、透镜、样品泡(充有天然铷,含 ^{85}Rb 和 ^{87}Rb 两种同位素)、磁场(水平磁场、水平方向扫场、垂直磁场,分别由两对亥姆霍兹线圈和一对射频线圈产生)、光电探测器等.

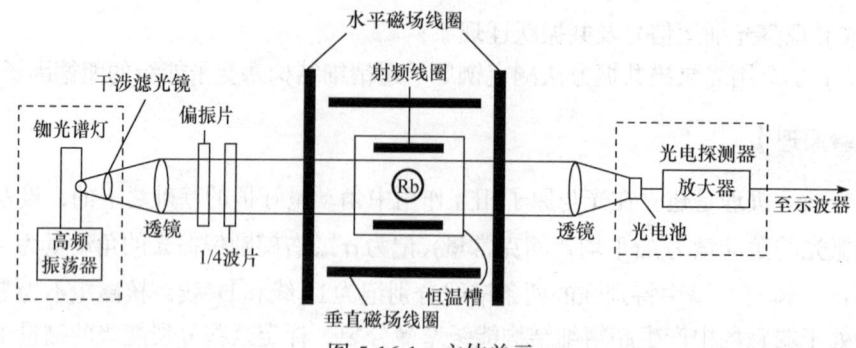

图 5-16-1 主体单元

天然铷和惰性缓冲气体被充在一个直径约 52mm 的玻璃泡内,该铷吸收泡两侧对称放置着一对小射频线圈,它为铷原子跃迁提供射频磁场.这个铷吸收泡和射频线圈都置于圆柱形恒温槽内,称为"吸收池".槽内温度在 50℃左右.吸收池放置在两对亥姆霍兹线圈的中心.小的一对线圈产生的磁场用来抵消地磁场的垂直分量.大的一对线圈有两个绕组:一组为水平直流磁场线圈,它使铷原子的超精细能级产生塞曼分裂.另一组为扫场线圈,它使直流磁场上叠加一个调制磁场.铷光谱灯作为抽运光源;光路上有两个透镜,一个为准直透镜,一个为聚光透镜,两透镜的焦距均为 77mm,它们使铷光谱灯发出的光平行通过吸收泡,然后再会聚到光电池上.干涉滤光镜(装在铷光谱灯的口上)从铷光谱中选出光($\lambda = 7948$ Å).偏振片和四分之一波片(和准直透镜装在一起)使光成为左旋圆偏振光.

辅助源为主体单元提供三角波、方波扫场信号及温度控制电路等.并设有"外接扫描"插座,可接 SBR-1 型示波器的扫描输出,将其锯齿扫描经电阻分压及电流放大作为扫场信号源代替机内扫场信号,辅助源与主体单元由 24 线电缆连接.

本实验装置中的射频信号发生器为通用仪器,可以选配频率范围为 100kHz~3MHz,输出功率在 50Ω 负载上不小于 0.5W,并且输出幅度要可调节.射频信号发生器为吸收池中的小射频线圈提供射频电流,使其产生射频磁场,激发铷原子发生共振跃迁.

【实验器材】

光磁共振实验装置主体单元、辅助源、DF1642 型低频信号发生器、YB4320A 示波器等.

【实验内容】

1. 调试仪器

(1) 借助指南针检查三角导轨是否与地磁场水平分量平行.
(2) 按下"预热"按钮,加热吸收池和铷灯.

2. 观测光抽运信号

把方波和三角波加到扫场线圈时都可以看到光抽运信号. 一般优先选择方波作为观测光抽运信号时的扫场波, 因为方波能更快地通过零点从而建立正向或反向的磁场. 扫场的振幅值可以调到 0.5~1.0Gs. 刚加外磁场的一瞬间, 铷原子基态的各塞曼子能级上的粒子数接近相等, 这时对入射光的吸收最强, 之后吸收逐渐减弱, 透射光逐渐增强, 直到不再变化; 当扫场过零点反向时, 塞曼子能级简并之后再分裂, 再分裂后各个塞曼子能级上的粒子数回到近似相等的分布, 从而对入射光的吸收最大, 如此周而复始, 示波器上可以观测到周期性的光抽运信号. 通过光抽运信号判断垂直恒定磁场的方向, 使得垂直恒定磁场与地磁场的垂直分量反向, 并使得合成的垂直磁场为零, 以抵消地磁场垂直分量的不利影响, 此时的光抽运信号有最大值.

3. 测定铷两种天然同位素原子的 g_N 因子

在光抽运的基础上, 施加一个垂直于水平恒定磁场的射频磁场作用于吸收池中铷的两种同位素原子, 采用三角波作为扫场. 固定射频磁场的频率大小, 从小到大调节水平恒定磁场的大小, 直到满足共振条件, 即可观测到光泵磁共振信号. 根据共振条件

$$h\nu = g_N \mu_B \left(B_{//} + B_{地//} + B_s \right) \tag{5-16-2}$$

$$h\nu = g_N B_{//} \mu_B + g_N \mu_B \left(B_{地//} + B_s \right) \tag{5-16-3}$$

对于固定的射频磁场频率 ν, 逐步调大水平恒定磁场 $B_{//}$, g_N 大的铷原子达到共振, 对应的水平电流为 I_1, 第二次共振的水平电流为 I_2.

在共振信号波形相同的条件下, 选取 4 个不同频率, 分别测到 4 组不同的 I_1 和 I_2. 利用公式 $B_{//} = \dfrac{16\pi NI}{5^{\frac{3}{2}} r} \times 10^{-7}$ (T) 算出 $B_{//}$, 通过最小二乘法求实验数据的拟合直线, 斜率即为 g_N.

【注意事项】

(1) 实验前先预热 30min, 直到吸收池的温度指示灯由红色变成绿色.

(2) 实验过程中不要打开主体单元的盖布.

【思考题】

(1) 试计算铷的两种天然同位素原子的 g_N 的理论值.

(2) 为什么要去掉 D_2 光? 用 $D_1 \sigma^-$ 光照射铷蒸气能否观测到光抽运现象及磁共振信号?

(3) 在实验过程中，如何区分铷的两种天然同位素原子的磁共振信号？

【参考文献】

冯饶慧. 2014. 一种快速判断光泵磁共振实验中扫场和水平磁场方向的方法[J]. 实验室研究与探索, (8): 66-68.

王书运. 2006. 用光抽运信号测定地磁场[J]. 物理测试, 24(4): 36-37.

吴思诚，王祖铨. 1995. 近代物理实验[M]. 2版. 北京：北京大学出版社.

吴先球，熊予莹. 2009. 近代物理实验教程[M]. 2版. 北京. 科学出版社.

赵汝光，朱宷，张奋，等. 1986. 关于光泵磁共振实验中的几个问题[J]. 物理实验, 6(4): 147-154.

(易庭丰编)

第 6 章　开放型课外实验设计研究

6.1　应用计算机鼠标器做力学实验研究

【实验设计思想】

　　传统的物理实验中，普遍存在着操作复杂、测量仪器调整难、数据采集不精确、时间控制不准确等特点. 为此，在某些实验中运用了专用的测量仪器，如光电门、毫秒计时器、示波器等. 这类测量仪器，不易推广于其他实验. 随着科学技术的不断发展，计算机由于其反应灵敏、数据采集精确、处理速度快等特点，运用越来越广. 在教学中，国内外有不少文章介绍了计算机运用于辅助教学的文章. 这里介绍的用鼠标器代替光电门做惯性秤实验是理工科大学的必修实验. 传统实验是用光电门来记录摆动周期，但它操作不方便、计时不准确、运算复杂，而采用计算机做该实验时，它通过鼠标器采集振动周期，根据实验教学要求，计算出实验结果，采用这种方法，操作简单方便快捷，误差较小，提高了实验效率，减轻了学生的运算负担. 这种方法还可运用于一些其他的实验，如单摆测重力加速度等.

　　实验给出了利用计算机鼠标器做研究物理实验的一种新方法，充分利用计算机的运算能力及鼠标器高灵敏度的光电扫描对物理实验进行研究，使力学实验变得操作简单、实验结果精确、教学效果较好.

【实验装置】

　　如图 6-1-1 所示为用计算机辅助惯性秤实验的结构图，它由惯性秤、细铜丝、改装的鼠标器、计算机、打印机、砝码、待测物等组成. 实验时要注意调节细铜丝与鼠标器检测口的位置，使细铜丝过检测口时鼠标器能在显示器上移动.

　　如图 6-1-2 所示为改装的鼠标器结构图. 制作方法为，把一鼠标器(按键坏也可以)拆开，用一硬纸片包起来，沿一光电扫描口开一小缝，用作检测振动周期，就完成了鼠标器的改装.

【应用程序说明及参量选取示例】

　　1. 应用程序说明

　　在计算机众多的接口中，有一鼠标器接口，当鼠标器移动(或按下按键时)，这时显示器上的鼠标指针会移动,同时会调用相应的中断处理程序.本文用 Visual FoxPro 5.0(郭玲文、周振林,1998;王强等,1998a)编写了一个应用程序(见附程序清单),它利用惯性秤振动时,经过细铜丝调节光电门,使鼠标指针发生移动,触发 MouseMove(王强等,1998c)事件,从而执行相应的程序(即用 Seconds()(王强等,1998b)函数返回系统时间),这样经多次振动后得到平均振动周期 T,完成惯性秤 T^2、m 的测量,得出了 T^2-m 图,最后得到待测物的惯性质量.

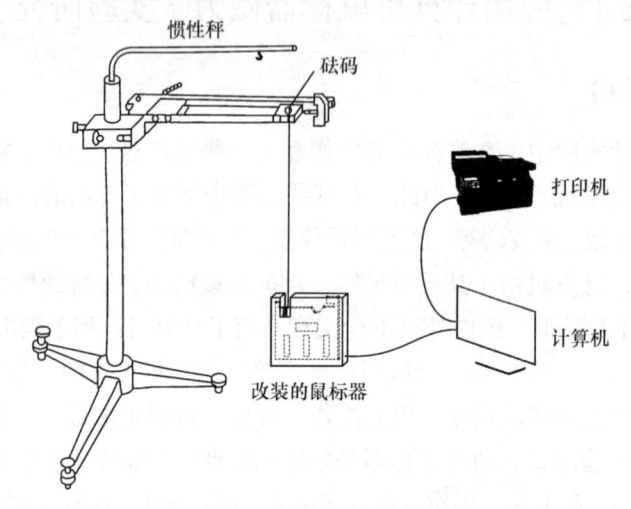

图 6-1-1　计算机辅助惯性秤实验的结构图

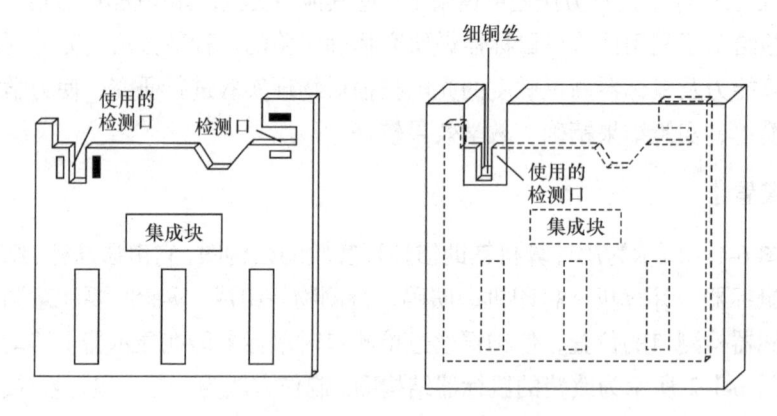

图 6-1-2　改装的鼠标器结构图

2. 程序参数的选取

实验中,程序对 20 个周期进行处理,每次振动周期的测量都将进行 3 次,用 Sconds()函数返回当前系统的时间秒数.

【实验原理和实验结果示例】

1. 实验原理和方法

1) 实验原理

惯性秤水平放置作简谐振动时，设 K 为秤臂的弹性恢复系数，x 为平台质心偏离平衡位置的距离，则(西南八所高等院校合编, 1989)

$$F = -kx \tag{6-1-1}$$

设 m_0 为平台的惯性质量，m 为砝码或待测物的惯性质量，由牛顿第二定律，有

$$F = (m_0 + m)\frac{d^2 x}{dt^2} \tag{6-1-2}$$

从(6-1-1)式、(6-1-2)式中消去 F，得

$$\frac{d^2 x}{dt^2} = -\frac{k}{m_0 + m}x \tag{6-1-3}$$

其解为 $x = A\cos(\omega t + \varphi_0)$，代入(6-1-3)式，得

$$\omega^2 = \frac{k}{m_0 + m}$$

或

$$T = 2\pi\sqrt{\frac{m_0 + m}{k}} \tag{6-1-4}$$

设惯性秤平台空载周期为 T_0，即 $T_0 = 2\pi\sqrt{\frac{m_0}{k}}$，由(6-1-4)式，平台上负载时周期可写为

$$T^2 = T_0^2 + \frac{4\pi^2}{k}m \tag{6-1-5}$$

要测某一物体的惯性质量，只要利用已知惯性质量的惯性秤砝码测得一系列 T^2 值及相应的 m 值，由(6-1-5)式作 T^2-m 图线，再测出待测物的振动周期，就可在 T^2-m 图线上查到相应的惯性质量(西南八所高等院校合编, 1989).

2) 实验方法

进行实验前，在"开始"菜单中建立一个"惯性秤"的快捷方式.

进行实验时，把改装的鼠标器插入计算机鼠标接口，接通电源，启动计算机，运行"惯性秤"程序，即进入实验，其操作如下.

(1) 选择"惯性秤测试"，在弹出的对话框中输入已知物体的质量(单位：g)，把惯性秤拉离平衡位置后按"确定"，放开惯性秤，让其自由振动 22 次以上，再拉离平衡位置，按"下一次测量"，放开惯性秤. 这样，测量 3 次后，返回输入质

量对话框，就完成一个振动周期的测量．

(2) 在输入质量对话框中重复输入质量，完成几个已知质量的振动周期的测量，对于待测量物体的质量，可输入某一代表值．

(3) 在主窗口中选择"显示"，将显示出各个物体的惯性质量与对应的周期、周期平方，按"打印"可打印输入．

(4) 选择"重置惯性秤"，将把上次的测量值清除．

(5) 在主窗口中选择"退出"，将退出程序．

2. 实验结果示例

(1) 使平台沿水平方向作简谐振动，测得空秤周期 $T_0 = 0.1688$s，$T_0^2 = 0.0285$s．

(2) 将5个已知惯性质量的片状砝码逐个插入平台，测得振动周期如下表．

质量/g	20	40	60	80	100	120
周期 T / s	0.1923	0.222	0.247	0.2673	0.2883	0.3034
周期 T^2 / s	0.0370	0.0493	0.0610	0.0714	0.0831	0.0921

(3) 测量待测物体的振动周期为 $T_x = 0.2387$s，$T_x^2 = 0.05698$s．

(4) 作 T^2-m 图线．

(5) 由图线可得待测物体的惯性质量为 $m_x = 53.9$g．

(6) 误差分析：用物理天平测得待测物质量为 $m_{x0} = 54.6$g；误差为 $E = (m_x - m_{x0}) / m_{x0} \times 100\% = (54.6 - 53.9) / 54.6 \times 100\% = 1.28\%$

【分析讨论】

本节所述的方法同以往的实验方法相比，具有操作简单、记录快捷准确、图形直观、数据运算量小等优点，同时还可把鼠标器的运用推广到测量位移问题上．这样，一维问题中的测定物体的速度与加速度、验证牛顿第二定律等，二维问题的扭摆、碰撞问题、二维动量守恒等都可以在计算机上得以实现．可见，计算机及其接口技术的成熟为我们对实验的研究提供方便，它作为一种新的实验研究手段，正不断地被人们运用，它的运用值得我们去探讨与研究，这对提高教育教学质量具有很好的效果．

【参考文献】

郭玲文，周振林．1998．中文 Visual FoxPro 5.0 开发指南[M]．北京：机械工业出版社．
王强，朱晓松，龚洁．1998a．中文 Visual FoxPro 5.0 命令参考手册[M]．北京：海洋出版社．
王强，朱晓松，龚洁．1998b．中文 Visual FoxPro 5.0 函数参考手册[M]．北京：海洋出版社．

王强, 朱晓松, 龚洁. 1998c. 中文 Visual FoxPro 5.0 类与对象参考手册[M]. 北京: 海洋出版社.
西南八所高等院校合编. 1989. 大学物理实验(力学、热学部分)[M]. 重庆: 西南师范大学出版社.

(张皓-晶编)

6.2 用阿特伍德机验证牛顿第二定律

【实验设计思想】

牛顿第二定律验证实验是大、中学生必做的实验，一般情况下是用气垫导轨或电磁打点计时器来进行实验. 但是，由于在气垫导轨上验证牛顿第二定律时，滑块与气垫导轨之间存在摩擦，为了消除滑块与气轨之间的摩擦，我们可采用阿特伍德机来验证牛顿第二定律. 本节给出了用阿特伍德机验证牛顿第二定律的实验原理和实验装置，介绍了用阿特伍德机的实验方法验证在总质量 m 不变的情况下，合外力 f 与加速度 a 的关系；在合外力 f 不变的情况下，$1/m$ 与 a 的关系. 同时，给出了用阿特伍德机验证牛顿第二定律的实验结果，结果表明该方法简单可行并有一定的精度，我们在教学中使用效果较好.

【实验原理】

物体在受到外力作用时，物体所获得的加速度的大小与外力矢量合的大小成正比，并与物体的质量成反比，加速度的方向与外力矢量合的方向相同. 数学表达式为

$$f = ma$$

式中 m 为所研究物体的质量，f 为物体所受的合外力，a 表示物体在 f 作用下产生的加速度，其方向与合外力方向相同(赵凯华、罗蔚茵, 1995).

牛顿第二定律的验证是用实验方法检验公式 $f=ma$ 中各物理量之间的关系，即在物体质量不变的情况下改变合外力，测量对应的加速度，看两者是否符合正比关系；在物体所受合外力不变的情况下，改变物体的质量，测量对应的加速度，看两者是否符合反比关系(张雄等, 2001).

实验用阿特伍德机进行，在不计细线和滑轮的质量、滑轮与细线之间的摩擦以及细线不可伸长的条件下，根据牛顿第二定律，可以得到下式：

$$(m_1 - m_2)g = (m_1 + m_2)a \tag{6-2-1}$$

式中 m_1、m_2 分别为物体 A、B 的质量，a 为物体 B 的加速度，总质量 $m = m_1 + m_2$，合外力 $f = (m_1 - m_2)g$.

【实验装置和方法】

实验装置如图 6-2-1 所示，物体 A、B 的质量分别为 m_1、m_2，物体 A、B 且作为两光电门，L 为制动杆，K 为开关.

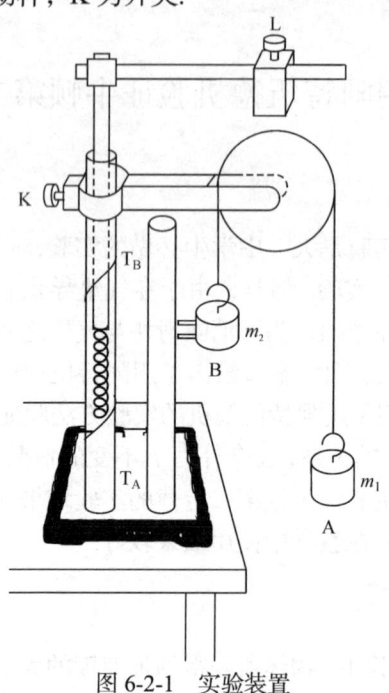

图 6-2-1　实验装置

1. 验证 f 与 a 的关系

实验时保证物体的总质量 $(m_1 + m_2)$ 在测量过程中不变，测出在不同合外力 $f = (m_1 - m_2)g$ 作用下物体 B 的加速度 a. 根据测得的 f 和 a 的数据作 f-a 图，从而验证 f 与 a 是否满足在质量 m 不变时 $f = ma$ 的关系.

从实验装置可知，如果 $m_1 > m_2$，则物体 B 的加速度 a 方向向上；反之，如果 $m_1 < m_2$，则物体 B 的加速度 a 方向向下. 在实验过程中为了确保实验方便，在保证总质量 $(m_1 + m_2)$ 不变的情况下，还要使 $m_1 > m_2$，即使物体 B 向上运动. 具体的实验方法和步骤如下：

(1) 把一定质量的砝码放在物体 A、B 上(保证 $m_1 > m_2$)，分别测出物体 A、B 的质量 m_1、m_2.

(2) 把物体 B 拉到光电门 T_A 下面一段距离，按下制动杆 L，并关上开关 K.

(3) 调节光电门 T_A、T_B 的位置，使物体 B 上的挡光片正好能遮住两光电门的光，并记录 T_A、T_B 的位置，即可得两光电门之间的距离.

(4) 打开开关 K，参照文献(杨述武等,1993)加速度 a 的测量方法，测出物体 B

的加速度 a. 再根据测出的质量 m_1、m_2，由 $f=(m_1-m_2)g$ 求出合外力 f，就得到一组 f 与 a 的数据.

(5) 交换物体 A、B 上的砝码(保证 $m_1>m_2$)，重复上述步骤，可测得相应的 f 和 a 的值. 通过反复交换物体 A、B 上的砝码，可测得几组 f 与 a 的数据.

2. 验证 m 与 $\dfrac{1}{a}$ 的关系

实验要求在保证合外力 $f=(m_1-m_2)g$ 不变的条件下，通过改变物体 A、B 的质量，测出物体 B 的加速度 a，从而验证 m 与 $\dfrac{1}{a}$ 的关系. 但在本实验装置中，合外力 f 与 m_1、m_2 有关，只要改变物体 A、B 中任何一个的质量，合外力 f 就随之而改变，从而不能满足实验要求的条件，但是，实验又要求改变物体的质量，因此，我们可以采用下面的方法来满足这一要求. 即在物体 A、B 上同时加(或减)相同质量的砝码，这样合外力 $f=(m_1-m_2)g$ 在实验过程中始终保持不变，而又达到改变物体质量的目的，从而满足了实验要求的条件.

在实验过程中，每在物体 A、B 上加(或减)相同质量的砝码后，测出此时物体的总质量 m 及其对应的加速度 a. 反复加(或减)相同质量的砝码，测出相应的几组 m 与 a 的值. 根据所得的数据作 m-$\dfrac{1}{a}$ 图. 从而验证在合外力 f 不变的情况下，m 与 $\dfrac{1}{a}$ 是否满足正比关系.

【实验测量结果示例】

1. 保持总质量不变，验证 f 与 a 的关系

保持总质量 $m_1+m_2=80\mathrm{g}$ 不变，两光电门之间的距离为 $h=40\mathrm{cm}$，用游标卡尺测得两挡光片间隔 $d=1.768\mathrm{cm}$，已知 $g_\text{昆}=9.784\mathrm{m/s}^2$. 共测量 8 组，每组测量 5 次，求出其平均值，并根据(6-2-1)式求出理论值与之比较，测得数据及有关量见表 6-2-1(其中 a 为实验测量值，a' 为理论计算值).

表 6-2-1　总质量不变，验证 f 与 a 关系的测量数据

测量值	次数							
	1	2	3	4	5	6	7	8
m_2/g	24.00	26.00	28.00	30.00	32.00	34.00	36.00	38.00
f/N	0.313	0.274	0.235	0.195	0.156	0.117	0.078	0.039
$a/(\mathrm{m/s}^2)$	3.796	3.422	2.740	2.425	1.878	1.461	0.958	0.431
$a'/(\mathrm{m/s}^2)$	3.914	3.424	2.935	2.446	1.957	1.468	0.978	0.489

根据数据分别作实验测量值和理论计算值的 f-a 图，如图 6-2-2 所示.

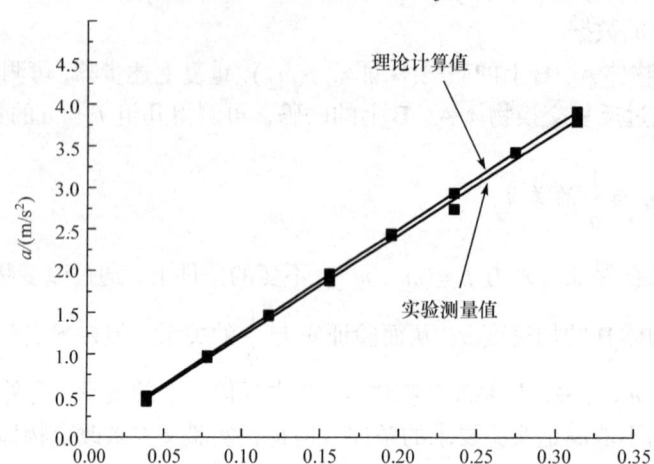

图 6-2-2　f-a 图

2. 物体所受合外力不变，验证物体质量 m 与加速度 a 的关系

测量时，每次在左右两边同时增加 5.00g 的砝码，保持系统所受合外力不变. 两光电门之间的距离为 $h=40\text{cm}$，用游标卡尺测得两挡光片间隔 $d=1.525\text{cm}$. 共测量 7 组数据，每组测量 5 次，求出其平均值，根据(6-2-1)式求出理论值与之比较，测得数据及有关量见表 6-2-2(其中 a 为实验测量值，a' 为理论计算值).

表 6-2-2　合外力不变，验证质量 m 与加速度 a 关系的测量数据

测量值	次数						
	1	2	3	4	5	6	7
m/g	115.00	105.00	95.00	85.00	75.00	65.00	55.00
$(1/m)/\text{kg}^{-1}$	8.69	9.52	10.53	11.76	13.33	15.38	18.18
$a/(\text{m}/\text{s}^2)$	0.338	0.441	0.471	0.556	0.683	0.773	0.871
$a'/(\text{m}/\text{s}^2)$	0.425	0.466	0.515	0.576	0.652	0.753	0.889

根据数据分别作实验测量值和理论计算值的 $(1/m)$-a 图，如图 6-2-3 所示.

从图 6-2-2 可以看出，实验测得的 f-a 图是一条与理论计算值的图几乎重合的直线. 从测量的数据看，实验测量值和理论计算值非常接近. 用回归法处理测量数据得：相关系数 $r=0.99853$，斜率 $b=12.23213$，截距 $a=-0.01245$，剩余标准差 $s=0.0688$.

从图 6-2-3 可以看出，实验测得的 $(1/m)$-a 图与理论计算图在一定的质量范围内符合得很好，这从测量的数据也能看出. 用回归法处理测量数据得：相关系数

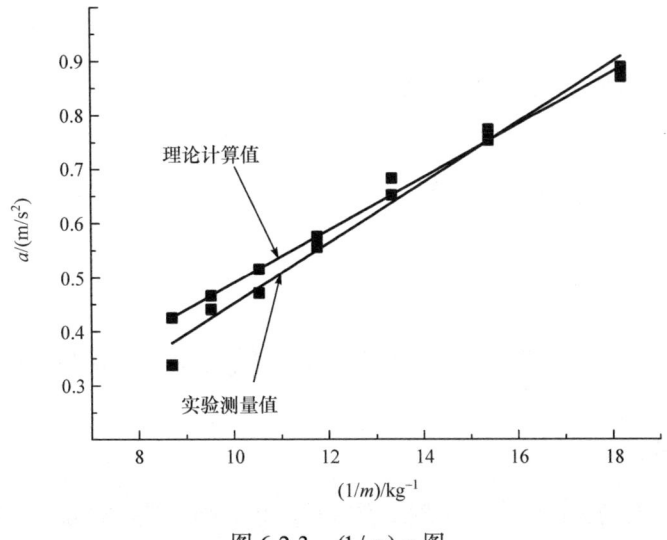

图 6-2-3　(1/m)-a 图

$r = 0.98653$，斜率 $b = 0.05595$，截距 $a = -0.10801$，剩余标准差 $s = 0.03447$.

上面的实验结果表明，用阿特伍德机能很好地验证牛顿第二定律. 实验测量结果与理论计算结果吻合得很好，实验的结果证明了本实验的合理可行性和精确度.

【实验分析】

用阿特伍德机验证牛顿第二定律是在用气垫导轨验证牛顿第二定律的基础上改进而成的. 改进之处在于把在水平方向运动的滑块改为竖直方向运动，省去了使用的气垫导轨，消除了由滑块与导轨之间的摩擦而产生的误差.

从实验的结果可以看出，尽管测量结果与理论计算结果非常接近，但实验还是存在一定的误差. 误差主要来源于：细线与滑轮之间的摩擦以及由滑轮的转动而产生的转动惯量. 其中，细线与滑轮之间摩擦的大小跟物体的总质量有关，随着物体质量的增加，细线与滑轮之间的摩擦也增大，我们可以从图 6-2-3((1/m)-a 图)中看出. 从图 6-2-3 中知，当物体的质量在 55～100g 范围内时，测量值与理论值非常接近，但随着物体质量的增加，测量值逐渐偏离理论值，质量越大，偏离的越多. 因此，在实验时物体的质量不宜加得太大. 如果物体质量比较大时，为了消除摩擦对实验结果的影响，可在向下运动的一侧增加 Δm 的砝码以抵消滑轮阻力的影响. 在实验过程中，由于滑轮的转动产生的转动惯量会对实验结果有影响，因此为了消除其影响，需在系统总质量中加上滑轮转动惯量的换算质量 I/r^2 (杨述武等，1993)(I 为滑轮转动惯量，r 为滑轮半径)，即系统总质量 $m = m_1 + m_2 + (I/r^2)$.

【参考文献】

杨述武, 马葭生, 张景泉, 等. 1993. 普通物理实验(一、力学、热学部分)[M]. 2 版. 北京: 高等教育出版社.
张雄, 王黎智, 马力, 等. 2001. 物理实验设计与研究[M]. 北京: 科学出版社.
赵凯华, 罗蔚茵. 1995. 新概念物理教程: 力学. [M]. 北京: 高等教育出版社.

(张皓晶编)

6.3 用游标卡尺测定杨氏模量的实验研究

【实验设计思想】

测定钢丝的杨氏模量实验是理工科院校学生必修实验(杨述武等, 2000; 沈元华和陆申龙, 2003; 泰勒, 1990), 在现行基础物理实验中主要用两种方法测量杨氏模量, 一是伸长法, 二是弯曲法(泰勒, 1990). 在伸长法中采用光杠杆测量钢丝的微小形变量, 用这种方法调节仪器耗时较多, 学生完成实验至少需要一小时, 而且在实验中不小心碰到光学装置中的器件, 实验就得重新开始. 现在也可用读数显微镜配以 CCD 成像系统测量钢丝的微小伸长量(泰勒, 1990), 但仪器价格昂贵, 在西部等欠发达地区难以配备, 不易推广. 本实验介绍一种操作简单、快捷的测量钢丝杨氏模量的实验方法. 本实验所用实验仪器价格低廉, 在普通物理实验室都能配备, 实验结果精确, 可作为学生的选修实验和设计实验.

本实验介绍用游标卡尺测量钢丝的杨氏模量的方法, 该方法操作简单、方便、快捷, 实验所需仪器便宜、易配, 实验结果的相对误差约为3%.

【实验原理】 (沈元华和陆申龙, 2003)

设一根钢丝的横截面积为 A, 原长为 L, 沿其长度方向加一拉力 F 后, 钢丝的伸长量为 ΔL. 根据胡克定律, 材料在弹性限度内应力与应变成正比

$$\frac{F}{A} = E \frac{\Delta L}{L} \qquad (6\text{-}3\text{-}1)$$

式中的比例系数 E 称为该材料的杨氏模量. 钢丝的截面积为 $A = \dfrac{\pi d^2}{4}$, d 为钢丝的直径. 因此

$$E = \frac{FL}{A \Delta L} = \frac{4FL}{\pi d^2 \Delta L} \qquad (6\text{-}3\text{-}2)$$

式中 $F = mg$ (所挂重物的重力), 即

$$\Delta L = \frac{4Lg}{\pi d^2 E} \cdot m \qquad (6\text{-}3\text{-}3)$$

这意味着当画出 ΔL 对所挂重物质量 m 的曲线图时，我们将得到一条直线，其斜率为 $\frac{4Lg}{\pi d^2 E}$.

【实验装置】

实验装置如图 6-3-1 所示，主要包括以下几部分.

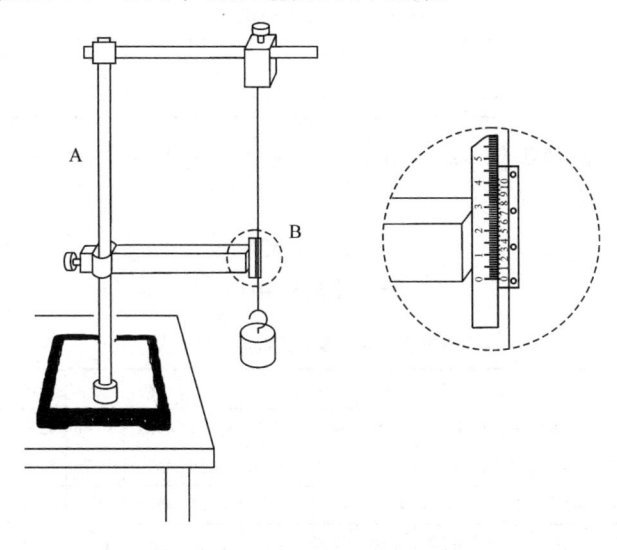

图 6-3-1 实验装置

(1) 金属丝支架.

A 为支架，高约120cm，上端用来系钢丝，钢丝的长度80～110cm，可以根据实验进行调整. 在支架的中下部固定一钳子用来固定游标卡尺的游标尺.

(2) 游标卡尺(50 分度).

B 为游标卡尺，锁定装置、测深尺等附件均已取下，主尺的上端与钢丝相连，下端挂重物，则钢丝的伸长量可在游标卡尺上读出.

(3) 其他工具.

钢卷尺、螺旋测微器、已知质量的重物等.

【实验方法】

当钢丝被拉紧时，读出游标卡尺的相应读数，逐渐增加重物，每增加一个重物，就读出相应的读数，增加到 13 个时又逐个减少重物，读出此时游标卡尺的相应读数，将读数记入表格. 用钢卷尺测量出钢丝从悬挂点到游标卡尺间的长度计

为 L. 用螺旋测微器测出钢丝的直径，至少测 10 次. 最后用作图法、逐差法或回归法处理实验数据.

【实验结果示例】

实验中所用重物为实验室已有的砝码，每个 1kg，每次增加一个. 昆明的重力加速度 $g = 9.784\text{m/s}^2$(张雄等，2001). 钢丝的长度 $L = (97.40 \pm 0.05)\text{cm}$. 测量钢丝的直径和悬挂对应重物后的伸长量见表 6-3-1 和表 6-3-2.

表 6-3-1 钢丝的直径 d

次数	1	2	3	4	5	6	7	8	9	10	平均值
螺旋测微器读数/mm	0.620	0.623	0.622	0.621	0.619	0.609	0.602	0.617	0.625	0.617	0.618±0.003

用表 6-3-2 的数据作 $y = a + bx$ 一元线性回归法处理(李惕培，1980；龚镇雄，1985)，得如下结果：

$$a = -0.006153846$$
$$b = 0.190384615$$

表 6-3-2 对应重物钢丝的伸长量

重物个数		0	1	2	3	4	5	6	7	8	9	10	11	12	13
游标卡尺读数	增加时	43.84	43.84	44.04	44.24	44.50	44.66	44.86	45.00	45.20	45.40	45.56	45.72	45.92	46.34
	减少时	43.78	44.04	44.24	44.52	44.72	44.90	45.10	45.28	45.50	45.70	45.88	46.00	46.16	
	平均值	43.81	43.94	44.14	44.38	44.61	44.78	44.98	45.14	45.35	45.55	45.72	45.86	46.04	
伸长量/mm		0	0.13	0.33	0.57	0.80	0.97	1.17	1.33	1.54	1.74	1.91	2.05	2.23	

相关系数

$$r = 0.998919357$$

$$l_{yy} = \sum_{i=1}^{13} y_i^2 - \frac{1}{k}\left(\sum_{i=1}^{13} y_i\right)^2 \approx 6.61$$

$$s = \sqrt{\frac{(1-r^2)l_{yy}}{k-2}} \approx 0.036$$

$$l_{xx} = \sum_{i=1}^{13} x_i^2 - \frac{1}{k}\left(\sum_{i=1}^{13} x_i\right)^2 = 182$$

所以

$$s_b = \frac{s}{\sqrt{l_{xx}}} = 0.002668497 \approx 0.003$$

$$b = (0.190 \pm 0.003) \times 10^{-3}$$

参照(6-3-3)式得

$$\frac{4gL}{\pi d^2 E} = b$$

则

$$E = \frac{4gL}{\pi d^2 b} \approx 16.72 \times 10^{10} \, \text{N}/\text{m}^2$$

根据误差传递公式得

$$E = (16.72 \pm 0.01) \times 10^{10} \, \text{N}/\text{m}^2$$

与钢丝的杨氏模量 $17.2 \times 10^{10} \, \text{N}/\text{m}^2$(饭田修一等, 1987)相比较百分误差为

$$E = \frac{17.2 - 16.72}{17.2} \times 100\% = 2.790697674\% \approx 3\%$$

可见实验结果满足实验教学的需要.

【分析讨论】

　　该实验比较直观, 物理思想明确, 实验过程和操作比较简单、快捷, 仪器易配, 实验结果准确, 是一个很容易推广的实验. 这种方法可用来测量多种金属丝的杨氏模量. 实验中的支架、重物均可用其他物品代替.

【参考文献】

饭田修一, 大野和郎, 神前熙, 等. 1987. 物理学常用数表[M]. 曲长芝, 译. 北京: 科学出版社.
龚镇雄. 1985. 普通物理实验中的数据处理[M]. 西安: 西北电讯工程学院出版社.
李惕培. 1980. 实验的数学处理[M]. 北京: 科学出版社.
沈元华, 陆申龙. 2003. 普通物理实验[M]. 北京: 高等教育出版社.
泰勒 F. 1990. 物理实验手册[M]. 张雄, 伊继东, 译. 昆明: 云南科技出版社.
杨述武. 2000. 普通物理实验(一、力学及热学部分)[M]. 3 版. 北京: 高等教育出版社.
张雄, 王黎智, 马力, 等. 2001. 物理实验设计与实验研究[M]. 北京: 科学出版社.

(张皓晶编)

6.4　声卡在力学实验中的应用

【实验设计思想】

　　本实验提出了一种利用计算机自带的声卡作为数据采集接口的方法, 通过声卡进行声音或其他电子信号的采集, 可用在落球法测重力加速度和单摆测重力加速度的实验中, 实现计算机的辅助教学作用. 声音的录制与播放已经成为多媒体

最基本的功能要求. 可以说, 声卡作为普通个人计算机的标准设备, 几乎是最常见的配置了, 甚至许多主板上就集成了声卡. 通过声卡可以对声音或其他电子信号进行采集, 然后应用声音处理软件便可以对搜集到的信号进行分析处理. 因此, 在理工科大学生的"大学物理实验"课程教学中, 我们引入计算机的声卡来辅助和改进实验. 这样, 不仅可以锻炼学生的动手能力, 而且还可以激发学生的创新思维. 我们在兼顾原有实验原理和操作的基础之上使用计算机辅助作为数据采集的工具, 来改进原有实验, 实验教学效果很好.

我们设计的这种数据采集方法可以在现行的大学物理实验中推广使用. 较好地解决了如复摆实验、弹簧子实验、惯性秤实验等力学实验的时间测量采集问题. 实验中, 通过话筒, 由计算机读取数据, 按实验教学要求由计算机进行数据处理, 计算出实验结果, 获取实验曲线.

本实验将分别介绍基于声卡的高速数据采集系统在落球法测重力加速度和用单摆测重力加速度实验中的应用.

【实验原理和装置】

落球法测重力加速度实验装置示意图如图 6-4-1 所示. 单摆测重力加速度实验装置示意图如图 6-4-2 所示.

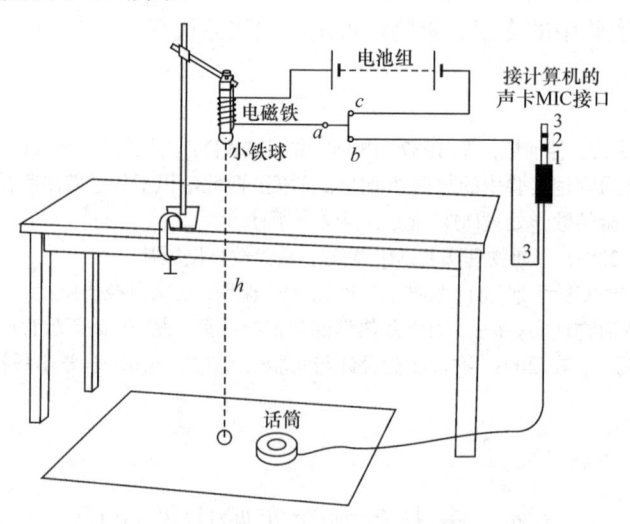

图 6-4-1 落球法测重力加速度实验装置示意图

本节实验中使用了带声卡的个人计算机. 声卡是 ForteMedia 的 FM801A 声卡, 它有 4 个外部接口, 分别是 Audio-out(音频输出接口), Line-in(线路输入接口), Mic(麦克风), Midi/Game(音乐设备数字接口和游戏控制端口). 本实验仅用麦克风接口, 所用的声音处理软件是由 Syntrillium 公司推出的著名的多轨录音和音频编

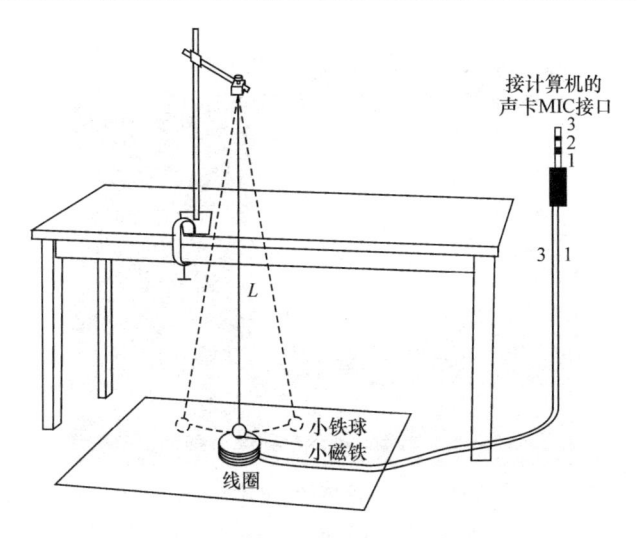

图 6-4-2　单摆测重力加速度实验装置示意图

辑软件 Cool Edit Pro 2.0,在后期的实验数据处理过程中,还用了 Origin 软件. Origin 是美国 Microcal 公司推出的数据分析和绘图软件,主要有两大类功能:数据分析和绘图. 数据分析包括数据的排序、调整、计算、统计、频谱变换、曲线拟合等各种完善的数学分析功能.

图 6-4-1 中的话筒用一般的聊天用耳麦即可. 图 6-4-2 中的线圈用细漆包线绕成. 小磁铁是从普通的复读机的耳塞里面取出来的,是一个非常小的圆柱体,质量非常小,直径仅为 6.66mm,厚度仅为 2.26mm. 因此,把它吸附在小铁球的底端对整个单摆系统构成的影响微乎其微,可以忽略不计.

【实验内容】

1. 落球法测重力加速度

在 Windows 操作系统下运行 Cool Edit Pro 2.0 软件,界面如图 6-4-3 所示. 只要点击录音按钮后,便可对声音或其他电子信号进行采集. 我们发现,在如图 6-4-1 所示的装置中,只要把 b 点和 a 点相接触,就会有信号产生,并且在 Cool Edit Pro 2.0 软件窗口中显示出来,或者只要有声音发出,通过与声卡连接的话筒就可以检测到,同样也显示在 Cool Edit Pro 2.0 软件窗口中. 其中,横轴显示时间,最小刻度可调整,纵轴显示声音强度.

实验开始时,我们把 b 和 c 都与 a 相连. 这样,电磁铁开始工作,小铁球被吸住. 同时,由于 b 点和 a 点相接触,计算机就开始采集到信号. b 和 c 同时和 a 断开时,小球开始下落,信号也同时消失. 当小球落地时,与地面碰撞发出声音,

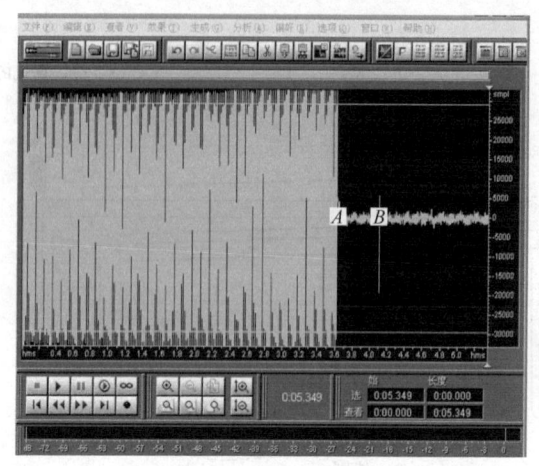

图 6-4-3 落球产生的信号图

计算机便通过与声卡连接的话筒又捕捉到一个信号. 这样整个下落过程便被记录下来, 如图 6-4-3 所示. 图中, 从开始到 A 这一段为 b 和 a 相连时产生的信号. 这期间由于 c 和 a 也连着, 所以小球被电磁铁吸住. A 这一点是 b 和 c 同时和 a 断开之后信号消失. B 这一点是小球落地, 发出声音所产生的信号. 之后, 再没有信号产生. 我们可以从图上直接读出从 A 到 B 之间的时间. 这段时间也就是小球从电磁铁下端落到地面所花的时间. 这样, 只要测出 h, 根据公式 $h = \frac{1}{2}gt^2$, 便可求出加速度.

2. 单摆测重力加速度

在如图 6-4-2 所示的装置中, 当单摆摆动时, 小磁铁也随小铁球摆动. 放在下面的线圈便会产生微小的感应电流, 同样, 也能够被计算机采集到, 如图 6-4-4 所

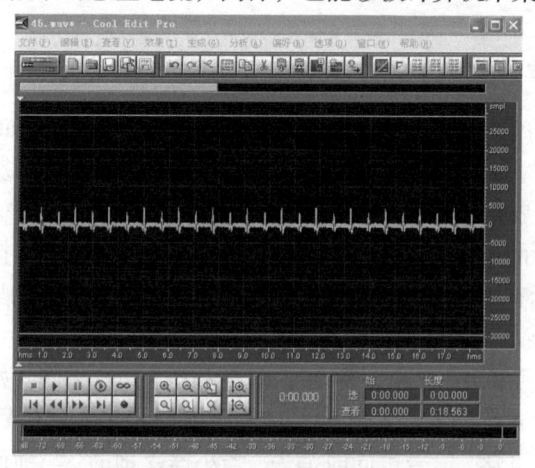

图 6-4-4 小磁铁划过线圈产生的信号图

示. 小磁铁从线圈上方每划过一次, 便产生一个信号. 这样, 从图上便可直接看出, 小铁球摆动了几个来回, 以及花了多少时间, 因此也就得到了周期. 根据公式 $T = \sqrt{\dfrac{4\pi^2 L}{g}}$, 可求出 g.

【实验数据处理及结果示例】

1. 落球法测重力加速度的实验数据处理及结果示例

实验中, 我们不断改变高度 h, 用米尺测出 h, 通过 Cool Edit Pro 2.0 软件窗口读出对应的时间 t. 对同一高等 h, 测 5 次下落时间, 取平均值. 实验数据见表 6-4-1.

表 6-4-1 落球法测重力加速度的实验数据

h/cm	$2 \times h$/cm	t/s					$\bar{t}$/s	$(\bar{t})^2$/s^2
130.1	260.2	0.5180	0.5187	0.5154	0.5172	0.5118	0.51622	0.266483
126.4	252.8	0.5143	0.5110	0.5075	0.5068	0.5061	0.50914	0.259224
123.4	246.8	0.5030	0.5018	0.5035	0.5040	0.5024	0.50294	0.252949
117.6	235.2	0.4911	0.4908	0.4907	0.4908	0.4930	0.49128	0.241356
113.5	227.0	0.4822	0.4846	0.4817	0.4868	0.4821	0.48348	0.233753
101.1	202.2	0.4553	0.4565	0.4552	0.4569	0.4546	0.45570	0.207662
88.6	177.2	0.4264	0.4280	0.4282	0.4273	0.4268	0.42734	0.182619
74.0	148.0	0.3891	0.3943	0.3855	0.3848	0.3916	0.38906	0.151368

根据公式 $h = \dfrac{1}{2}gt^2$, 得 $2h = gt^2$. 设 $y = 2h, x = t^2, k = g$. 对表 6-4-1 的数据用最小二乘法按 $y = kx$ 进行直线拟合 (张雄等, 2001), 得相关系数 $R = \dfrac{\text{Cov}(x,y)}{\delta(x)\delta(y)} = 0.99992$, 回归方程差 $\delta_s = \sqrt{\dfrac{(1-k^2)l_{yy}}{n-2}} = 0.5465$, 斜率 $k = \dfrac{l_{xy}}{l_{xx}} = 976.92143$, 斜率的偏差 $\delta_k = \dfrac{\delta_s}{\sqrt{l_{xx}}} = 5.08883$, 此过程可用 Origin 软件完成. 画出 t^2-$2h$ 图, 如图 6-4-5 所示.

结果为 $g = k = 976.92 \text{cm}/\text{s}^2$, 置信概率 $P < 0.0001$, 与昆明地区重力加速度的公认值 $\bar{g} = 978.37 \text{cm}/\text{s}^2$ 相比较, 得相对误差

$$E_g = \left|\dfrac{g - \bar{g}}{\bar{g}}\right| = \left|\dfrac{976.92 - 978.37}{978.37}\right| \approx 0.15\%$$

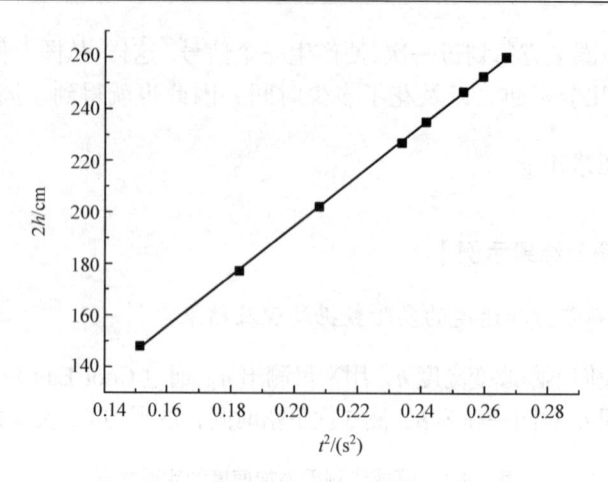

图 6-4-5 落球法测重力加速度的 t^2-$2h$ 图

2. 单摆测重力加速度的实验数据处理结果示例

实验中，我们不断改变摆长 L，测对应的周期 T. 对于每个摆长，取 25 个周期读数，然后平均. 实验数据见表 6-4-2.

表 6-4-2　单摆测重力加速度的实验数据

摆长 L/cm	周期 T/s	$4\pi^2 L$	T^2/s^2	摆长 L/cm	周期 T/s	$4\pi^2 L$	T^2/s^2
105.7	2.05444	4172.8687	4.220724	64.5	1.60952	2546.3579	2.590555
100.8	2.00704	3979.4245	4.028210	59.0	1.52692	2329.2266	2.331485
95.2	1.95064	3758.3454	3.804996	52.7	1.45480	2080.5126	2.116443
89.4	1.89292	3529.3705	3.583146	46.8	1.37176	1847.5899	1.881725
83.6	1.83116	3300.3957	3.353147	40.9	1.28176	1614.6673	1.642909
76.0	1.74536	3000.3597	3.046282	35.5	1.19252	1401.4838	1.422104
70.3	1.67600	2775.3328	2.808976				

根据公式 $T = \sqrt{\dfrac{4\pi^2 L}{g}}$，得 $4\pi^2 L = gT^2$. 设 $y = 4\pi^2 L, x = T^2$，$k = g$. 对表 6-4-2 中的数据用最小二乘法按 $y = kx$ 进行直线拟合(张雄等，2001)，得相关系数 $R = \dfrac{\mathrm{Cov}(x,y)}{\delta(x)\delta(y)} = 0.99994$，回归方程差 $\delta_s = \sqrt{\dfrac{(1-k^2)l_{yy}}{n-2}} = 10.90894$，斜率 $k = \dfrac{l_{xy}}{l_{xx}} = 988.94732$，斜率的偏差 $\delta_k = \dfrac{\delta_s}{\sqrt{l_{xx}}} = 3.39678$. 画出 T^2-$4\pi^2 L$ 图，如图 6-4-6 所示.

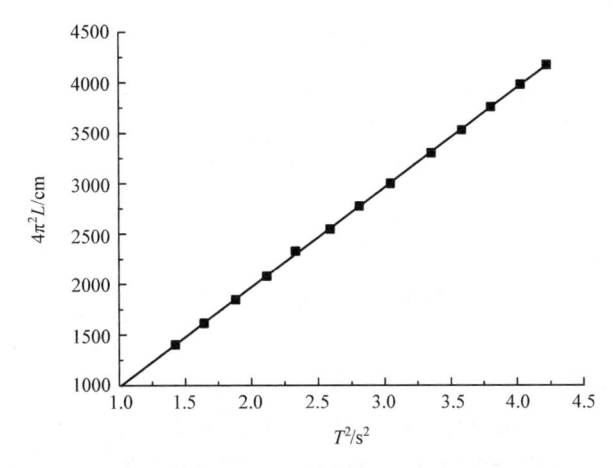

图 6-4-6 单摆测重力加速度的 T^2-$4\pi^2L$ 图

结果为 $g = k = 988.95\text{cm}/\text{s}^2$，置信概率 $P < 0.0001$，与昆明地区重力加速度的公认值 $\bar{g} = 978.37\text{cm}/\text{s}^2$ 相比较，得相对误差 $E_g = \left|\dfrac{g-\bar{g}}{\bar{g}}\right| = \left|\dfrac{988.95-978.37}{978.37}\right| = 1.1\%$.

【结果分析】

从实验结果可以看出，用落球法测重力加速度比用单摆测重力加速度所得到的 g 值更接近真值($g = 978.37\text{cm}/\text{s}^2$ 被认为是昆明地区重力加速度的真值). 这也说明了，单摆法虽然简便，但只能进行粗略测量；自由落体法从原理上讲要比单摆法准确.

用落球法测到的重力加速度 g 的值约为 $976.92\text{cm}/\text{s}^2$，比真值略为偏小，原因可能是电磁铁剩磁的影响. 电磁铁断电后的瞬间仍然保持着剩磁，只有在小球本身所受到的重力大于剩磁的吸引力时，小球才开始下落. 这样，实际上小球不完全是做自由落体运动，而是在重力减去电磁铁吸引力作用下运动. 当然，由于剩磁消减较快，且与距离的平方成反比，因此，小球离开电磁铁很小一段后，就可以认为是做自由落体运动了. 即便如此，也会造成计时影响. 在本实验中，小球下落与计时存在一迟滞时间，使测量时间稍微偏大，因此 g 值有所偏小也不足为奇了. 采用一定的方法消除剩磁后(阿尔达克, 2000)，应该可以得到更好的结果. 当然，其他一些因素也会给实验带来一定的误差，例如，高度 h 测量的准确度，b、c 和 a 断开是否同时等. 但是，比起传统的自由落体实验，即用光电门、数字毫秒计来计时的实验，本节所提出的方法在操作上更方便，带来的误差更小. 因为在传统实验中，立柱铅直的调节不是那么容易. 若立柱有少许倾斜，落球中心未通过光电门中点，都会带来很大的不确定度(杨述武等，1993).

用单摆测到的重力加速度 g 值约为 $988.95\text{cm}/\text{s}^2$，与真值相差较大，原因是多方面的. 单摆毕竟是作为一种理想模型来使用，由于实际情况，会经常受到空气浮力、空气阻力、角度、摆线非刚性、复摆、摆球线度、偏摆等因素的影响，使其周期偏大或偏小，有许多文献(刘文瑞和其木苏荣，1998；莫克威，1996；罗均华和王新兴，2002)都对其进行了讨论. 再者，本实验中所使用的实验方法还引入了另一个影响因素，即小磁铁和线圈之间的相互作用. 用单摆测重力加速度的测量精度原本就不是很高，再加上这个因素的影响，测量结果与真值偏离就更大了. 为了减轻这种影响，我们在能感应到信号的前提下，尽量地使小磁铁与线圈的距离远一些. 虽然，本实验中介绍的这种方法在测量结果上不是很理想，但是，这毕竟是一种简单、易操作的方法，可以锻炼学生的动手能力，激发创新思维，为学生自主设计实验提供了广阔空间，而且，这种计时方法比用停表的计时方法精确，测量误差更小，还防止了读错周期数 n 的可能，因为我们可以清晰、直观、可重复地从图上直接看出每个周期.

【参考文献】

阿尔达克. 2000. 落球法测定重力加速度[J]. 物理实验，(4): 38-39.
刘文瑞，其木苏荣. 1998. 摆球线度对摆动周期的影响[J]. 大学物理，17(6): 19-22.
罗均华，王新兴. 2002. 影响单摆振动周期因素的研究[J]. 河西学院学报，(5): 16-18.
莫克威. 1996. 偏摆对单摆振动周期的影响[J]. 物理实验，(4): 189.
杨述武，马葭生，张景泉，等. 1993. 普通物理实验(一、力学、热学部分)[M]. 2版. 北京: 高等教育出版社.
张雄，王黎智，马力，等. 2001. 物理实验设计与研究[M]. 北京: 科学出版社: 63-73.
http://www.originlab.com.
http://www.syntrillium.com/cooledit/.

(张雄编)

6.5 用声音的共振测量声速的研究

【实验设计思想】

声速是描述声波在介质中传播快慢的一个物理量(杨述武等，2000). 测量声速的方法很多，比较传统的方法主要有鸣枪法、回声法等，现代更常用的有振幅法、相位法、驻波法、拍频法，传统方法测量误差较大，只能作为声速的粗略估计用，不能用在精确的测量科学上. 现代测量方法，在测量原理上趋于完美，但由于数据采集、处理方法不够完善，最终也同样导致测量精度不够高. 大学物理实验室中主要使用驻波法和相位比较法这两种测量方法(刘振飞,1992)，这两种方法在声学、电磁场与电磁波、光学等领域都有着重要应用.

我们采用波动理论，根据声音的共振原理来测量声音在空气中的传播速度，所谓声音的共振是指管内空气由声波的作用而引起的共振现象(梁绍荣等,2005). 此实验设备简单,并用计算机自带的声卡作为声音数据的采集工具,寻找共振峰,进而测量声速.

声卡作为普通个人计算机的标准设备，几乎是最常见的配置了，如今大多数的计算机主板上都集成了声卡. 通过声卡可以对声音或者其他电子信号进行采集，然后应用声音处理软件便可以对收集到的信号进行分析处理. 因此，在理工科大学生的"大学物理实验"课程教学中，我们引入计算机的声卡来辅助和改进实验. 这样，不仅可以锻炼学生的动手能力，而且还可以激发学生的创新思维. 我们在兼顾原有实验原理和操作的基础上使用计算机辅助作为数据采集的工具，来改进原有实验，实验教学效果较好.

我们设计的这种数据采集方法就利用了计算机声卡的作用来采集声音信息，此方法可以在现行的大学物理实验中推广使用. 本实验较好地解决了测量声速时数据声音振动强度大小的采集问题. 实验中，通过话筒，由计算机读取数据，按实验教学要求由计算机进行数据处理，计算出实验结果，获取实验曲线.

我们将介绍基于声卡的高速数据采集系统，用声音在空气中的共振原理来测量声速的实验，并且提出了一种测量声速的新方法，实验仅使用一些简易的实验仪器，用计算机自带的声卡作为声音数据采集器，根据声音在空气中产生的共振原理来测量声音在空气中传播的速度，此方法比较简单，可以在很多学校推广使用.

【实验原理】

机械共振通常用巴顿摆进行定性的演示：若干具有不同长度(不同的固有频率)的轻摆被悬挂在同一根绷紧的水平细绳上，在细绳上另悬挂一个驱动摆. 当驱动摆摆动时，有相同摆长的轻摆将会以最大的振幅做出反应，而其他轻摆的振幅则小一些，这是由它们的固有频率与驱动摆的固有频率不同而造成的.

对于声音的共振，也可以类似地利用一个装有不同深度水的量筒和扬声器来实现，利用计算机软件进行声音的采集，然后对测量数据进行绘图.

实验之前，首先利用经验公式计算室温下的声速 $v = 331 + 0.6t$ (t 的单位为摄氏温度)或者用理论公式 $v = 20.1\sqrt{T}$ (T 的单位为开氏温度)，然后选择一个扬声器连在信号发生器上，并将信号发生器固定在合适的驱动频率上，此时所产生的声波频率即等于该信号发生器产生的频率，利用 Cool Edit 软件检测声音在空气中产生振动的强度是否达到最大，当检测到的声音振动强度达到最大值时，产生共振现象，此时空气柱的高度 h 是1/4声波波长的奇数倍，即 $h=(2n+1)\dfrac{\lambda}{4}$，其中 $(n=0,1,2,3,\cdots)$，实验中我们只测到出现第一个共振峰即可，即只做到 $n=0$ 的情况，那么此时的 h 即为声波波长的 1/4，所以声波波长 $\lambda=4h$，例如，在340Hz的驱动频率、22℃下产生共振的空气柱的高度约为25cm($n=0$)，因而此长度为波长的1/4)，其结果修正为+0.6r(r 为量筒的半径)，将不等量的水加入到量筒中，使空气柱的高度逐渐变化，从而在实验中，监测仪器能够连续地扫描过共振区域．把扬声器固定在量筒的顶端，并把话筒固定在量筒内壁，利用话筒收集来自于量筒中声音产生的共振和衰减的响应程度．找到软件采集到的振动强度达到最高峰时空气柱的高度 h，由 $\lambda=4h$ 得出波长 λ，而频率 f 已知(等于信号发生器发出的频率)，最后利用公式 $v=f\cdot\lambda$ 计算出声音在空气中的速度.

【实验装置】

利用声音在空气中的共振来测量声速的实验装置示意如图 6-5-1 所示．本实验实验中使用了带有声卡的个人计算机．声卡是ForteMedia的FM801A声卡．它有4个外部接口，分别是 Audio-out(音频输出接口)，Line-in(线路输入接口)，Mic(麦克风)，Midi/Game(音乐设备数字和游戏控制端接口)．本实验仅用麦克风接口．所用的声音处理软件是由 Syntrillium 公司推出的多轨录音和音频编辑软件Cool Edit Pro 2.1. 在后期实验数据的处理过程中，还用到了 Origin 软件(http://www.walkstudent.cn/detail.jsp?id=136). Origin软件是美国 Microcal 公司推出的数据分析和绘图软件，主要有两大类功能：数据分析和绘图．数据分析包括数据的排序、调整、计算、统计、频率变换、曲线拟合等各种完善的数学分析功能．

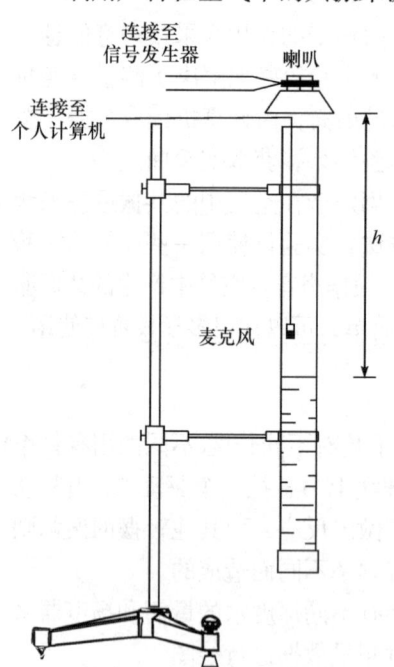

图 6-5-1 实验装置简易图

实验中我们准备了一升水、一个量筒、一个台函数信号发生器、一个小扬声器(其直径为1.62cm)、一个聊天用的小话筒(其直径为0.75cm)和一台个人计算机，我们使用的函数信号发生器的型号为 YB1639，它的频率调节范围是30～3MHz.

【实验方法】

在 Windows 操作系统下运行 Cool Edit Pro 2.1 软件,界面如图 6-5-2 所示. 点击录音按钮,便可以对声音信号进行采集. 我们发现,只要话筒检测到有信号产生,就会在 Cool Edit Pro 2.1 软件窗口中显示出来,或者只要有声音发出,通过与声卡连接的话筒就可以检测到,同样显示在 Cool Edit Pro 2.1 软件窗口中. 其中,横轴显示的是时间,纵轴显示的是声音信号的强度.

如图 6-5-1 所示安装好实验装置,打开信号发生器,将信号调到 311Hz 左右,此时小扬声器便发出声音信号. 点击 Cool Edit Pro 2.1 中的录音按钮,通过话筒,Cool Edit Pro 2.1 软件就可以记录下声音的振动强度,并在右边纵轴上可以读出读数(实验记录时 Cool Edit Pro 2.1 软件产生信号时如图 6-5-2 所示),向量筒中依次加水,我们每次平均加入约 5mL 水,并测量出相应空气柱高度和声音在软件中显示的振动强度,记录下实验数据. 我们在测量时为了提高测量精度,并准确地找出共振时的最高峰,我们在实验中注意了三点:①多次进行实验,先粗略地找到共振峰;②开始加水时为 5mL,当接近最大峰值的时候将加水减少到 3~2.5mL,这样为的是在峰值的时候逐渐逼近最高峰的数值;③尽可能多地测量较多的数据点,我们此次实验测量了 50 个数据点.(实验数据见表 6-5-1)

图 6-5-2 声音共振时产生的信号图

表 6-5-1 实验数据记录

h/cm	V	h/cm	V	h/cm	V	h/cm	V	h/cm	V
30.10	140	27.32	240	25.24	305	23.73	300	21.76	250
29.86	160	27.08	245	25.07	308	23.66	295	21.43	245
29.50	165	26.87	248	24.95	309	23.36	290	21.18	240
29.18	170	26.60	250	24.80	320	23.24	285	20.84	235
28.84	190	26.34	255	24.67	325	23.11	280	20.50	230

续表

h/cm	V	h/cm	V	h/cm	V	h/cm	V	h/cm	V
28.60	195	26.10	275	24.42	324	22.96	275	20.22	225
28.38	200	25.89	280	24.27	320	22.72	272	19.88	215
28.14	210	25.74	285	24.17	315	22.41	270	19.51	200
27.87	230	25.48	290	23.96	310	22.12	265	19.22	190
27.56	235	25.37	300	23.84	305	21.96	260	18.83	175

注：表中 h 为空气柱的高度，单位是 cm；V 为声音的振动幅度，取任意单位.

【实验数据处理】

实验中我们时时监控实验室温度，得出实验室平均室温为 22.4℃，利用经验公式估算空气中的声速为 $v = 331 + 0.6t = 331 + 0.6 \times 22.4 = 344.44 \text{(m/s)}$，图 6-5-3 是借助于 Origin 软件并利用实验数据绘制出的声音强度与量筒内空气柱高度的关系图，由图可以看出，声音的最大强度出现在空气柱高度 $h = 24.67\text{cm}$ 处，修正值是 $0.6r = 0.6 \times 2.575 = 1.545\text{(cm)}$，因此有 $h = 24.67 + 1.545 = 26.215\text{(cm)}$，这是共振信号的四分之一波长 ($n = 0$)。我们利用公式得到空气中声速测量值 $v' = f \cdot \lambda = 311 \times 1.0486 = 326.1 \text{(m/s)}$，与经验公式计算的数值进行比较，声速的相对误差为 $E_v = \left|\dfrac{v-v'}{v}\right| = \left|\dfrac{344.44-326.1}{344.44}\right| = 5.3\%$。与之对应的共振频率的实验值为 $f = 344.44 / 1.0486 = 328.5\text{(Hz)}$，比较信号发生器上的频率 $f' = 311\text{Hz}$，频率的相对误差为 $E_f = \left|\dfrac{f-f'}{f}\right| = \left|\dfrac{328.5-311}{311}\right| = 5.6\%$。

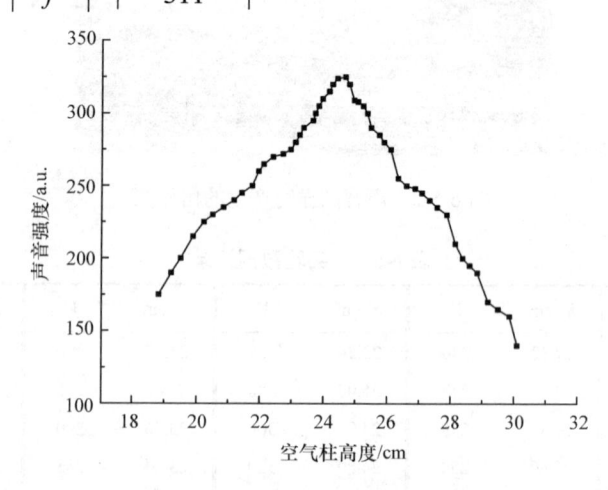

图 6-5-3 共振曲线部分图（$n = 0$ 时）

【分析讨论】

此实验用比较简单的实验仪器，利用声音在空气中产生共振时，强度达到最大值，来测定声音在空气中的传播速度。从实验结果可以看出，此实验得到的结果与实际的精确值还是很接近的，但也不太理想，这是由于此实验的主要误差来自于液体表面的弯月面和人为在读取振动强度数据时的偶然误差；另外，扬声器大小的选择也会对此实验引进误差，所以也可以从这些方面来改进实验，从而提高实验的精度。

我们通过这个实验得到一些启发，又可以扩展此实验。

(1) 用CO_2替代量筒中的水面上的空气柱，用一根细塑料管与量筒连接，细塑料管的另一端用烧杯连接，烧杯中加入醋酸和碳酸盐，用来产生CO_2(它比空气的密度大，CO_2将把量筒中的空气排出去，空气柱变成CO_2气柱)，在相同条件下重复以上实验，Paul Gluck 发现当驱动频率保持恒定时，共振频峰会朝CO_2气柱变短的方向变化，从而得出声音在CO_2中的波长和传播速度比空气中的小。

(2) 从声音采集的设备得到启发，我们也可以将此实验扩展到力学实验，利用 Cool Edit 软件进行声音采集的功能，测量本地的重力加速度，将一小球由一定高度放下使其自由下落，软件的横轴(时间轴)可以记录下每次小球弹起后又下落的时间间隔，从而计算本地的重力加速度。

【参考文献】

梁绍荣, 刘昌年, 盛正华. 2005. 普通物理学. 第一分册, 力学[M]. 3 版. 北京: 高等教育出版社: 355-356.

刘映栋, 冯军, 王纪俊, 等. 1998. 大学物理实验教程[M]. 南京: 东南大学出版社: 125-129.

刘振飞. 1992. 大学物理实验[M]. 重庆: 重庆大学出版社: 11-14.

杨述武. 2000. 普通物理实验(一、力学及热学部分)[M]. 3 版. 北京: 高等教育出版社: 186-189.

张雄, 王黎智, 马力, 等. 2001. 物理实验设计与研究[M]. 北京: 科学出版社.

(张皓晶编)

6.6 用光电计时器测定液体黏滞系数

【实验设计思想】

测定液体黏滞系数的实验是理工科大学生的必修实验，现行的许多热学实验教材都采用落球法测定，这里用光电门来采集数据，研究热学实验中液体的黏滞系数，给出了实验的测量方法，提高了实验数据的准确性。采用光电门测定液体黏滞系数，使实验结果与公认值误差较小，作为开放型课外实验设计，教学实践表明效果较佳。

【实验装置】

用光电门测定液体黏滞系数的实验装置如图 6-6-1 所示,该装置有铁架台、小球、光电门、液体、量筒、比重计、温度计、天平、游标卡尺、螺旋测微器、重物,其中小球与重物的大小可以根据测量的需要方便地调整.

【实验原理】

落到黏滞液体中的固体小球受到三个力的作用(王家祥等,1991):重力(G)、浮力(F)、黏滞力(f).如果小球很小,它下落的速度也很小,而且液体在各方面都是无限广阔的,斯托克斯指出黏滞力为

$$f = 6\pi\eta rv \tag{6-6-1}$$

η 是液体的黏滞系数,r 是小球的半径,v 是小球下落的速度.

在用光电门测定液体黏滞系数时,如图 6-6-2 所示,小球受到四个力的作用,即重力(G)、浮力(F)、黏滞力(f)、拉力(T).四个力都在铅直方向上,其中黏滞力随小球运动速度的增加而增加,小球达到某一速度时,这四个力之和等于零,这时小球因惯性以不变的速度 v_0 做匀速运动,则

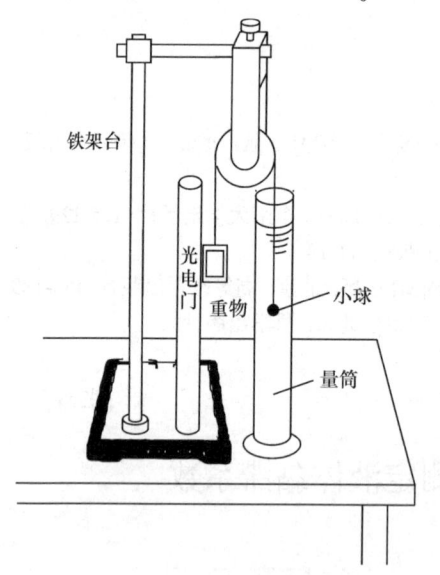

图 6-6-1 光电门测定液体黏滞系数的实验装置　　图 6-6-2 小球受力示意图

$$\frac{3}{4}\pi r^3 \rho_0 g - \frac{4}{3}\pi r^3 \rho g - 6\pi\eta rv_0 - T = 0 \tag{6-6-2}$$

$$T = m_2 g \tag{6-6-3}$$

ρ_0 是小球的密度,ρ 是液体的密度,m_2 是重物的质量.

由(6-6-2)式、(6-6-3)式可得

$$\eta = \frac{2}{9}\frac{(\rho_0 - \rho)}{v_0}gr^2 - \frac{1}{6}\frac{m_2 g}{\pi r v_0} \tag{6-6-4}$$

由于实验中待测液体一般盛于直径为 D 的玻璃圆筒内,筒内液体的高度为 h,小球沿筒的中心轴线下降,故不能满足斯托克斯无限深广的条件,考虑到器壁的影响,(6-6-4)式变为(张雄等,2001)

$$\eta = \frac{1}{18}\frac{(\rho_0 - \rho)d^2 g}{v_0\left(1+2.4\frac{d}{D}\right)\left(1+3.3\frac{d}{2h}\right)} - \frac{1}{3}\frac{m_2 g}{\pi d v_0\left(1+2.4\frac{d}{D}\right)\left(1+3.3\frac{d}{2h}\right)} \tag{6-6-5}$$

d 是小球的直径;$v_0 = \frac{l}{t}$,l 是达到收尾速度后的一段下落距离;故(6-6-5)式改写为

$$\eta = \frac{1}{18}\frac{(\rho_0 - \rho)d^2 gt}{l\left(1+2.4\frac{d}{D}\right)\left(1+3.3\frac{d}{2h}\right)} - \frac{1}{3}\frac{m_2 gt}{\pi d l\left(1+2.4\frac{d}{D}\right)\left(1+3.3\frac{d}{2h}\right)} \tag{6-6-6}$$

【实验方法】

在量筒上标记出长为 l 的一段,即 a、b 段,在此段距离内小球所受外力均为 0,即 $G - F - f - T = 0$,当小球落至 a 点时光电门开始计时,落至 b 点时光电门计时为 t.

通过改变小球与重物的大小,以及 a、b 的位置,重复几次实验,求出 η 的平均值,即是待测定液体的黏滞系数.

【实验结果示例】

测定水的黏滞系数的数据如表 6-6-1 所.

表 6-6-1 测定水的黏滞系数的数据

水密度 $\rho = 0.992\,\text{g/cm}^3$			小球物质名称		小球密度 $\rho_0 = 7.8\,\text{g/cm}^3$	
$l = 8\,\text{cm}$ $h = 100\,\text{cm}$			$D = 15.23\,\text{cm}$		$A = \frac{g(\rho_0 - \rho)}{18l} = 0.463$	
次数	温度/℃	d/cm	t/s	m_2/g	$\left(1+2.4\frac{d}{D}\right)\left(1+3.3\frac{d}{2h}\right)$	η/P
1	20	0.300	66.6	0.06	1.052	0.991
2	21	0.301	64.9	0.06	1.053	0.988
3	20	0.400	68.0	0.18	1.070	0.989
4	22	0.402	63.6	0.18	1.070	0.986
5	20	0.402	63.9	0.18	1.070	0.991
结果				$\bar{\eta} = 0.989$		

注:$1\text{P} = 10^{-1}\text{Pa}\cdot\text{s}$.

【参考文献】

马良渝, 文静林. 1992. 磁盘操作系统(DOS)与汉字文字编辑[M]. 北京: 电子工业出版社.
王家祥, 张义熙, 田文杰. 1991. 物理实验[M]. 昆明: 云南大学出版社, 1(2): 113-115.
张雄, 王智力, 马力, 等. 2001. 物理实验设计与研究[M]. 北京: 科学出版社: 181-185.

(张皓晶编)

6.7 用细玻璃管测液体表面张力系数

【实验目的】

(1) 学习拉普拉斯(Laplace)公式, 用细玻璃管测定液体表面张力系数;
(2) 设计简单可靠的实验装置, 分析讨论实验结果的误差.

【实验原理】

测量液体表面张力系数的实验有很多种, 现行的实验教材和参考书中, 有拉脱法、毛细管升高法等(亚当森, 1994; 杨述武等, 2007), 在这些实验中都涉及精密仪器的使用或没有实验仪器等问题, 本实验介绍一种测液体表面张力系数的实验方法, 实验装置比较简单, 仅使用一根细玻璃管和物理天平, 在一般中学里都可以做. 并且实验易于操作, 实验结果有一定的精度, 教学效果较好, 可以推广使用.

如图 6-7-1 所示, 在直径为 d 的细玻璃管中注入水, 一部分在管的下端形成一凸面, 其形状可以认为是球面的一部分, 半径为 R, 水柱高为 h.

设 A 点的压强为 p_A, 大气压强为 p_0, 液体表面张力系数为 α, 由拉普拉斯公式得

$$p_A - p_0 = \frac{2\alpha}{R}$$

$$p_A = p_0 + \frac{2\alpha}{R}$$

设 B 点的压强为 p_B, 大气压强为 p_0, 由拉普拉斯公式得

$$p_B - p_0 = -\frac{2\alpha}{r}$$

$$p_B = p_0 - \frac{2\alpha}{r}$$

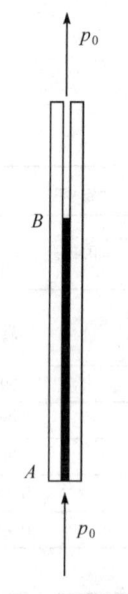

图 6-7-1 实验原理图

毛细管内凹形水面可以近似看成半径为 r 的半球面. 由流体静力学的基本原理得

$$p_A - p_B = \rho g h = 2\alpha \left(\frac{1}{R} + \frac{1}{r} \right)$$

当 $R \gg r$ 时

$$\rho g h = \frac{2\alpha}{r}$$

$$\alpha = \frac{1}{2} \rho g h r$$

用同一细玻璃管测量不同温度下水的表面张力系数时有

$$\alpha_1 = \frac{1}{2} \rho_1 g h_1 r \tag{6-7-1}$$

$$\alpha_2 = \frac{1}{2} \rho_2 g h_2 r \tag{6-7-2}$$

则有

$$\frac{\alpha_1}{\alpha_2} = \frac{\rho_1 g h_1 r}{\rho_2 g h_2 r} = \frac{\rho_1 g h_1 r S}{\rho_2 g h_2 r S} = \frac{m_1}{m_2}$$

当 $\rho_1 \approx \rho_2$ 时有

$$\alpha_1 = \frac{m_1}{m_2} \alpha_2 \tag{6-7-3}$$

写成

$$\alpha = \frac{m}{m_0} \alpha_0 \tag{6-7-4}$$

把 α_0 看成已知, 只要测出质量 m_1、m_2, 就可以算出 α.

【实验装置】

细玻璃管、待测液体、标准液体、学生天平、温度计、烧杯、电吹风等组成简易的实验装置.

【实验内容】

(1) 取细玻璃管洗净, 用电吹风把细玻璃管内的水吹干. 取一烧杯洗净, 吹干.

(2) 用天平测出烧杯的质量.

(3) 把细玻璃管垂直插入标准液体中, 然后把细玻璃管取出, 在管中就存有液体, 再把液体放入烧杯中, 重复 10 次(为减小误差, 每次取样时, 细管下端最好放到液体表面即可).

(4) 用学生天平称出液体的质量, 填入表中(重复上述实验 10 次).

(5) 用温度计测出此时液体的温度.

(6) 用同样的方法测出取样 10 次待测液体的质量，填入表中．

【实验结果示例】

根据上述方法，得到如下结果示例(见表 6-7-1)．

表 6-7-1　液体表面张力系数测量数据

测量次数	蒸馏水在 t=14.0℃			自来水在 t=17.0℃			自来水在 t=50.0℃			加少量肥皂的水在 t=17.0℃		
	$m_{杯}$/g	$m_{杯+水}$/g	$m_{水}$/g	$m_{杯}$/g	$m_{杯+水}$/g	$m_{水}$/g	$m_{杯}$/g	$m_{杯+水}$/g	$m_{水}$/g	$m_{杯}$/g	$m_{杯+水}$/g	$m_{水}$/g
1	52.75	53.62	0.87	52.75	53.60	0.85	52.75	53.46	0.71	52.75	53.15	0.40
2	52.75	53.55	0.80	52.75	53.50	0.75	52.75	53.45	0.70	52.75	53.25	0.50
3	52.76	53.62	0.86	52.76	53.60	0.84	52.76	53.48	0.72	52.76	53.24	0.48
4	52.75	53.50	0.75	52.76	53.62	0.86	52.76	53.55	0.79	52.76	53.25	0.49
5	52.75	53.60	0.85	52.76	53.55	0.79	52.75	53.50	0.75	52.76	53.25	0.49
6	52.75	53.60	0.85	52.75	53.56	0.81	52.75	53.50	0.75	52.75	53.18	0.43
7	52.75	53.60	0.85	52.75	53.54	0.79	52.75	53.46	0.71	52.75	53.20	0.45
8	52.76	53.62	0.86	52.76	53.58	0.82	52.76	53.55	0.79	52.75	53.20	0.45
9	52.75	53.64	0.89	52.75	53.56	0.81	52.75	53.55	0.80	52.75	53.18	0.43
10	52.76	53.51	0.75	52.75	53.55	0.80	52.75	53.50	0.75	52.76	53.24	0.48

(1) 质量测量值和误差．

用算术平均法处理数据．

平均值为

$$\bar{m} = \frac{1}{n}\sum_{i=1}^{n} m_i$$

标准偏差为

$$\delta_m = \sqrt{\frac{\sum_{i=1}^{n}(m_i - \bar{m})^2}{n(n-1)}}$$

测量结果表示为

$$m = \bar{m} \pm \delta_m$$

用此种方法可以算出作为标准液体蒸馏水和待测液体自来水平均取样的质量和标准偏差(张雄等, 2001)．

(2) 表面张力系数的测量值和误差．

函数关系式为

$$N = f(x, y, z)$$

x、y、z 测量结果分别为

$$x = \bar{x} \pm \delta_{\bar{x}}$$
$$y = \bar{y} \pm \delta_{\bar{y}}$$
$$z = \bar{z} \pm \delta_{\bar{z}}$$

则
$$\bar{N} = f(\bar{x}, \bar{y}, \bar{z})$$

由误差传递公式得(张雄等，2001)

$$\delta_{\bar{N}} = \sqrt{\left(\frac{\partial f}{\partial x}\right)^2 \delta_{\bar{x}}^2 + \left(\frac{\partial f}{\partial y}\right)^2 \delta_{\bar{y}}^2 + \left(\frac{\partial f}{\partial z}\right)^2 \delta_{\bar{z}}^2}$$

N 的测量结果表示为

$$N = f(\bar{x}, \bar{y}, \bar{z}) \pm \delta_{\bar{N}}$$

把 $t = 10.0℃$ 的蒸馏水看成标准液体，查附表 F-11 得水的表面张力系数为 $\alpha = 74.22 \times 10^{-3}$ N/m，根据(6-7-4)式，数据处理得水在 $t = 17.0℃$ 时的表面张力系数为

$$\alpha = \bar{\alpha} \pm \delta_\alpha = (72.22 \pm 0.04) \times 10^{-3} \, (\text{N/m})$$

水在 $t = 50.0℃$ 时的表面张力系数为

$$\alpha = \bar{\alpha} \pm \delta_\alpha = (66.07 \pm 0.07) \times 10^{-3} \, (\text{N/m})$$

加入少量肥皂的水在 $t = 14.0℃$ 时的表面张力系数为

$$\alpha = \bar{\alpha} \pm \delta_\alpha = (40.52 \pm 0.05) \times 10^{-3} \, (\text{N/m})$$

查表(印永嘉，1988)得水在 $t = 17.0℃$ 时的表面张力系数为 $\alpha = 73.15 \times 10^{-3} \, (\text{N/m})$，水在 $t = 50.0℃$ 时的表面张力系数为 $\alpha = 67.91 \times 10^{-3} \, (\text{N/m})$. 从以上数据中可以看出温度升高表面张力系数减小，微量杂质能显著改变液体的表面张力系数，例如，在水中溶有少量肥皂就会使表面张力系数大为减小.

由实验结果可以看出实验值比较接近标准值，说明在测量精度要求不是很高的情况下，此种方法是可行的. 并且实验装置比较简单，演示过程清晰、直观、生动、易于操作，不受条件的限制，在一般的学校都可以进行，也可以为在中学开展探究课提供参考.

【参考文献】

李传文, 洪洋. 1998. 用毛细管测量表面张力系数中管内径 d 引起的误差[J]. 大学物理学, 17(1): 27-28.
梁绍荣. 2003. 普通物理学[M]. 北京: 高等教育出版社.
闵爱琳, 董长璎, 严俊, 等. 1999. 表面张力与温度关系的探讨[J]. 大学物理实验, (2): 22-23.

万舜娣. 2000. 普通物理实验[M]. 南京: 南京大学出版社.
亚当森 A W. 1994. 表面的物理化学[M]. 北京: 科学出版社.
杨述武, 赵立竹, 沈国土. 2007. 普通物理实验 1.力学、热学部分[M]. 4 版. 北京: 高等教育出版社.
印永嘉. 1988. 物理化学简明手册[M]. 北京: 高等教育出版社.
张雄, 王黎智, 马力, 等. 2001. 物理实验设计与研究[M]. 北京: 科学出版社.
朱曙华, 沈抗存, 罗文华. 2004. 液体表面张力的研究[J]. 湖南理工学院学报(自然科学版), 17(1): 34-35.
Reese R L. 2000. University Physics[M]. 北京: 机械工业出版社.

(张皓晶　刘有菊编)

6.8　用电磁打点计时器测定电容量

【实验仪器用具】

定值电阻 R_1、R_3，滑动电阻器 R_2，电压表 V，毫安表 mA，开关，待测电容器 C，J0203 型打点计时器.

【测量原理和方法提示】

本实验设计的目的在于提供一种新的用电磁打点计时器测定电容量的方法，解决现有电容量测定实验的设备昂贵或者测量精确度不高的问题. 电磁打点计时器测定电容量的方法如图 6-8-1 所示，定值电阻 R_1 与滑动变阻器串联在直流电源上，滑动变阻器的滑片上串联上 J0203 型打点计时器和定值电阻 R_3 及电流表，且并连上电压表. 本实验装置提供了一种简单的、精度较高的、测量覆盖面较宽的电容量测定的方法.

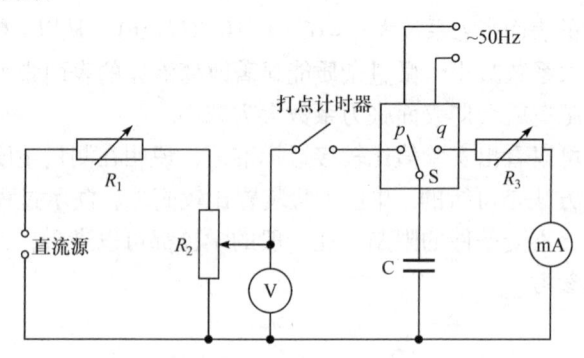

图 6-8-1　用电磁打点计时器测定电容量实验装置

在实验中 U、I 分别由电压表和电流表测出，f 为 50Hz，电容量由式

$I = fCU$ 算出，改变充电电压值，可得到不同的放电电流 I. 由式 $I = fCU$ 用作图法处理数据，从直线 $I = fCU$ 的斜率 $k = fC$ 求出 C. 也可用一元线性回归法处理数据.

【实验结果示例】

实验装置如图 6-8-1 所示. 取一个打点计时器(J0203 型)，用铜弹片自制一个触点 p，安装于 q 点的对称位置上. 当打点计时器接通时，弹片 S 迅速地在 p、q 两点间振动，交替与 p、q 点接触，给电容器迅速充电、放电. 若充电电压为 U，电容量为 C，则每次充放电之间的电量为 CU(假定电容器是完全放电的). 若打点计时器所用的交流电频率为 f，则每次电容器的充放电次数亦为 f，放电电流为

$$I = fCU \tag{6-8-1}$$

在实验中 U、I 分别由电压表和电流表测出，f 为 50Hz，电量由(6-8-1)式算出，改变充电电压值，可得到不同的放电电流 I. 由(6-8-1)式用作图法处理数据，从直线 $I = fCU$ 的斜率 $k = fC$ 求出 C. 也可用一元线性回归法处理数据.

在实验中测量了大、小容量的电容器各一个，结果如表 6-8-1 和表 6-8-2 所示.

表 6-8-1 小电容的测量数据

U/V	15.0	16.0	17.5	20.0	21.0	22.5	23.0	24.0	25.0	29.9
$I/\mu A$	0.36	0.38	0.40	0.48	0.50	0.52	0.54	0.56	0.60	0.70

由以上数据作图，从图中得直线斜率

$$k = \frac{I_2 - I_1}{U_2 - U_1} = \frac{0.66 - 0.43}{28.2 - 18.4} = 0.023$$

由 $k = fC$ 得

$$C = \frac{k}{f} = \frac{0.024}{50} = 48 \times 10(\text{pF})$$

$$C = \frac{k}{f} = \frac{1}{f}\left(\frac{I_2 - I_1}{U_2 - U_1}\right) = \frac{1}{50} \times \left(\frac{68.0 - 13.0}{11.0 - 2.0}\right) = 0.12(\mu F)$$

表 6-8-2 大电容的测量数据

U/V	5.0	6.0	7.0	8.0	9.0	10	14	15	16	17
$I/\mu A$	28.0	35.0	45.0	50.0	55.0	58.0	85.0	95.0	100	110

为了估计这种方法的准确性，我们选用上海交流仪器厂的"QS18A 型万能电桥"，对上述两个电容进行测量，若以电桥的测量结果为标准值，用这里介绍的方法测量这两个电容所得结果的相对误差都不超过 2%.

结果表明，首先，这种方法精度较高，测量覆盖面较宽，能准确地测出120～470μF的电容量．其次，在处理数据时除用作图法外，当然也可用回归法进行数据处理．最后，这套装置在一般的课外活动中学生都能组装，不但操作简单，而且启发性强，可以用于物理实验教学．

【实验设计要求】

(1) 简述实验原理、实验操作步骤；

(2) 设计测量电路，绘制电路图；

(3) 正确连接测量电路，测得的小电容电容量的值与交流电桥的测量结果进行比较，计算相对误差；

(4) 计算测量的小电容电容量的值的不确定度；

(5) 写出正确实验结果的表达式；

(6) 选取合适的条件，分别测量电容值150μF和300μF；

(7) 写出设计报告，讨论读数误差；

(8) 本实验设计是提供了一种简单的、精度较高的、测量覆盖面较宽的电容量测定的方法．讨论这种方法的局限性．

【参考文献】

泰勒 F.1990. 物理实验手册[M]. 张雄，伊继东，译. 昆明：云南科技出版社.
吴永汉，田文杰. 1995. 普通物理实验(电磁学、光学)[M]. 昆明：云南大学出版社.
张雄，王黎智，马力，等. 2001. 物理实验设计与研究[M]. 北京：科学出版社.
张雄，等. 1996. 初中物理实验教学法[M]. 昆明：云南教育出版社.

(张皓晶编)

6.9 气体介电常量 ε 的测量

【实验设计思想】

介电常量 ε 的物理意义是表示电作用力在这种介质中比真空中小到原来的 ε 分之一，按照介电常量的定义，介电常量也是电容器充以这种电介质的电容值与同一电容器放在真空时电容值的比值．它是物理学中较重要的物理常量之一，不仅在电磁学中有着重要的作用，而且在工程技术中也常用来表明各种电介质的电性质．目前国内关于介电常量的测量在许多文献也都有介绍(泰勒，1990；王良才等，1982；王良才等，1988)，但其测量方法仅限于固体、液体，至今关于气体介电常量测量方法的介绍还很少．气体介电常量 ε 的测量在理工科大学的教材中都要讨论，但相应的实验较少，并且实验教学效果不佳. 这里提出了一种对气体介电常量 ε 进行测量的实验方法，并对其测量原理进行讨论，该方法实验装置简单，可以作为学生的开放型课外实验，测量结果有一定精度，实验教学效果较好. 给出测量结果，并作了误差分析，通过这个实验，可使学生掌握气体介电常量的测量原理和方法.

【实验装置及原理】

实验装置如图 6-9-1 所示，以测定共振频率的装置为基础. 在装置中，电容器置于真空玻璃罩下，考虑到与电容器并联的附加电容，总电容值为 1039pF，这样在正反馈电路中就可以产生振荡. 示波器可用作放大器，同时也为电路提供一个稳定的输出电压. 示波器的一电压输出口，其输出电压通过一个 $50 \times 10^3 \Omega$ 的可变电阻后传输至振荡电路和数字频率计. 在这种连接条件下，频率为 $272.8 \times 10^3 \mathrm{Hz}$，打开示波器 2h 后，频率偏移变化要小于 $1 \times 10^3 \mathrm{Hz/min}$. 示波器的另一接口用于观测电压输出端的电压.

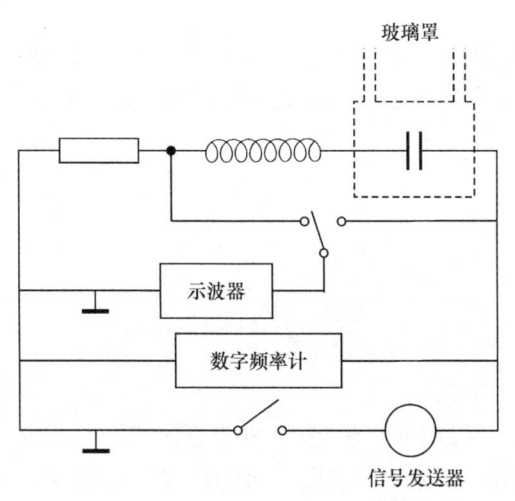

图 6-9-1 介电常量测定装置

本实验使用了两种气体：N_2 和 CO_2，用抽气泵将真空玻璃罩下的空气抽出，抽至最低气压 1mmHg 时，缓缓充入气体，氮气可以从瓶中的液态氮中得到，其压强用一气压计测出 (范围为 0~760mmHg，最小刻度为 5mmHg). 取 0mmHg、50mmHg、100mmHg ……压强时，测出频率，一直取至大气压强，测得数据后，用作图法或线性回归法对数据进行处理.

振荡电路的振荡频率为

$$f = \frac{1}{2\pi\sqrt{LC}} \quad \text{或} \quad f^2 = \frac{K^2}{C} \quad \left(K^2 = \frac{1}{4\pi^2 L}\right) \tag{6-9-1}$$

L 一定，频率 f 随电容 C 的变化而变化，暂不考虑测量系统的分布电容 C_0.

设 f，C 都是气体压强的函数，(6-9-1)式两边对压强 p 求导，有

$$2f\frac{\mathrm{d}f}{\mathrm{d}p} = -\frac{K^2}{C^2}\frac{\mathrm{d}C}{\mathrm{d}p} \tag{6-9-2}$$

(6-9-2)式除(6-9-1)式得

$$2\frac{\mathrm{d}f}{\mathrm{d}p}\bigg/f = -\frac{\mathrm{d}C}{\mathrm{d}p}\bigg/C \tag{6-9-3}$$

(6-9-3)式可得

$$2\frac{\mathrm{d}f}{f} = -\frac{\mathrm{d}C}{C}$$

即

$$\frac{\Delta C}{C} = 2\frac{|\Delta f|}{f} \tag{6-9-4}$$

根据参考文献(泰勒，1990；王良才等，1982；王良才等，1988；陈鹏万等，1985)，对于充有气体的平板电容器 C，随着充气压强的变化，电容 C 的变化为 ΔC，我们有

$$\frac{\Delta C}{C} = 1 - \frac{1}{\varepsilon}$$

所以

$$\frac{\Delta C}{C} = 2\frac{|\Delta f|}{f} = 1 - \frac{1}{\varepsilon} \tag{6-9-5}$$

式中 ε 是气体的介电常量.

使用测量数据，可绘出 p-f 直线图，获得直线方程 $f = Bp + A$，根据直线的斜率 $B = \mathrm{d}f/\mathrm{d}p$，则有 $\mathrm{d}f = B\mathrm{d}p$，当温度 t 一定时，在一个标准大气压 p 下，测得相应的振荡频率 f，则有 $2\mathrm{d}f/f = 2(B\times \mathrm{d}p)/f = \Delta C/C = 1 - 1/\varepsilon$，$\varepsilon = f/(f - 2B\mathrm{d}p) = f/(f - 2\mathrm{d}f)$. 在本节中，我们选用的 B 由 p-f 直线图或一元线性回归法得出，$\mathrm{d}p$ 取气压计最小刻度值 5mmHg，f 选用气体在标准大气压下测量 10 次，得相应的振荡频率及标准误差，由此得出该气体在标准大气压下的介电常量测量值 ε. 此外，我们也可以用本节中讨论的方法，测得电容变化率 $\Delta C/C$，获得介电常量 ε.

【实验结果示例】

在实验中，我们使用了两种气体：N_2 和 CO_2，温度 $t = 20$℃，为减小测量误差，测量次数应不小 10 次，表 6-9-1 中给出了 15 组 N_2 和 CO_2 的测量数据.

表 6-9-1　实验测量振荡频率数据表　　　　　（单位：$\times 10^3$Hz)

气体	气压/mmHg								
	50	100	150	200	250	300	350	400
N_2	23.1	37.7	53.8	74.6	87.7	103.8	120.0	137.7
CO_2	34.6	60.0	92.3	117.7	142.3	173.1	196.2	226.9

气体	气压/mmHg						
	450	500	550	600	650	700	750
N_2	153.8	164.2	187.7	201.5	216.9	233.8	253.1
CO_2	253.8	283.8	305.4	334.6	363.9	389.2	422.3

由上表的数据作 p-f 曲线，如图 6-9-2 所示，若令 p 为 X，令 f 为 Y，则图 6-9-2 中直线斜率 $B = \mathrm{d}f/\mathrm{d}p$，截距为 A. 从图 6-9-2 中，我们得到

$$B_{N_2} = \frac{f_{N_2}}{p_{N_2}} = 0.327$$

$$B_{CO_2} = \frac{f_{CO_2}}{p_{CO_2}} = 0.545$$

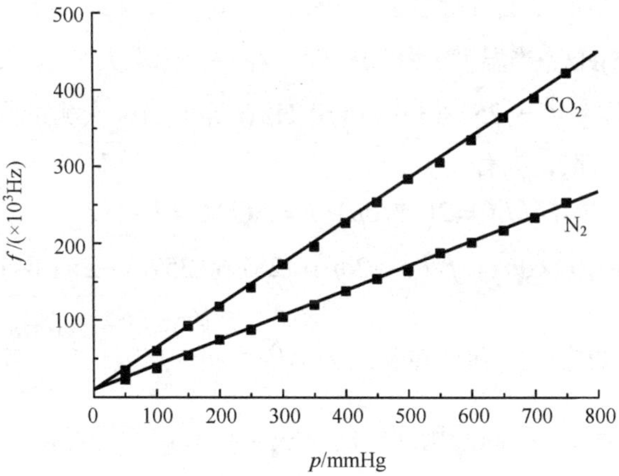

图 6-9-2　振荡频率与气压关系图

为了便于讨论误差，用一元线性回归法处理表 6-9-1 中的数据(龚镇雄，1985). 得如下结果.

对 N_2

$$B_{N_2} = 0.328, \quad \sigma_{B_{N_2}} = 1.68 \times 10^{-3}$$

$$A_{N_2} = 6.264, \quad \sigma_{A_{N_2}} = 0.768$$

相关系数
$$r = 0.99980731$$

经验公式
$$f = (328.0 \pm 1.7) \times 10^{-3} p + (6.3 \pm 0.8)$$

对 CO_2

$$B_{CO_2} = 0.549, \quad \delta_{CO_2} = 0.00268$$

$$A_{CO_2} = 6.953, \quad \delta_{CO_2} = 1.219$$

相关系数
$$r = 0.99984480$$

经验公式
$$f = (549.0 \pm 2.7) \times 10^{-3} p + (7.0 \pm 1.2)$$

我们使用上述的测量数据及应用一元线性回归法计算的结果，对于 N_2，可获得直线方程的斜率 $B_{N_2} = df/dp = (328.0 \pm 1.7)\text{Hz/mmHg}$，$dp$ 取气压计最小刻度值 5mmHg（在本实验中视为常数），则有 $df = B \times dp = 328.0 \times 5 = 1640(\text{Hz/mmHg})$，根据误差传递公式（宓子宏和徐在新，1983），$\delta_{df} = dp\delta_{B_{N_2}} = 5 \times 1.7 = 8.5(\text{Hz})$，即 $df = (1640.0 \pm 8.5)\text{Hz}$。当温度 t 为 20℃ 时，在一个标准大气压下，我们重复 10 次测得相应的振荡频率 $f = (257.6 \pm 0.8) \times 10^3 \text{Hz}$（$f$ 重复 10 次测量取平均值及标准误差值的计算过程省略），则有

$$2df/f = 2(B \times dp)/f = \Delta C/C = 1 - 1/\varepsilon_{N_2}$$

$$\varepsilon_{N_2} = f/(f - 2B \times dp) = f/(f - 2df) = 257.6/(257.6 - 2 \times 1.64) \approx 1.012897$$

根据误差传递公式（宓子宏和徐在新，1983）$\delta_\varepsilon = \sqrt{\left(\dfrac{\partial \varepsilon}{\partial f}\delta_f\right)^2 + \left(\dfrac{\partial \varepsilon}{\partial df}\delta_{df}\right)^2} = 0.0012$，

$\varepsilon_{N_2} = 1.0129 \pm 0.0012$。我们选用同样的方法对 CO_2 进行计算得 $df = B \times dp = 549.0 \times 5 = 2745(\text{Hz/mmHg})$，$\delta_{df} = dp\delta_{B_{CO_2}} = 5 \times 2.7 = 13.5(\text{Hz})$ 即 $df = (2745 \pm 14)\text{Hz}$。重复 10 次测得相应的振荡频率 $f = (430.3 \pm 0.9) \times 10^3 \text{Hz}$，$CO_2$ 的介电常量为 $\varepsilon_{CO_2} = f/(f - 2B \times dp) = f/(f - 2df) = 430.3/(430.3 - 2 \times 2.7) \approx 1.0127$；根据误差

传递公式 $\delta_\varepsilon = \sqrt{\left(\dfrac{\partial \varepsilon}{\partial f}\delta_f\right)^2 + \left(\dfrac{\partial \varepsilon}{\partial \mathrm{d}f}\delta_{\mathrm{d}f}\right)^2} = 0.0014$，$\varepsilon_{CO_2} = 1.0127 \pm 0.0014$. 温度为 20℃、标准大气压强下，$N_2$ 和 CO_2 的介电常量公认值(宓子宏和徐在新，1983)分别为 1.00097 和 1.00061. 而我们的测量值分别为 $\varepsilon_{N_2} = 1.013 \pm 0.001$ 和 $\varepsilon_{CO_2} = 1.013 \pm 0.001$，与公认值的相对偏差 $E_{N_2} = (1.013 - 1.00097)/1.00097 = 1.2\%$ 和 $E_{CO_2} = (1.013 - 1.00061)/1.00061 = 1.2\%$，作为教学实验，我们认为能够满足要求.

【分析讨论】

根据(6-9-5)式我们有

$$\frac{\Delta C}{C} = 1 - \frac{1}{\varepsilon}$$

所以

$$\frac{\Delta C}{C} = \frac{2|\Delta f|}{f} = 1 - \frac{1}{\varepsilon}$$

得

$$\left(1 - \frac{1}{\varepsilon}\right)^2 = \frac{\Delta C}{C}\frac{2|\Delta f|}{f} \tag{6-9-6}$$

实验中应该考虑到，在实验装置中间存在分布电容，这部分电容是由线圈、导线以及放大器的输入电容构成的. 分布电容 C_0 与主电容 C 并联，由于 C 远大于 C_0，如果将分布电容 C_0 作近似处理，认为是 $\Delta C = (C_0 + C) - C$，这里可用三种方法求比值 $\Delta C/C$.

(1) 主电容 C 可事先用一个交流电桥测定，总电容即可根据共振频率及 L 的值求得.

(2) 当一个已知电容和一个闭合电路并联时共振频率便下降，比较这两频率即可求出 ΔC 的值.

(3) 用与不用主电容所测得的共振频率的比值就表明了 $\Delta C/C$ 的值.

以上三种方法得出的结论都很接近，真空罩内空气的抽空程度并不影响测量结果，因为里面原有空气引起的电容变化还不到 0.1%.

【参考文献】

陈鹏万, 杨楚良, 刘克哲, 等. 1985. 大学物理学手册[M]. 济南: 山东科学技术出版社: 200-201.
龚镇雄. 1985. 普通物理实验中的数据处理[M]. 西安: 西北电讯工程出版社: 130-136.
宓子宏, 徐在新. 1983. 物理学词典: 电磁学分册[M]. 北京: 科学出版社.
泰勒 F. 1990. 物理实验手册[M]. 张雄, 伊继东, 译. 昆明: 云南科技出版社: 152-158.

王良才, 陈翠贞, 许兴良, 等. 1982. 电介质介电系数 ε_γ 的测量[J]. 物理实验, 2(3): 113-118.
王良才, 陈翠贞, 张毓麟. 1988. 介电系数的测量[J]. 物理实验, 8(3): 110-111.

(张皓晶编)

6.10 凹透镜折射率测定的实验研究

【实验设计思想】

两个共轴折射曲面构成的光学系统称为透镜，透镜的两曲面在光轴上的间隔称为透镜的厚度，若此透镜的厚度同透镜的焦距相比不能忽略，则称为厚透镜，可忽略者称为薄透镜. 光学仪器常用的透镜，一般都是薄透镜. 薄透镜的焦距和折射率是表征透镜性质的两个重要物理量，在使用透镜时都必须知道其焦距和折射率的大小，因此必须学会测量各种薄透镜焦距和折射率的方法及技能. 由于透镜的种类繁多，折射率有大有小，且测量折射率准确度的要求不一样. 本实验介绍一种用辅助透镜法测凹透镜折射率的简易方法，所用仪器是光具座、凸透镜、凹透镜、物屏、像屏. 根据透镜成像时的系统矩阵及透镜焦距与曲率半径的关系，可以推导出折射率的计算公式. 给出实验原理和方法，实验结果示例和焦距与折射率的误差分析讨论.

【实验原理和方法】

1. 实验原理

在用平面法测量凹透镜焦距的实验中，即使不用平面镜也可以在物方空间得到一个实像，该像时常造成实验中测量焦距的错误，分析该像的成像因素能避免测量的误差，并能测出透镜的折射率.

从物体发出的光线到达透镜右表面，其中有部分光线被反射回透镜，这些光线到达透镜左表面时，其中有部分光线在左表面发生折射返回物方空间而成像. 设物距为 u、像距为 v、透镜折射率为 n、空气折射率为1、透镜焦距为 f，双凹透镜两表面对称，则前后表面的曲率半径为 r，于是像回到物的系统矩阵为(竺庆春、陈时胜, 1991)

$$M = \begin{bmatrix} 0 & -v \\ 1 & 1 \end{bmatrix} \begin{bmatrix} 1 & 0 \\ -p & 1 \end{bmatrix} \begin{bmatrix} 0 & u \\ 1 & 1 \end{bmatrix} = \begin{bmatrix} 0 & -v \\ 1 & 1 \end{bmatrix} \begin{bmatrix} 1 & u \\ -p & 1-pu \end{bmatrix}$$

$$= \begin{bmatrix} 1+pv & u-v+puv \\ -p & 1-pu \end{bmatrix}$$

为了保持物-像关系，右上角元素 $(u-v+puv)$ 必须为零，即

$$u - v + puv = 0 \tag{6-10-1}$$

用 uv 除(6-10-1)式,并重新整理得透镜成像的高斯公式为

$$\frac{1}{u} - \frac{1}{v} = p = \frac{1}{f} \tag{6-10-2}$$

所以凹透镜焦距的计算公式为

$$f = \frac{u \times v}{v - u} \tag{6-10-3}$$

对于薄透镜,其焦距与曲率半径有以下关系:

$$\frac{1}{f} = (n-1)\left(\frac{1}{r_1} - \frac{1}{r_2}\right)$$

而 $r_2 = -r_1 = -r$,于是有

$$r = 2f(n-1) \tag{6-10-4}$$

把(6-10-3)式代入(6-10-4)式,得凹透镜的折射率

$$n = \frac{r(v-u)}{2uv} + 1 \tag{6-10-5}$$

从(6-10-5)式可知,实验中测出凸透镜的像距的大小 v、物距的大小 u 和该透镜的曲率半径 r,即可得到该透镜的折射率 n. (张雄等,2001)

2. 实验方法

用测量范围为 150cm,分度值为 1mm 的米尺作为测量工具,将其固定在光具座上,用波长为 5461Å 的激光为光源,自制物屏进行实验,其实验装置如图 6-10-1 所示.

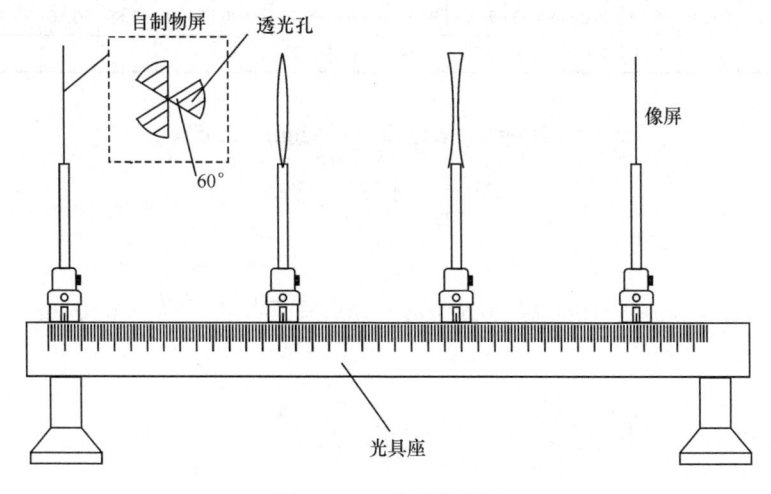

图 6-10-1 实验装置图

实验时先用辅助凸透镜 L 把物体 S 成像在 P 处(记为 x_1)的像屏上，然后将待测凹透镜 F 置于 L 与 P 之间的适当位置 x_2 处，并将像屏从 x_1 移到某一位置 x_3 时，可在像屏上重新得到清晰的像 G，所以 PF 为物距 u，FG 为像距 v，如图 6-10-2 所示，综上所述，即由位置 x_1 和 x_3 对应成像可测得

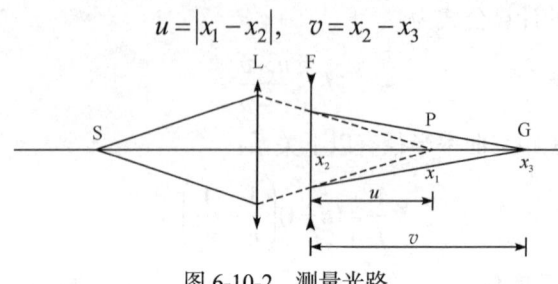

$$u = |x_1 - x_2|, \quad v = x_2 - x_3$$

图 6-10-2　测量光路

设待测凹透镜的两个待测曲面是对称和相等的，曲率半径 r 相等. 将面对光源的凹透镜曲面视为一个反射面. 自光源到凹透镜(凹面的顶点)的距离就是该凹面的曲率半径 r.

【实验结果示例与误差分析】

1. 实验结果示例

由于是用辅助透镜法测定凹透镜的焦距，凸透镜的位置不变，因此 x_1 是一次测量值，测得 $x_1 = 84.50 \text{cm}$，其余的实验数据列入表 6-10-1 中.

表 6-10-1　实验数据(室温 $t = 20℃$，入射光波长 $\lambda = 5461$ Å)

x_2/cm	73.90	73.95	74.11	74.15	74.18	74.50	74.50	74.89	74.95	75.10	75.25	75.40	75.45	75.49	75.68
x_3/cm	95.65	95.50	95.19	95.06	94.92	94.92	94.80	94.63	99.45	94.20	94.01	93.89	93.60	93.55	93.30
r/cm	7.56	7.89	7.85	7.72	7.60	7.77	7.89	7.85	7.80	7.76					

$$x_1 = 84.50 \text{cm}, \quad \delta x_1 \frac{\Delta}{\sqrt{3}} = \frac{1}{\sqrt{3}} \text{mm} = 0.058 \text{cm}$$

$$\bar{x}_2 = \frac{1}{n}\sum_{i=1}^{15} x_{2i}$$

$$x_2 = \bar{x}_2 \pm \delta x = (74.77 \pm 0.62)\text{cm}, \quad \delta x_2 = \sqrt{\frac{\varepsilon(x_{2i} - \bar{x}_2)^2}{n(n-1)}} = 0.62 \text{cm}$$

$$\bar{x}_2 = \frac{1}{n}\sum_{i=1}^{15} x_{3i}, \quad \delta x_3 = \sqrt{\frac{\varepsilon(x_{3i} - \bar{x}_3)^2}{n(n-1)}} = 0.72 \text{cm}$$

$$x_3 = \overline{x}_3 \pm \delta x_3 = (94.50 \pm 0.72)\text{cm}$$

$$\overline{r} = \frac{1}{n}\sum_{i=1}^{10} r_i = 7.76\text{cm}, \qquad \delta r = \sqrt{\frac{\varepsilon(r_2 - \overline{r})^2}{n(n-1)}} = 0.12\text{cm}$$

$$r = \overline{r} \pm \delta r = (7.76 \pm 0.12)\text{cm},$$

$$f = \frac{|x_1 - x_2||x_2 - x_3|}{x_1 - x_2 - x_2 + x_3} = 6.5164\text{cm}$$

$$n = \frac{r}{2f} + 1 = 1.5953$$

2. 误差分析讨论

在现行的普通物理实验中，对测量的物理量的误差分析是非常重的，下面将对本实验中所测得的凹透镜的焦距 f 和折射率 n 进行误差分析讨论.

(1) 辅助透镜法测定凹透镜焦距时，光路图如图 6-10-2 所示，有

$$f = \frac{uv}{v-u} = \frac{|x_1 - x_2||x_2 - x_3|}{x_1 - 2x_2 + x_3}$$

实验时取 x_1 位置为一次测量，则 $\delta x_1 \frac{\Delta}{\sqrt{3}} = \frac{1\text{mm}}{\sqrt{3}} = 0.058\text{cm}$，$x_2$、$x_3$ 为多次测量有

$$\overline{x}_2 = \frac{1}{n}\sum_{i=1}^{15} x_{2i} = 74.77\text{cm}, \qquad \delta x_2 = \sqrt{\frac{\sum_{i=1}^{n}(x_{2i} - \overline{x}_2)^2}{n(n-1)}} = 0.62\text{cm}$$

$$\overline{x}_3 = \frac{1}{n}\sum_{i=1}^{15} x_{3i} = 94.50\text{cm}, \qquad \delta x_3 = \sqrt{\frac{\sum_{i=1}^{n}(x_{3i} - \overline{x}_3)^2}{n(n-1)}} = 0.72\text{cm}$$

$$\overline{f} = \frac{uv}{v-u} = \frac{|x_1 - x_2||x_2 - x_3|}{x_1 - 2x_2 + x_3} = 6.52\text{cm}$$

$$\delta f = \left[\left(\frac{\partial f}{\partial x_1}\delta x_1\right)^2 + \left(\frac{\partial f}{\partial x_2}\delta x_2\right)^2 + \left(\frac{\partial f}{\partial x_3}\delta x_3\right)^2\right]^{1/2}$$

$$= \frac{1}{(x_1 - 2x_2 + x_3)^2}\{(x_3 - x_2)^4 \delta x_1 + [2x_2(x_1 + x_3 - x_2) - (x_1^2 + x_3^2)^2 \delta x_2^2]$$

$$+ (x_3 - x_2)^4 \delta x_3^2\}^{1/2}$$

$$= 0.35\text{cm}$$

即

$$f = \bar{f} \pm \delta f = (6.52 \pm 0.35)\text{cm}$$

这种方法有利于巩固和加深对已学过的误差传递公式的理解.

(2) 应用一元线性回归方法处理数据.

在辅助透镜法中有 $\dfrac{1}{u} - \dfrac{1}{v} = \dfrac{1}{f}$ 作线性变换，令 $y = \dfrac{1}{u}, x\dfrac{1}{v}\text{Ae} = \dfrac{1}{f}$，则有

$$y = \text{Be}x + \text{Ae} \tag{6-10-6}$$

由最小二乘法原理，要使 Ae、Be 满足(6-10-6)式，并且为最佳值，则需 $\sum_{i=1}^{n} \varepsilon_i^2 = \sum_{i=1}^{n}(y_i - \text{Ae} - \text{Be}x_i)^2$ 最小，对 Ae、Be 求偏微商

$$\dfrac{\partial}{\partial \text{Ae}}\left(\sum_{i=1}^{n} \varepsilon_i^2\right) = -2\sum_{i=1}^{n}(y_i - \text{Ae} - \text{Be}x_i) = 0$$

$$\dfrac{\partial}{\partial \text{Be}}\left(\sum_{i=1}^{n} \varepsilon_i^2\right) = -2\sum_{i=1}^{n}(y_i - \text{Ae} - \text{Be}x_i)x_i = 0 \tag{6-10-7}$$

$$\dfrac{\partial^2}{\partial \text{Ae}^2}\left(\sum_{i=1}^{n} \varepsilon_i^2\right) > 0, \quad \dfrac{\partial^2}{\partial \text{Be}^2}\left(\sum_{i=1}^{n} \varepsilon_i^2\right) > 0$$

整理(6-10-7)式得

$$\text{Be} = \dfrac{\overline{x}\,\overline{y} - \overline{xy}}{\overline{x}^2 - \overline{x^2}} = \dfrac{L_{xy}}{L_{xx}}, \quad \text{Ae} = \overline{y} - \text{Be}\overline{x}$$

相关系数为

$$r = \dfrac{L_{xx}}{\sqrt{L_{xy}L_{yy}}}$$

式中

$$L_{xx} = \sum_{i=1}^{n} x_i^2 - \dfrac{1}{n}\left(\sum_{i=1}^{n} x_i\right)^2, \quad L_{yy} = \sum_{i=1}^{n} y_i^2 - \dfrac{1}{n}\left(\sum_{i=1}^{n} y_i\right)^2$$

$$L_{xy} = \sum_{i=1}^{n} x_i y_i - \dfrac{1}{n}\left(\sum_{i=1}^{n} x_i\right)\left(\sum_{i=1}^{n} y_i\right)$$

剩余方差为

$$\delta_s = \sqrt{\dfrac{(1-r^2)L_{yy}}{n(n-1)}}$$

由肖维涅准则判别测量数据有无粗差

$$y_i = (\text{Be}x_i + \text{Ae}) \pm \varpi_r \delta_s$$

得到系数的误差

$$\delta \text{Be} = \frac{\delta_s}{\sqrt{l_{xx}}}, \quad \delta \text{Ae} = \sqrt{x^2 \delta \text{Be}}$$

凹透镜的焦距为

$$\bar{f} = \frac{1}{\text{Ae}} = \frac{1}{\bar{y} - \text{Be}\bar{x}} = \frac{1}{\bar{y} - \dfrac{L_{xy}}{L_{xx}}\bar{x}} = 6.519 \text{cm}$$

$$\delta f = \frac{\delta \text{Ae}}{\text{Ae}^2} = \frac{\sqrt{x^2 \delta \text{Be}}}{\text{Ae}^2} = 0.36 \text{cm}$$

即

$$f = \bar{f} \pm \delta f = (6.519 \pm 0.36) \text{cm}$$

在系统误差较小时,应用这种方法处理数据,能准确估计测量引入的偶然误差.

(3) δ_n 误差分析.

$$\bar{f} = 6.52 \text{cm}, \quad \delta f = 0.35 \text{cm}$$

$$\bar{r} = \frac{1}{n} \sum_{i=1}^{10} r_i = 7.76 \text{cm}, \quad \delta r = \sqrt{\frac{\varepsilon (r_i - \bar{r})^2}{n(n-1)}} = 0.12 \text{cm}$$

$$\bar{n} = \frac{\bar{r}}{2f} + 1 = 1.5953$$

$$\delta n = \left[\left(\frac{\partial n}{\partial R} \delta r \right)^2 + \left(\frac{\partial n}{\partial f} \delta f \right)^2 \right]^{1/2}$$

$$= \frac{1}{2\bar{f}^2} [\delta^2 r + (2r \delta f)^2]^{1/2}$$

$$= 0.03195$$

测量结果

$$n = \bar{n} \pm \delta n = 1.5935 \pm 0.0320$$

从以上数据可以看出,用该实验测量凹透镜的折射率具有一定的精度,并且所用仪器简单,操作方便,与现行的其他方法相比较,该方法更能满足实验教学的要求,该方法从理论上分析了成像的原因及 uv 与 f 的关系,为实验教学中分析测量结果提供依据,在精度要求不太高的情况下,该方法更具有推广价值. 在教学设施不太好的学校也能完成该实验,因为该实验在普通光具座上就能完成.

【参考文献】

杨述武. 2003. 普通物理实验 3. 光学部分[M]. 北京: 高等教育出版社.
姚启钧, 华东师大《光学》教材编写组. 1981. 光学教程[M]. 北京: 高等教育出版社.

张雄，王黎智，马力，等.2001.物理实验设计与研究[M].北京：科学出版社：291-295.
竺庆春，陈时胜.1991.矩阵光学导论[M].上海：上海科学技术文献出版社.

(张皓晶编)

6.11 斜入射的光栅衍射实验研究

【实验设计思想】

　　光栅是一种重要的分光光学元件，广泛应用在单色仪、摄谱仪等光学仪器中(姚启均，2002).利用光栅衍射来测量光波波长或者光栅常量是目前高校实验教学中的必修光学实验课程之一，在目前的实验教材中，常用的方法是正入射法(杨述武等，2007；沈元华、陆申龙，2003)，即要求入射光垂直于光栅.正入射法要求入射光线和光栅平面必须严格垂直，要达到这种状态，操作者必须具备相当高的实验技能，并且稍有不注意就会破坏这种状态，给测量结果带来较大的误差(张贵银、关荣华，2005).而对于斜入射条件下的光栅衍射现象，在现行的大部分教材和物理学著作(张雄等，2001)中只给出了斜入射时的光栅方程，并没有对其衍射现象进行分析研究，在国内外的文献及资料中(李亚玲等，2005，苏亚凤等，2001；王琪琨、张兆钧，1999； Vollmer，2005)，对斜入角条件下光栅衍射现象的分析限于理论上的分析.作为实验教学研究，本节根据文献(Vollmer, 2005)中对斜入射条件下光栅衍射现象的理论推证，用 FGY-01 型分光仪对斜入条件下的光栅衍射现象进行了实验分析和研究，如图 6-11-1 所示，测出了第一级的衍射条纹的衍射角 α、衍射光偏离入射光的角度 φ(下文中称为偏向角) 随入射角 ε 变化的相关数据，给出了 $\varepsilon\text{-}\alpha$、$\varepsilon\text{-}\varphi$

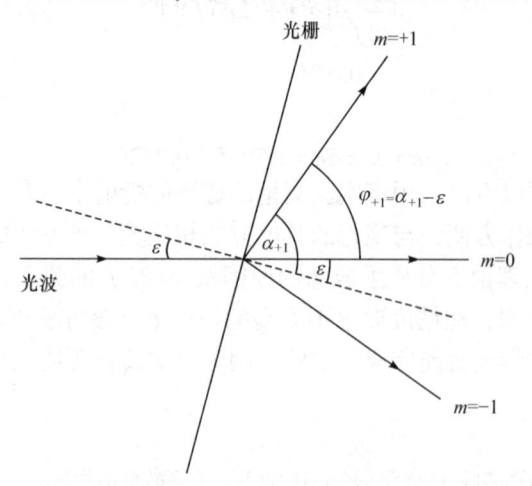

图 6-11-1　斜入射时的光栅衍射示意图(Vollmer, 2005)

的变化关系曲线图，检验了文献(Vollmer, 2005)中的理论结果，将所得实验结果与理论分析结果进行比较，实验结果与理论分析结果符合得较好．

【实验原理】

波长为 λ 的光波垂直入射到光栅平面，对于第一级衍射光而言，光栅方程为

$$g\sin\alpha = \pm\lambda \qquad (6\text{-}11\text{-}1)$$

式中 g 为光栅常量，α 为衍射角．

平行光以入射角 ε 斜入射时，对于第一级衍射光而言，光栅方程为(Vollmer, 2005)

$$g(\sin\alpha_{\pm 1} - \sin\varepsilon) = \pm\lambda \qquad (6\text{-}11\text{-}2)$$

当入射光方向和观察屏的位置固定后，改变入射角 ε，显然对于 $m = +1$ 的衍射光而言，有(Vollmer, 2005)

$$\varphi_{+1} = \alpha_{+1} - \varepsilon \qquad (6\text{-}11\text{-}3)$$

式中的 φ_{+1} 为第一级衍射光偏离入射光的角度．

根据文献(Vollmer, 2005)的论述，随着入射角的变化，对第一级亮条纹而言，所观察到的衍射现象是：当入射角增大一个很小的角 ε_1 时，角 φ_{+1} 将增大 $\delta(+1, \varepsilon_1)$，即 $m = +1$ 级的衍射条纹向上移动，角 φ_{-1} 减小 $\delta(-1, \varepsilon_1)$，$-1$ 级条纹也向上移动．当增大的角为 $\varepsilon_1 + \varepsilon_2$ 时，$+1$ 级衍射条纹继续向上移动，-1 级衍射条纹则向下移动．如图 6-11-2 所示，就是 $+1$ 级衍射条纹向上移动，-1 级的衍射条纹先向上运动，运动到某一个位置会反过来向下运动，-1 级衍射条纹处于这个位置时偏向角 φ_{-1} 最小，此时有一个最大的角 $\delta_{\max}$，在实际操作过程中，如果光栅常量 g 较大，则很难观测到此现象，即 $\delta_{\max}$ 的值很小，而波长 λ 对 $\delta_{\max}$ 的影响很小．实验中，采用不同的 g 和 λ，改变入射角观察衍射现象，并记录下相应的 ε、$\alpha_{\pm 1}$、$\varphi_{\pm 1}$，给出相应的 $\alpha_{\pm 1}$-ε、$\varphi_{\pm 1}$-ε 曲线，如果其现象与文献(Vollmer, 2005)所说的相同，则说明文献(Vollmer, 2005)的论述是正确的．

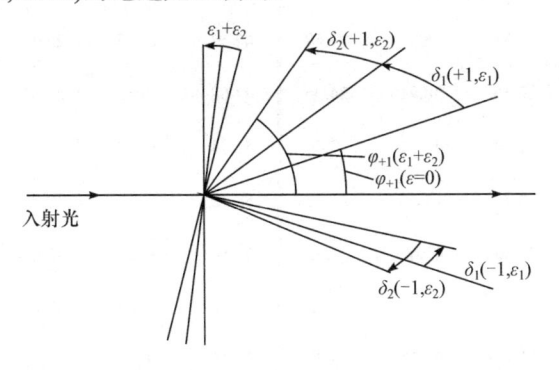

图 6-11-2 光栅转动后的衍射现象(Vollmer, 2005)

【实验测量结果】

实验研究了波长 λ 和光栅常量 g 对 $\alpha_{\pm 1}$-ε、$\varphi_{\pm 1}$-ε 曲线的影响，即对衍射现象的影响，实验结果如下.

如表 6-11-1、表 6-11-2 所示的是在实验室中得到的在不同入射角 ε 下衍射角 $\alpha_{\pm 1}$ 和偏向角 $\varphi_{\pm 1}$ 的数值，图 6-11-3、图 6-11-4 为相应曲线变化图. 从图 6-11-3、图 6-11-4 中可以看出衍射角 $\alpha_{\pm 1}$ 均随着 ε 的增大而增大，而且有一个与 ε 所对应的 α_{-1} 的值为零，将 α_{-1} 称为零界角. 对于偏向角则如前面所述，当入射角有增大时，$m=+1$ 级条纹立即向上移动(远离入射光的方向)且最终消失，$m=-1$ 级条纹也向上移动(向入射光的方向靠近)，随着 ε 的增大，在零界角处，$m=-1$ 级衍射光又回到正入射时的位置，然后向下移动. 从图 6-11-4 中可以看出，对于 $g=3.40\mu m$ 的光栅，衍射光向上移动最大的角度 $\delta_{max}\leqslant 0.10°$，这在实际操作中很难观测到衍射条纹向上移动的情况，这样就会导致一个错误的结论：-1 级的衍射条纹向下移动，+1 级的衍射条纹向上移动. 在图 6-11-3 中，光栅常量 $g=1.60\mu m$，此时 $\delta_{max}\approx 0.50°$，用分光仪能够清楚地观察到-1 级衍射条纹移动的情况，可见，光栅常量 g 对 δ_{max} 的观测影响很大.

表 6-11-1　光栅常量 $g=1.60\mu m$ 和波长 $\lambda=623.44nm$ 时角 $\alpha_{\pm 1}$、$\varphi_{\pm 1}$ 的测量值

$\varepsilon/(°)$	$\alpha_{-1}/(°)$	$\varphi_{-1}/(°)$	$\alpha_{+1}/(°)$	$\varphi_{+1}/(°)$	$\varepsilon/(°)$	$\alpha_{-1}/(°)$	$\varphi_{-1}/(°)$	$\alpha_{+1}/(°)$	$\varphi_{+1}/(°)$
4.31	−18.18	22.49	27.81	23.5	30.15	6.3	23.85	63.38	33.23
6.28	−16.18	22.46	29.83	23.55	33.47	9.43	24.04	70.53	37.06
7.39	−15.12	22.41	31.62	24.23	36.98	12.16	24.82	82.71	45.73
9.47	−13.05	22.52	33.75	24.28	37.59	12.8	24.79	89.02	51.43
11.88	−10.43	22.31	36.37	24.49	42.52	16.75	25.77		
13.75	−8.61	22.36	38.71	24.96	47.68	20.52	27.16		
15.77	−6.92	22.69	41.21	25.44	51.74	23.13	28.61		
17.25	−5.52	22.77	43.58	26.33	58.42	27.67	30.75		
20.35	−2.31	22.66	47.66	27.31	65.13	31.32	33.81		
22.49	−0.46	22.95	50.32	27.83	75.21	35.06	40.12		
25.79	2.62	23.17	55.31	29.52	81.37	36.91	44.46		
28.29	4.91	23.38	59.44	31.15	88.43	37.35	51.08		

表 6-11-2　光栅常量 $g = 3.40\mu m$ 和波长 $\lambda = 623.44nm$ 时角 $\alpha_{\pm 1}$、$\varphi_{\pm 1}$ 的测量值

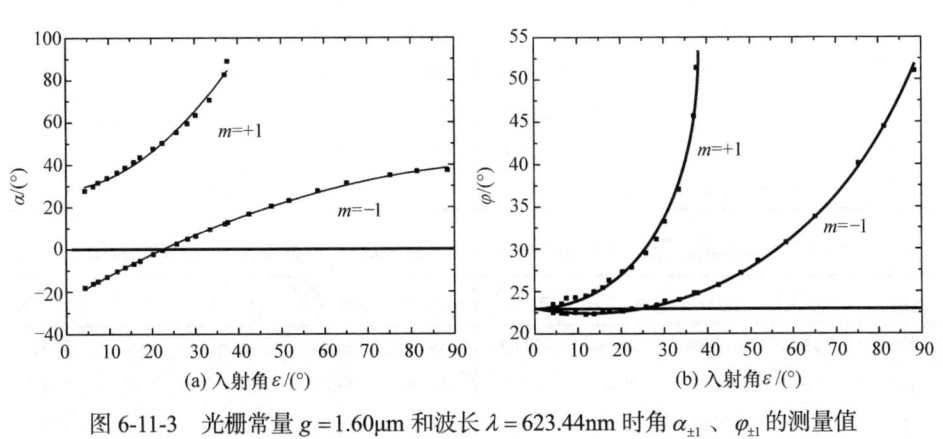

$\varepsilon/(°)$	$\alpha_{-1}/(°)$	$\varphi_{-1}/(°)$	$\alpha_{+1}/(°)$	$\varphi_{+1}/(°)$	$\varepsilon/(°)$	$\alpha_{-1}/(°)$	$\varphi_{-1}/(°)$	$\alpha_{+1}/(°)$	$\varphi_{+1}/(°)$
5.28	−5.22	10.54	16.1	10.28	42.08	29.32	12.76	59.11	17.03
7.71	−2.71	10.42	18.63	10.92	44.71	31.16	13.55	62.2	17.49
10.35	−0.23	10.58	21.16	10.81	47.65	33.53	14.03	67.66	20.1
13.25	2.58	10.67	24.52	11.27	53.47	38.01	15.46	80.83	27.36
16.22	5.56	10.66	27.41	11.49	54.71	40.33	16.16	88.42	34.49
18.46	7.54	10.92	30.32	11.86	56.49	39.36	15.35		
20.37	9.61	10.76	32.43	12.06	58.75	42.66	16.09		
22.19	10.99	11.28	34.38	12.19	62.16	43.98	18.18		
25.43	14.38	11.05	37.64	12.21	66.95	47.6	19.35		
28.37	6.91	11.46	41.59	13.22	70.78	49.17	21.61		
31.77	19.89	11.86	44.95	13.18	75.47	51.2	24.27		
34.95	22.71	12.24	49.25	14.3	84.35	54.34	30.01		
40.82	28.3	11.92	57.25	16.43					

图 6-11-3　光栅常量 $g = 1.60\mu m$ 和波长 $\lambda = 623.44nm$ 时角 $\alpha_{\pm 1}$、$\varphi_{\pm 1}$ 的测量值

图 6-11-4　光栅常量 $g = 3.40\mu m$ 和波长 $\lambda = 623.44nm$ 时角 $\alpha_{\pm 1}$、$\varphi_{\pm 1}$ 的测量值

为了研究波长 λ 对实验现象的影响，表 6-11-3、表 6-11-4 给出了对应不同波长所测得的 $\alpha_{\pm 1}$ 和 $\varphi_{\pm 1}$ 的值，图 6-11-5、图 6-11-6 为与之相应的曲线变化图. 从图 6-11-5(b)、图 6-11-6(b)可以看出，当 $\lambda = 435.84$nm 时，$\delta_{\max} \approx 0.20°$，当 $\lambda = 546.07$nm 时，$\delta_{\max} \approx 0.35°$，在图 6-11-3(b)中，$\delta_{\max} \approx 0.50°$，当光栅常量 g 给定后，波长越大，δ 角越容易观测，即–1 级衍射条纹的变换情况就越容易观察.

表 6-11-3　光栅常量 $g = 1.60$μm 和波长 $\lambda = 435.84$nm 时角 $\alpha_{\pm 1}$、$\varphi_{\pm 1}$ 的测量值

$\varepsilon/(°)$	$\alpha_{-1}/(°)$	$\varphi_{-1}/(°)$	$\alpha_{+1}/(°)$	$\varphi_{+1}/(°)$	$\varepsilon/(°)$	$\alpha_{-1}/(°)$	$\varphi_{-1}/(°)$	$\alpha_{+1}/(°)$	$\varphi_{+1}/(°)$
7.31	−8.27	15.58	23.47	16.16	40.19	22.05	18.14	67.17	26.68
8.25	−7.37	15.62	24.45	16.2	43.18	24.56	18.62	73.89	30.61
11.37	−4.34	15.71	28.25	16.88	46.67	27.06	19.6	88.9	42.22
14.58	−1.13	15.81	31.82	17.24	49.39	29.44	19.95		
16.75	0.98	15.77	33.85	17.53	53.28	31.68	21.61		
19.34	3.69	15.68	37.43	18.09	57.49	35.16	22.33		
23.48	7.12	16.36	41.76	17.91	61.75	37.63	24.02		
27.98	11.44	16.54	48.31	20.33	65.09	39.21	25.88		
29.43	12.48	16.95	49.39	19.96	69.49	41.54	26.95		
33.78	16.63	17.15	56.27	22.49	73.27	43.01	30.26		
35.92	18.2	17.72	59.82	23.9	78.57	45.76	32.81		
38.05	19.95	18.06	62.07	24.02	83.53	45.98	37.55		

表 6-11-4　光栅常量 $g = 1.60$μm 和波长 $\lambda = 546.07$nm 时角 $\alpha_{\pm 1}$、$\varphi_{\pm 1}$ 的测量值

$\varepsilon/(°)$	$\alpha_{-1}/(°)$	$\varphi_{-1}/(°)$	$\alpha_{+1}/(°)$	$\varphi_{+1}/(°)$	$\varepsilon/(°)$	$\alpha_{-1}/(°)$	$\varphi_{-1}/(°)$	$\alpha_{+1}/(°)$	$\varphi_{+1}/(°)$
6.28	−13.31	19.59	26.9	20.66	38.54	16.48	22.06	74.04	35.95
8.71	−10.98	19.61	29.44	20.73	40.09	17.48	22.61	80.34	39.87
11.35	−8.26	19.61	32.4	21.05	41.2	18.36	22.84	89.23	47.12
13.79	−5.96	19.75	35.63	21.84	45.88	22.22	23.66		
15.08	−4.57	19.65	36.85	21.77	47.49	23.2	24.29		
17.57	−2.23	19.8	39.65	22.08	53.83	27.59	26.24		
19.78	−0.17	19.95	43.04	23.26	58.27	30.82	27.45		
23.93	3.59	20.34	48.4	24.47	61.38	32.51	28.87		
25.1	4.86	20.24	49.64	24.54	67.42	35.44	31.98		
28.15	7.44	20.71	54.69	26.54	72.39	37.51	34.88		
32.22	10.96	21.26	60.56	28.34	80.21	40.42	39.79		
34.79	13.32	21.44	66.27	31.48	87.32	40.88	46.44		

图 6-11-5　光栅常量 $g=1.60\mu m$ 和波长 $\lambda=435.84nm$ 时角 $\alpha_{\pm 1}$、$\varphi_{\pm 1}$ 的测量值

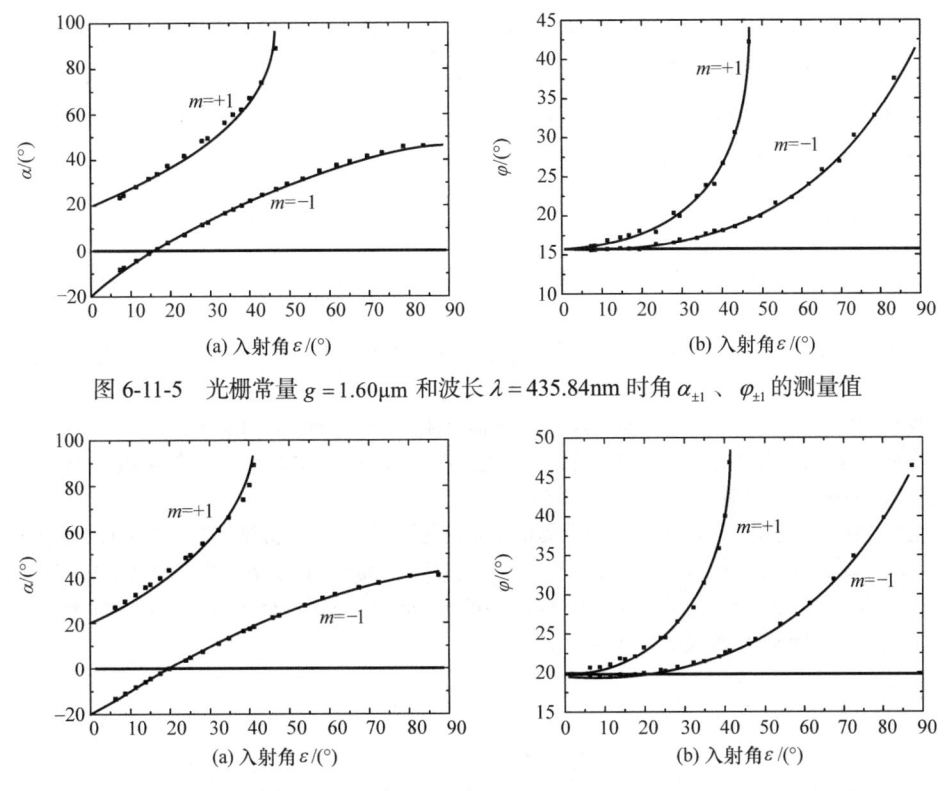

图 6-11-6　光栅常量 $g=1.60\mu m$ 和波长 $\lambda=546.07nm$ 时角 $\alpha_{\pm 1}$、$\varphi_{\pm 1}$ 的测量值

对于斜入射条件下的光栅衍射实验,从上面的实验结果中可以得出以下几点:

(1) 斜入射时,+1 级衍射光向上移动,而-1 级的衍射光则先向上移动,当移动到某一位置时反过来向下移动,衍射光处于这个位置时的偏向角 φ_{-1} 最小。光栅常量 g 越小、波长 λ 越大,在实际操作中就越容易观察到此现象(这一点与文献(Vollmer, 2005)的描述一致)。

(2) 随着入射角 ε 的增大,+1 级和-1 级的衍射光都将消失,+1 级比-1 级消失得要快,光栅常量 g 越小、波长 λ 越大,+1 级的衍射光消失得越快,即 φ_{+1}-ε 曲线变得越陡,但是它们的最大偏向角相等。

(3) 衍射角 $\alpha_{\pm 1}$、偏向角 $\varphi_{\pm 1}$ 均随着入射角 ε 的增大而增大,当入射角 ε 不是很大时,$\alpha_{\pm 1}$ 与 ε 是线性关系,当入射角 ε 变得很大时,他们不再是线性的关系。

【分析讨论】

本实验用分光仪对斜入射时的光栅衍射实验进行了研究,给出了相关的实验测量数据,实验结果证明了推论是正确的,但同时也有了新的发现。在文献(Vollmer, 2005)中,作者主要论述了光栅常量 g 对 δ_{max} 角的影响,得出了光栅常量

对 δ_{max} 的影响很大的结论，这与本实验结果一致，但是通过实验发现波长 λ 对 δ_{max} 的测量也有很大影响，+1 级衍射光和-1 级衍射光具有相同的最大偏向角，而随着入射角的增大，+1 级衍射光比-1 级衍射光消失得要快，对于这个问题，同学们可以深入查阅其他相关资料后获得解释.

【参考文献】

李亚铃, 李文博, 李宓善, 等. 2005. 光栅衍射和布拉格公式[J]. 大学物理, 24(9): 30-32.
沈元华, 陆申龙. 2003. 基础物理实验[M]. 北京: 高等教育出版社: 252.
苏亚凤, 李普选, 徐忠锋, 等. 2001. 斜入射条件下光栅衍射现象的分析[J]. 大学物理, 20(7): 18-22.
王琪琨, 张兆钧. 1999. 斜入射光波的光栅衍射研究[J]. 大学物理实验, 12(2): 28-29.
杨述武, 赵立竹, 沈国土. 2007. 普通物理实验 3. 光学部分[M]. 4 版. 北京: 高等教育出版社: 119-123.
姚启均. 2002. 光学教程[M]. 北京: 高等教育出版社: 131-132.
张贵银, 关荣华. 2005. 光线斜入射对光栅常量测量的影响[J]. 大学物理实验, 18(1): 11-12.
张雄, 王黎智, 马力, 等. 2001. 物理实验设计与研究[M]. 北京: 科学出版社: 223-230.
Vollmer M. 2005. Diffraction revisited: Position of diffraction spots upon rotation of a transmission grating[J]. Physics Education, 40(6): 562-565.

(张雄编)

6.12 弱磁场中的法拉第磁光效应

【实验目的】

(1) 学习观察法拉第磁光效应；
(2) 利用旋光仪的半荫测角原理，完成弱磁场下的磁光效应实验；
(3) 学习测定韦尔代(Verdet)常数和电子荷质比 e/m 的方法.

【实验原理】

法拉第(M. Faraday)磁光效应实验是高校近代物理实验中的一个重要实验，现行的实验教材中，观察磁光效应现象、测定韦尔代常数或电子荷质比的方法很多，但这些方法所用实验仪器均采用了强磁场和特殊加工制作的薄样品，使仪器造价昂贵，完成这个实验有一定难度，许多普通高校都不能按大纲完成这个实验，笔者设计了一台弱磁场下的磁光效应实验仪器，充分利用了旋光仪的半荫测角原理，放大了待测样品的长度，使用了电势比较法保证测量条件，电流反向法增大磁致旋光角，使该装置在不加光电接收测量系统和计算机控制系统的情况下，在较弱的磁场中，也能直观、方便地观察到待测样品的磁光效应现象．简单、准确地测定物质的韦尔代常数及磁致旋光色散曲线，完成教学大纲要求的全部实验内容，并且待测样品可以是液体或固体，特别是在测量各种透明液体样品的磁光特性时，样品不需要再加工，放入试管就可以测量，使用起来十分方便．

一束线偏振光沿着磁场方向通过置于弱磁场中的透明介质，出射光的偏振面会产生旋转，这就是法拉第磁光效应，在各向同性的电介质中存在静磁场 $\boldsymbol{B}$ 和光波的振荡电场 $\boldsymbol{E}$ 时，线偏振入射光的两个圆分量在介质内的折射率不同，偏振面发生旋转，并且有

$$n_+ - n_- = \frac{4\pi e^2}{m} N \frac{1}{(\omega_0^2 - \omega^2)^2} \frac{\omega}{n} \frac{eH}{mc} \tag{6-12-1}$$

显然偏振面转过的角度 θ 为

$$\begin{aligned}\theta &= \frac{\omega}{c} \frac{n_+ - n_-}{2} l \\ &= \frac{\omega}{c} \left(4\pi \frac{e^2}{m} N \frac{1}{(\omega_0^2 - \omega^2)} \cdot \frac{\omega}{2n} \cdot \frac{eH}{mc} \right) l \end{aligned} \tag{6-12-2}$$

令

$$V = \frac{4\pi N(e^2/m)}{(\omega_0^2 - \omega^2)^2} \frac{e}{c^2 m} \frac{\omega^2}{2n}$$

则(6-12-2)式为

$$\theta = VlH \tag{6-12-3}$$

(6-12-3)式中的 V 是韦尔代常数，由物质和波长确定，表征了物质的旋光特性．如做适当的变换，由(6-12-2)式可以求电子荷质比 e/m．l 是光透过样品的长度．

在测定磁光材料的韦尔代常数时，样品放置在长玻璃试管中，试管可以装长度为 20.00cm 的样品，由于 l 较大，根据(6-12-3)式，选用弱磁场 H 也能观测到磁致旋转角 θ．

对于给定的磁光材料，旋光角 θ 的方向仅由磁场方向决定，与光线的传播方向无关．为了达到在弱磁场下也能获得较大的 θ 值，在电路中加电源极性调向开关，用改变激磁电流的方向来改变磁场的方向，随着磁场方向的改变，磁致旋转角由 θ 增大为 2θ．

【实验器材】

弱磁场下的磁光效应实验仪器、钠光灯、长直螺线管、透明液体样品、自组电势差计、电池等．

【测量仪器和实验结果示例】

1. 测量仪器

测量仪器如图 6-12-1 所示，主要由光学旋光仪、长直螺线管和试管、测试电路三部分组成.

旋光仪利用普通物理实验中常用的光学旋光仪，该仪器采用半荫原理测角，用手工操纵光学读数度盘，眼睛直接判定视场两半照度和读出旋光角 θ，θ 的最小分格读数为 $0.03°$. 为了便于研究韦尔代常数随入射光波长的变化，观察磁致旋光色散 $V(\lambda)$，配备了汞灯，并在光源后的安装支架放置干涉滤光片. 支架设计上要求能迅速方便地换取滤光片，并且滤光片与仪器光轴要重合.

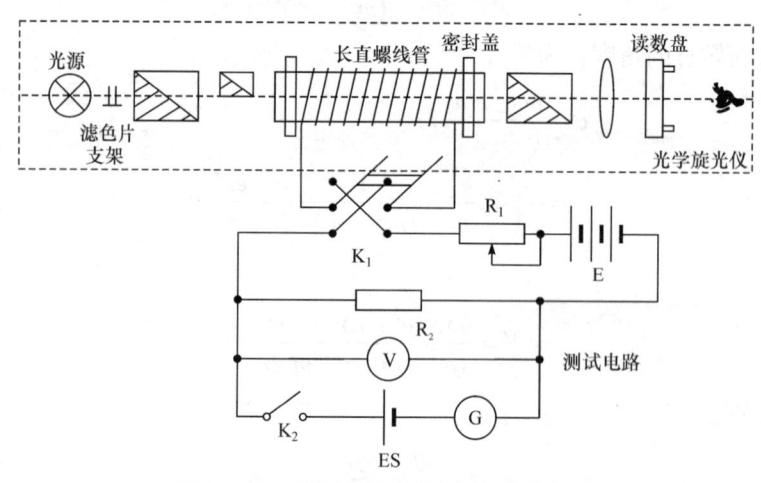

图 6-12-1 弱磁场下的磁光效应实验仪器

长直螺线管用外形与光学旋光仪试管相同的细玻璃管为骨架，用漆包线多层密绕制成，这里玻璃管既做螺线管骨架又能装待测液体或固体样品. 测固体样品时，将玻璃管的两端密封盖取下，固体样品两端面磨平、抛光、相互平行，保证样品的透光性能好.

测试电路设计上采用了点位比较法和电流反向法，在测定韦尔代常数时，K_1 先闭合，调节 R_1 使电压表的读数近似等于标准电池的值，再闭合 K_2 调节 R_1，使灵敏检流计 G 为零. 每次测量 θ 前都要重复这个步骤，从而保证通过螺线管的电流相等，即螺线管产生的磁场大小相同. 当 K_1 换向时，通过螺线管的电流反向，磁场也反向.

测量磁致旋光色散 V 时，根据(6-12-3)式，对标准样品有 $\theta_1 = V_1 l_1 H_1$，对待测样品有 $\theta_2 = V_2 l_2 H_2$. 由于每次测量中通过螺线管的电流相等，则有 $H_1 = H_2$. 测量液体时，样品装入同一螺线管骨架的试管中，有 $l_1 = l_2$，则 $V_2 = V_1 \theta_2 / \theta_1$，如果 V_1 为校准仪器的标准样品的韦尔代常数，则通过测量标准样品和待测样品的旋光角 θ_1、θ_2，就能求出 V_2.

如果在制造仪器过程中，将 V_1/θ_1 固定，即 $V_1/\theta_1 = C$ (C 为常数)，对待测液体则有 $V_x = C\theta_x$，测量液体样品的 V_x 会变得十分简便．

测量固体样品时，有 $V_x = C\theta_x l_1/l_x$，测出 θ_x 和样品长度 l_1、l_x 就可以求出 V_x，当然也可以用 $\theta_x = V_x l_x H_x$ 直接求出．这里 H_x 可由长直螺线管的参数(即匝数等)和通过螺线管的电流间接得到．

作为近代物理实验教学仪器，可以安排几个内容训练学生的技能和数据处理能力．

(1) 将钠光灯管换成汞灯管，插上不同波长的干涉滤光片，测出 $V(\lambda)$，作 V-λ 曲线，讨论磁致旋光色散．

(2) 根据(6-12-3)式，$\theta = VlH = VlaI$，a 为螺线管常数，实验中改变通过螺线管的电流，可以得到不同的旋光角 θ，作 θ-I 曲线，让学生做一元回归分析的数据处理训练，求出 a，并讨论 a 与实际制作参数的误差．也可以间接计算出 H，作 H-θ 曲线．实验曲线表明在弱磁场下，θ 与 H 近似为一直线，直线的斜率就是 Vl．

(3) 由(6-12-2)式，测定 e/m，并讨论测量误差．

2. 实验结果示例

下表 6-12-1 中，我们给出一组测定韦尔代常数的结果，实验教学训练部分测量结果及数据处理示例省略．

表 6-12-1　几种常用物质的韦尔代常数测量值

(室温 $t = 20$°C　　　$\lambda = 5893$ Å　　　$V_{ok} = 0.01309$ (°)/(cm·Oe))

待测物	$\phi_1 = \overline{\phi_1} \pm \delta\overline{\phi_1}$ (改变磁场方向前)	$\phi_2 = \overline{\phi_2} \pm \delta\overline{\phi_2}$ (改变磁场方向后)	$\theta = \left\|\dfrac{\overline{\phi_2}-\overline{\phi_1}}{2}\right\| \pm \delta\theta$	$V/$(°)/(cm·Oe)	相对误差(与手册 (饭田修一, 1979)比较)
蒸馏水定标 $l = (20.00 \pm 0.05)$cm	$1.60° \pm 0.03°$	$4.20° \pm 0.04°$	$1.30° \pm 0.03°$	$\left(C = \dfrac{V_\text{水}}{\theta} = 0.01007\right)$	
苯 $l = (20.00 \pm 0.05)$cm	$0.52° \pm 0.03°$	$6.48° \pm 0.03°$	$2.98° \pm 0.02°$	$0.0298° \pm 0.0002°$	$E = \dfrac{\|0.0300 - 0.0298\|}{0.0300}$ $= 0.7\%$
乙醇 $l = (20.00 \pm 0.05)$cm	$0.60° \pm 0.03°$	$2.48° \pm 0.03°$	$1.09° \pm 0.02°$	$0.0110° \pm 0.0002°$	$E = \dfrac{\|0.0112 - 0.0110\|}{0.0190}$ $= 1.8\%$
冕牌玻璃 $l = (19.650 \pm 0.002)$cm	$0.60° \pm 0.03°$	$4.34° \pm 0.04°$	$1.87° \pm 0.03°$	$0.0192° \pm 0.0003°$	$E = \dfrac{\|0.0190 - 0.0192\|}{0.0190}$ $= 1.1\%$
石英玻璃 $l = (18.500 \pm 0.002)$cm	$1.20° \pm 0.03°$	$4.32° \pm 0.04°$	$1.56° \pm 0.03°$	$0.0170° \pm 0.0003°$	$E = \dfrac{\|0.01664 - 0.0170\|}{0.01664}$ $= 2.2\%$

表格中

$$\overline{\phi}_1 = \frac{1}{10}\sum_{i=1}^{10}\phi_i$$

$$\delta\phi_1 = \sqrt{\sum_{i=1}^{10}\frac{(\overline{\phi}-\phi_i)^2}{10\times(10-1)}}$$

$$\delta\theta = \frac{1}{2}\sqrt{\delta\phi_1^2+\delta\phi_2^2}$$

$$V_{液}=C\theta\pm\delta V_{液}$$

$$\delta V_{液}=C\delta\theta$$

$$V_{固}=C(l_{水}/l_{固})\theta\pm\delta V_{固}$$

$$\delta V_{固}=\sqrt{\left(\frac{\partial V}{\partial l_{水}}\delta l_{水}\right)^2+\left(\frac{\partial V}{\partial l_{固}}\delta l_{固}\right)^2+\left(\frac{\partial V}{\partial \theta}\delta\theta\right)^2}$$

在上述实验中，由于选用了弱磁场，笔者所用励磁电流都小于500mA，所以通电螺线管不会发热. 由此，解决了因样品发热其磁化强度降低，磁致旋转角 θ 减少而引入测量误差的问题. 实验中使用灵敏度较高的光斑检流计 G(AC15/4 型)，减小了两次测量时，由磁强度不严格相等引入的系统误差(小于 10^{-8}).

【参考文献】

饭田修一. 1979. 物理学常用数表[M]. 北京: 科学出版社.
吴思诚, 王祖铨. 1986. 近代物理实验(下册)[M]. 北京: 北京大学出版社: 292.
张雄, 王黎智, 马力, 等. 2001. 物理实验设计与研究[M]. 北京: 科学出版社.
Fowles G R. 1975. Introduction to Modern Optics[M]. New York: Dover Publications: 189-192.

(张皓晶编)

6.13 液体表面张力系数课外实验设计

【实验设计思想】

测量液体表面张力系数的实验方法有很多种，每一种都有其优缺点. 现行的实验教材和参考书中有拉脱法、毛细管升高法等，在这些实验中都涉及精密仪器的使用或实验仪器没有等问题(杨述武等, 2000；万舜娣, 2000)，根据拉普拉斯(亚当森, 1984)公式，本实验设计了一种测液体表面张力系数的简单装置，在一般的开放型课外实验中都可以做. 实验过程清晰、直观、生动、易于操作，实验结果有一定的精度，对实验经费不足的学校来说，可以不花钱或少花钱就完成数据处理的教学任务. 实验中通过用不同的数据处理方法得出实验结果，对实验结果进行比较、分析，结果准确可靠. 实验装置可靠而且易于操作，实验教学效果好，宜于在开放型课外实验的数据处理方法训练中推广使用.

【实验原理和装置】

如图 6-13-1 所示，设 A 点的压强为 p_A、C 点的压强为 p_C，C 点和 A 点在同一高度，大气压强为 p_0，由流体静力学的基本原理得(梁绍荣等，2002；张雄等 2001；印永嘉，1987)

$$p_A = p_C = p_0$$

取两块同样大小的玻璃板(10cm×20cm)洗净，用吹风机吹，设 B 点的压强为 p_B，R_1、R_2 为曲面的曲率半径，根据拉普拉斯公式(杨述武等，2000；万舜娣，2000)

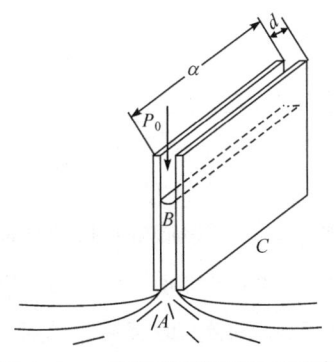

图 6-13-1 平板玻璃间的毛细现象

$$p_B - p_0 = \alpha \left(\frac{1}{R_1} + \frac{1}{R_2} \right)$$

得柱形的液面(曲面的曲率半径 $R_1 = -r = -\dfrac{d}{2}, R_2 = \infty$)压强

$$p_B = p_0 - \frac{2\alpha}{d}$$

由流体静力学的基本原理得

$$p_A - p_B = \rho g h = \frac{2\alpha}{d}$$

$$\alpha = \frac{\rho g h d}{2}$$

取液面高度为 y，所以有

$$\alpha = \frac{1}{2}\rho g y d \tag{6-13-1}$$

使用玻璃板、待测液体、细金属丝、温度计、螺旋测微计、吹风机、报刊夹等简易装置. 如果让两平板玻璃叠合成一个楔形空腔(图 6-13-2)，然后把叠合的玻璃板放入水中，就形成如图 6-13-2 所示的曲线，建立如图 6-13-2 所示的坐标系，设玻璃宽度为 L，空腔最宽处宽度为 D，在双曲线上任取一点，对应一个 x、y、d，则有

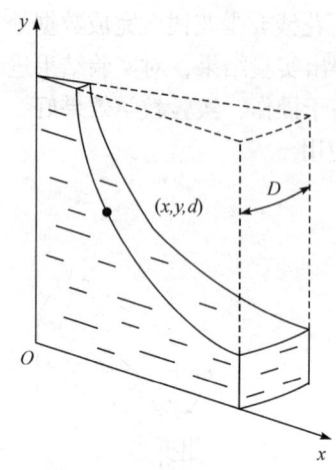

$$\frac{x}{L} = \frac{d}{D}$$

$$d = \frac{D}{L}x$$

把 $d = \frac{D}{L}x$ 代入 $\alpha = \frac{1}{2}\rho g y d$ 中得

$$\alpha = \frac{D}{2L}\rho g x y$$

只要测出 x、y、L、D，就可以求出液体的表面张力系数(液体密度已知).

【实验结果示例】

图 6-13-2 楔形玻璃间的毛细现象

取两块同样大小的玻璃板($10\text{cm} \times 20\text{cm}$)洗净，用吹风机吹干后叠合. 裁一条细金属丝，直径在 $0.2 \sim 0.5\text{mm}$. 把金属丝夹入玻璃板一端，玻璃另一端紧紧地压在一起，叠合成一个楔形空腔. 然后把叠合的玻璃板放入水中，由于表面张力的作用，水在玻璃板间上升，形成一条双曲线. 用直尺测出 x、y、玻璃的宽度 L，用螺旋测微计测出金属丝的直径 D.

实验中测量了蒸馏水、自来水、肥皂水、酒精四种待测液体的相关数据，结果见表 6-13-1~表 6-13-4.

表 6-13-1 蒸馏水的表面张力系数测量数据表

(D=0.363mm, L=9.40cm, t=14.0℃, ρ=1.0×10³kg/m³)

测量次数	X/cm	Y/cm	$(X \cdot Y)$/cm²	$(1/Y)$/m	α/(×10⁻³N/m)
1	9.00	4.40	39.60	22.72	74.14
2	8.50	4.60	39.10	21.27	74.14
3	8.00	5.00	40.00	20.00	74.89
4	7.50	5.40	40.50	18.52	75.83
5	7.00	5.70	39.90	17.54	74.70
6	6.50	6.20	40.30	15.87	75.45
7	6.00	6.70	40.80	14.71	75.23
8	5.50	7.40	40.70	13.51	76.20
9	5.00	8.00	40.00	12.50	74.89
10	4.50	8.80	39.60	11.36	74.14

表 6-13-2 自来水的表面张力系数测量数据表

(D=0.363mm, L=9.00cm, t=17.0℃, ρ=1.0×10^{3}kg/m^3)

测量次数	X/cm	Y/cm	$(X \cdot Y)$/cm^2	$(1/Y)$/m	α / (×10^{-3} N/m)
1	9.00	4.00	36.00	25.00	71.15
2	8.50	4.20	35.70	23.81	70.54
3	8.00	4.50	36.00	22.22	71.14
4	7.50	4.90	36.75	20.41	72.26
5	7.00	5.20	36.40	19.23	71.93
6	6.50	5.62	36.50	17.79	72.12
7	6.00	6.10	36.60	16.39	72.32
8	5.50	6.70	36.85	14.93	72.82
9	5.00	7.10	35.50	14.08	70.15
10	4.50	8.00	36.00	12.50	71.14

表 6-13-3 酒精的表面张力系数测量数据表

(D=0.363mm, L=9.50cm, t=14.0℃, ρ=0.79×10^{3}kg/m^3)

测量次数	X/cm	Y/cm	$(X \cdot Y)$/cm^2	$(1/Y)$/m	α / (×10^{-3} N/m)
1	9.00	1.80	16.20	55.56	23.98
2	8.50	1.90	16.15	52.63	23.90
3	8.00	2.00	16.00	50.00	23.68
4	7.50	2.30	17.25	43.48	25.53
5	7.00	2.50	17.50	40.00	25.90
6	6.50	2.70	17.55	37.04	25.97
7	6.00	2.90	17.40	34.48	25.75
8	5.50	3.10	17.05	32.26	25.23
9	5.00	3.40	17.00	29.41	25.16
10	4.50	3.80	18.00	26.32	23.98

表 6-13-4 肥皂水的表面张力系数测量数据表

(D=0.363mm, L=9.50cm, t=14.0℃, ρ=0.79×10^{3}kg/m^3)

测量次数	X/cm	Y/cm	$(X \cdot Y)$/cm^2	$(1/Y)$/m	α / (×10^{-3} N/m)
1	9.00	4.00	36.00	25.00	71.15
2	8.50	4.20	35.70	23.81	70.54
3	8.00	4.50	36.00	22.22	71.14
4	7.50	4.90	36.75	20.41	72.26
5	7.00	5.20	36.40	19.23	71.93
6	6.50	5.62	36.50	17.79	72.12
7	6.00	6.10	36.60	16.39	72.32
8	5.50	6.70	36.85	14.93	72.82
9	5.00	7.10	35.50	14.08	70.15
10	4.50	8.00	36.00	12.50	71.14

【数据处理】

(1) 用算术平均法处理数据平均值

$$\alpha = \frac{1}{n}\sum_{i=1}^{n}\alpha_i$$

标准偏差为

$$\delta_\alpha = \sqrt{\frac{\sum_{i=1}^{n}(\alpha_i - \bar{\alpha})^2}{n(n-1)}}$$

测量结果表示为

$$\alpha = \bar{\alpha} \pm \delta_\alpha$$

用算术平均法处理数据得蒸馏水在 $t = 14°C$ 时的表面张力系数

$$\alpha = \bar{\alpha} \pm \delta_\alpha = (74.96 \pm 0.69) \times 10^{-3} \, \text{N/m}$$

一般水在 $t = 17°C$ 时的表面张力系数

$$\alpha = \bar{\alpha} \pm \delta_\alpha = (71.56 \pm 2.00) \times 10^{-3} \, \text{N/m}$$

酒精在 $t = 14°C$ 时的表面张力系数

$$\alpha = \bar{\alpha} \pm \delta_\alpha = (24.78 \pm 0.85) \times 10^{-3} \, \text{N/m}$$

肥皂水在 $t = 14°C$ 时的表面张力系数

$$\alpha = \bar{\alpha} \pm \delta_\alpha = (47.77 \pm 0.64) \times 10^{-3} \, \text{N/m}$$

(2) 用一元线性回归法处理数据. (闵爱琳等, 1999; 朱曙华等, 2004; 李传文、洪洋, 1998) 一元线性方程为

$$Y = A + BX$$

其中 $Y = \frac{1}{y}, X = x, B = \frac{\rho g d}{2\alpha L}$,测得的一组数据 x_i、y_i,由最小二乘法来确定其最佳拟和系数 A 和 B (张雄等, 2001)

$$B = \frac{\overline{XY} - \overline{X}\,\overline{Y}}{\overline{X^2} - \overline{X}^2} = \frac{l_{XY}}{L_{XX}} = \frac{\sum_{i=1}^{k}X_iY_i - \frac{1}{k}\left(\sum_{i=1}^{k}X_i\right)\left(\sum_{i=1}^{k}Y_i\right)}{\sum_{i=1}^{k}X_i^2 - \frac{1}{k}\left(\sum_{i=1}^{k}X_i\right)^2}$$

$$A = \bar{Y} - B\bar{X}$$

式中

$$\bar{X} = \frac{1}{k}\sum_{i}^{k} X_i$$

$$\bar{Y} = \frac{1}{k}\sum_{i}^{k} Y_i$$

$$\overline{X^2} = \frac{1}{k}\sum_{i}^{k} X_i^2$$

$$\overline{XY} = \frac{1}{k}\sum_{i}^{k} X_i Y_i$$

$$l_{XY} = k(\overline{XY} - \bar{X}\bar{Y}) = \sum_{i}^{k} X_i Y_i - \frac{1}{k}\left(\sum_{i=1}^{k} X_i\right)\left(\sum_{i=1}^{k} Y_i\right)$$

$$l_{XX} = k\left(\overline{X^2} - \bar{X}^2\right) = \sum_{i=1}^{k} X_i^2 - \frac{1}{k}\left(\sum_{i=1}^{k} X_i\right)^2$$

$$l_{YY} = k\left(\overline{Y^2} - \bar{Y}^2\right) = \sum_{i=1}^{k} Y_i^2 - \frac{1}{k}\left(\sum_{i=1}^{k} Y_i\right)^2$$

一元线性回归的相关系数为

$$r = \frac{l_{XY}}{\sqrt{l_{XX}l_{YY}}} = \frac{\overline{XY} - \bar{X}\bar{Y}}{\sqrt{\left(\overline{X^2} - \bar{X}^2\right)\left(\overline{Y^2} - \bar{Y}^2\right)}}$$

Y 的标准偏差为

$$S = \sqrt{\frac{(1-r^2)l_{YY}}{k-2}}$$

B 的偏差为

$$S_B = \frac{S}{\sqrt{l_{XX}}} = \frac{\sqrt{\frac{(1-r^2)l_{YY}}{k-2}}}{\sqrt{l_{XX}}}$$

A 的偏差为

$$S_A = \frac{\sqrt{\overline{X^2}}}{\sqrt{l_{XX}}} S = \frac{\sqrt{\overline{X^2}}}{\sqrt{l_{XX}}} \sqrt{\frac{(1-r^2)l_{YY}}{k-2}} = \sqrt{\frac{\sum_{i}^{k} X_i}{k}} S_B$$

由蒸馏水的实验数据,得直线方程

$$Y = A + BX = -0.31 + 253.55X$$

其中

$$B=\frac{\rho g d}{2\alpha L} \Rightarrow \alpha=\frac{\rho g d}{2BL}=74.63\times 10^{-3}\,\text{N/m}$$

误差由误差传递公式求出

$$\delta_\alpha = \left(\frac{\partial \alpha}{\partial B}\right)S_B$$

$$= \left(\frac{\partial \alpha}{\partial B}\right)\frac{\sqrt{\dfrac{(1-r^2)l_{YY}}{k-2}}}{\sqrt{l_{XX}}}=0.05\times 10^{-3}$$

所以

$$\alpha=(71.94\pm 0.01)\times 10^{-3}\,\text{N/m}$$

由酒精的实验数据,得直线方程

$$Y=A+BX=-4.42+659.83X$$

其中

$$B=\frac{\rho g d}{2\alpha L} \Rightarrow \alpha=\frac{\rho g d}{2BL}=74.63\times 10^{-3}\,\text{N/m}$$

误差由误差传递公式求出

$$\delta_\alpha = \left(\frac{\partial \alpha}{\partial B}\right)S_B$$

$$= \left(\frac{\partial \alpha}{\partial B}\right)\frac{\sqrt{\dfrac{(1-r^2)l_{YY}}{k-2}}}{\sqrt{l_{XX}}}=0.05\times 10^{-3}$$

所以

$$\alpha=(22.54\pm 0.05)\times 10^{-3}\,\text{N/m}$$

由肥皂水的实验数据,得直线方程

$$Y=A+BX=-0.301+396.44X$$

其中

$$B=\frac{\rho g d}{2\alpha L} \Rightarrow \alpha=\frac{\rho g d}{2BL}=47.23\times 10^{-3}\,\text{N/m}$$

误差由误差传递公式求出

$$\delta_\alpha = \left(\frac{\partial \alpha}{\partial B}\right)S_B$$

$$= \left(\frac{\partial \alpha}{\partial B}\right)\frac{\sqrt{\dfrac{(1-r^2)l_{YY}}{k-2}}}{\sqrt{l_{XX}}}=0.02\times 10^{-3}$$

所以
$$\alpha = (47.44 \pm 0.02) \times 10^{-3} \, \text{N/m}$$

即蒸馏水在 $t = 14$℃ 时的表面张力系数为
$$\alpha = \bar{\alpha} \pm \delta_\alpha = (74.63 \pm 0.02) \times 10^{-3} \, \text{N/m}$$

一般水在 $t = 17$℃ 时的表面张力系数为
$$\alpha = \bar{\alpha} \pm \delta_\alpha = (71.94 \pm 0.01) \times 10^{-3} \, \text{N/m}$$

酒精在 $t = 14$℃ 时的表面张力系数为
$$\alpha = \bar{\alpha} \pm \delta_\alpha = (22.45 \pm 0.05) \times 10^{-3} \, \text{N/m}$$

肥皂水在 $t = 14$℃ 时的表面张力系数为
$$\alpha = \bar{\alpha} \pm \delta_\alpha = (47.23 \pm 0.02) \times 10^{-3} \, \text{N/m}$$

【分析讨论】

在实验教学中，两种数据处理结果，反映了不同的物理模式(Reese, 2003)，得出的结果在误差范围内是一致的，这也说明用这种方法，有利于学生数据处理训练。

由实验结果可以看出实验值比较接近理论值，实验装置又比较简单，演示过程清晰、直观、生动、易于操作，实验结果有一定的精度，而且不受条件的限制，在一般的学校都可以进行.

【参考文献】

方鸿辉, 刘贵兴. 1999. 创造性物理实验[M]. 上海: 上海科学普及出版社.
李传文, 洪洋. 1998. 用毛细管测量表面张力系数中管内径 d 引起的误差[J]. 大学物理, (1): 27-28.
梁绍荣, 刘昌年, 盛正华. 2002. 普通物理学[M]. 北京: 高等教育出版社.
闵爱琳, 董长璎, 严俊, 等. 1999. 表面张力与温度关系的探讨[J]. 大学物理实验, (2): 22-23.
万舜娣. 2000. 普通物理实验[M]. 南京: 南京大学出版社.
吴锋, 王若田. 2003. 大学物理实验教程[M]. 北京: 化学工业出版社.
亚当森 A W. 1984. 表面的物理化学[M]. 北京: 科学出版社.
杨述武. 2000. 普通物理实验(一、力学及热学部分)[M]. 3 版. 北京: 高等教育出版社.
印永嘉. 1987. 物理化学简明手册[M]. 北京: 高等教育出版社.
张雄, 王黎智, 马力, 等. 2001. 物理实验设计与研究[M]. 北京: 科学出版社.
朱曙华, 沈抗存, 罗文华. 2004. 液体表面张力的研究[J]. 湖南理工学院学报, 17(1): 34-35.
Reese R L. 2003. University Physics[M]. 北京: 机械工业出版社.

(张皓晶编)

6.14 用恒定电流场模拟静电场的数据处理方法示例

【实验设计思想】

在电磁学实验教材中数据处理和实验误差分析通常采用 A 类标准不确定度法、一元线性回归法，而在很多实际问题中，要处理的数据间的关系是多元关系，不是单纯的一元关系，若用一元线性回归法处理数据，就要求把数据间的关系转换成一元线性关系，此时，也可以用二元线性回归法处理二元线性问题。这里分别用间接测量结果的 A 类标准不确定度法、一元线性回归法和二元线性回归法同时处理在恒定电流场模拟静电场中得出的实验数据，通过对比，讨论数据处理方法在电磁学实验中的应用，同时提供了恒定电流场模拟静电场实验的误差分析与研究方法的示例.

【实验原理和测量方法】

1. 同轴无限长均匀带电圆柱体间的静电场

如图 6-14-1 所示，是一个半径为 R_A 的长圆柱导体(电极 A)和内半径为 R_B 的长圆柱导体(电极 B)的横截面图，两圆柱的中心重合. 设电极 A 、B 分别带有等值异号的电荷，电势分别为 U_A 、U_B；并且 $U_B = 0$，则在电极 A 、B 之间产生一个辐射的静电场. 由高斯定理得

$$\ln r = \ln R_B + \frac{U_r}{U_A} \ln\left(\frac{R_A}{R_B}\right) \quad (6\text{-}14\text{-}1)$$

2. 用导电纸来进行模拟测量

(1) 根据(6-14-1)式，测出电势相等的点，连接起来就是等势线 r . 如果测出电势差相等的几条等势线，就可根据等势线的疏密程

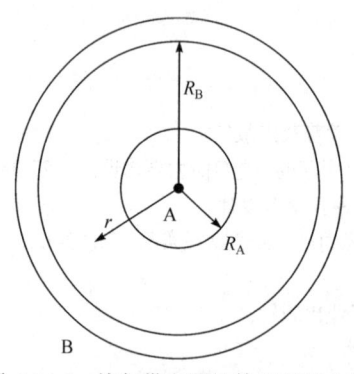

图 6-14-1 均匀带电圆柱体间的静电场

度来直接判定电场分布的大致情况. 实验时测量并描绘多条不同电势的等势线 r，每条等势线 r 至少要由 10 个以上的点确定.

(2) 在测量不同电势的等势线时，改变一个小 ΔU，测出相应的 Δr，求出测量区域的场强大小的平均值，作 $\Delta U - \dfrac{1}{r}$ 曲线.

(3) 根据测量点的分布，找出等势线 r 的圆心(测出各等势线的平均半径，用二元回归法找圆心).

(4) 根据(6-14-1)式，以 $X = \dfrac{U_r}{U_A}$ 为自变量，$Y = \ln \overline{r}$ 为因变量，作一元线性回归分析. 计算出截距 $A_\varepsilon = a = \ln R_B$，斜率 $B_\varepsilon = b = \ln \dfrac{R_A}{R_B}$，从而求出电极半径 R_A、R_B 之值.

(5) 用游标卡尺测出两电极的半径 R_A 和 R_B，与实验所得值比较，求出相对误差.

【实验数据处理方法】

1. 用二元线性回归方法处理实验数据

假定 y 随 x_1、x_2 而变化，回归方程形式是

$$y = a_0 + a_1 x_1 + a_2 x_2$$

测得 k 组数据 x_{1i}、x_{2i}、$y_i (i = 1, 2, 3, \cdots, k)$. 假定 y_i 有误差，最小二乘法原理指出，在 y 方向的偏差 ε_i 的平方和最小，即 $\varepsilon_i = y_i - y = y_i - a_0 - a_{1i}x_i - a_{2i}x_i$，要求 $\sum\limits_{2}^{k} \varepsilon_i^2$ 最小. 将上式对 a_0、a_1、a_2 求微商，取其一级微商为零，并得知其二级微商大于零，于是得出 a_0、a_1、a_2 即是符合最小二乘法原理的估计值，整理后得

$$a_0 = \overline{y} - a_1 \overline{x}_1 - a_2 x_1$$

有

$$a_1 = \dfrac{l_{1y}l_{22} - l_{2y}l_{12}}{l_{11}l_{22} - l_{12}^2}, \quad a_2 = \dfrac{l_{2y}l_{11} - l_{1y}l_{21}}{l_{11}l_{22} - l_{12}^2}$$

其中

$$l_{11} = \sum_{i=1}^{k} x_{1i}^2 - \dfrac{1}{k}\left(\sum_{i=1}^{k} x_{1i}\right)^2$$

$$l_{22} = \sum_{i=1}^{k} x_{2i}^2 - \dfrac{1}{k}\left(\sum_{i=1}^{k} x_{2i}\right)^2$$

$$l_{12} = \sum_{i=1}^{k} x_{1i}x_{2i} - \dfrac{1}{k}\left(\sum_{i=1}^{k} x_{1i}\right)\left(\sum_{i=1}^{k} x_{2i}\right)$$

$$l_{1y} = \sum_{i=1}^{k} x_{1i}y_i - \dfrac{1}{k}\left(\sum_{i=1}^{k} x_{1i}\right)\left(\sum_{i=1}^{k} y_i\right)\sum_{i=1}^{k} y_i$$

$$l_{2y} = \sum_{i=1}^{k} x_{2i} y_i - \frac{1}{k}\left(\sum_{i=1}^{k} x_{2i}\right)\left(\sum_{i=1}^{k} y_i\right)$$

引入

$$s^2 = \frac{\sum_{i=1}^{k} \varepsilon_i^2}{k-3} = \frac{\sum_{i=1}^{k} (y_i - a_0 - a_1 x_{1i} - a_2 x_{2i})^2}{k-3}$$

$$= \frac{l_{yy} - a_1 l_{1y} - a_2 l_{2y}}{k-3}$$

为单个测量值 y_i 的剩余方差，$k-3$ 为自由度.

还可以得到

$$sa_2^2 = \frac{l_{11}}{l_{22}l_{11} - l_{12}^2} s^2$$

$$sa_1^2 = \frac{l_{22}}{l_{22}l_{11} - l_{12}^2} s^2$$

$$sa_0 = \frac{1}{k} s^2 + sa_1^2 x_1^{-2} + sa_2^2 x_2^{-2}$$

$$= \left(\frac{1}{k} + \frac{x_1^{-2} l_{22}}{l_{22}l_{11} - l_{12}^2} + \frac{x_2^{-2} l_{11}}{l_{22}l_{11} - l_{12}^2}\right) s^2$$

与一元线性回归类似，有全相关系数

$$R = \sqrt{\frac{a_1 l_{1y} + a_2 l_{2y}}{l_{yy}}}, \quad 0 \leqslant R \leqslant 1$$

表示回归方程线性程度的好坏.

$$s = \sqrt{\frac{(1-R^2) l_{yy}}{k-3}}, \quad 0 \leqslant R \leqslant 1$$

形式上与一元线性回归相似，根据此原理处理二元线性问题.

2. 用 A 类标准不确定度法处理实验数据

根据(6-14-1)式，先假定 $R_B = r_b$ 为变量，$R = r$、$R_A = r_a$、$U_A = u_0$、$U_r = u_r$ 为自变量，由(6-14-1)式得 $\ln(r) = \ln(r_b) - (u_r/u_0)\ln(r_b/r_a)$ 可推出 $\ln r_b = \frac{u_0 \ln y - u_r \ln r_a}{u_0 - u_r}$，根据测得的实验数据取平均得到 $\bar{r}$、$\bar{r}_a$、$\bar{u}_0$、$\bar{u}_r$ 并计算出它们的 A 类不确定度 δ_r、δ_{ra}、δ_{ur}、δ_{u0}，把平均值代入上式求得 r_b 的最佳值. 根据误差传递公式，计算得出 r_b 的 A 类不确定度

$$\delta_{(rb)} = \sqrt{\begin{aligned}&\left[\frac{u_0 r_b}{u_0-u_r}\delta r\right]^2 + \left[\frac{-u_r r_b}{(u_0-u_r)r_a}\delta r_a\right]^2 \\ &+ \left[\frac{-\ln r_a(u_0-u_r)+(u_0\ln r-u_r\ln r_a)}{(u_0-u_r)^2}r_b\delta u_r\right]^2 \\ &+ \left[\frac{\ln r(u_0-u_r)-\ln r_a(u_0-u_r)}{(u_0-u_r)^2}r_b\delta u_0\right]^2\end{aligned}}$$

同理得出假定 r_a 为变量，r、r_b、u_0、u_r 为自变量时 r_a 的最佳值. 其中

$$\ln r_a = \frac{u_0\ln r - (u_0-u_r)r_a\ln r_b}{u_r}$$

r_a 的 A 类不确定度为

$$\delta_{(ra)} = \sqrt{\begin{aligned}&\left[\frac{u_0 r_a}{u_0-u_r}\delta r\right]^2 + \left[\frac{-(u_0-u_r)r_a}{u_r r_b}\delta r_b\right]^2 \\ &+ \left[\frac{u_r\ln r_a - u_0\ln r + (u_0-u_r)\ln r_b}{u_r^2}r_a\delta u_r\right]^2 \\ &+ \left[\frac{\ln r - \ln r_b}{u_r^2}r_a\delta u_0\right]^2\end{aligned}}$$

【实验数据处理方法示例】

根据电流场模拟静电场实验描述的等势点作图，见图 6-14-2，图形为十五个同心圆. 建立直角坐标系，在每个等势圆上随机取 8 个点，测得其坐标，见表 6-14-1.

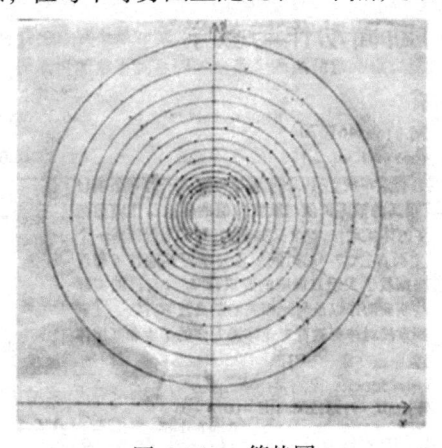

图 6-14-2 等势圆

表 6-14-1 等势点坐标

(u,v)				
(u_1,v_1)	(u_2,v_2)	(u_3,v_3)	(u_4,v_4)	(u_5,v_5)
(0.00,7.79)	(-0.60,7.69)	(1.20,9.62)	(1.00,7.60)	(1.58,7.70)
(0.00,9.85)	(-0.60,9.83)	(1.20,7.93)	(1.00,9.97)	(1.58,9.90)
(0.72,8.10)	(-1.00,9.50)	(0.59,7.41)	(1.54,8.20)	(1.09,10.39)
(0.72,9.56)	(0.00,7.55)	(0.00,7.36)	(0.00,7.12)	(0.00,6.90)
(1.00,8.54)	(0.00,10.05)	(0.00,10.28)	(0.00,10.50)	(0.00,10.75)
(-0.40,7.86)	(1.01,8.08)	(-0.60,10.10)	(-0.91,7.30)	(-1.68,7.80)
(-0.40,9.78)	(1.01,9.50)	(-0.60,7.45)	(-0.91,10.27)	(-1.68,9.74)
(-0.81,8.18)	(0.77,7.80)	(-1.39,8.30)	(-1.50,9.51)	(-0.91,6.10)
(u_6,v_6)	(u_7,v_7)	(u_8,v_8)	(u_9,v_9)	(u_{10},v_{10})
(-0.93,6.80)	(2.01,7.30)	(-2.60,7.40)	(2.91,7.10)	(-4.25,6.60)
(-0.93,10.82)	(2.01,10.37)	(-2.60,10.25)	(2.91,10.60)	(-4.25,11.50)
(-1.79,10.15)	(1.23,11.08)	(-1.98,6.60)	(1.87,6.00)	(-2.75,6.00)
(0.00,6.60)	(-1.79,6.98)	(0.00,5.88)	(0.00,12.21)	(2.75,6.00)
(1.69,9.75)	(-0.93,6.45)	(0.00,11.75)	(0.00,5.41)	(0.00,4.87)
(1.69,7.40)	(-0.93,11.20)	(2.29,7.00)	(2.90,10.56)	(0.00,12.78)
(0.00,11.03)	(0.00,6.27)	(2.29,10.64)	(2.90,7.00)	(3.47,10.75)
(0.90,6.77)	(0.00,11.45)	(1.60,11.30)	(2.40,6.40)	(2.75,11.70)
(u_{11},v_{11})	(u_{12},v_{12})	(u_{13},v_{13})	(u_{14},v_{14})	(u_{15},v_{15})
(-3.69,6.30)	(4.00,5.55)	(3.40,3.90)	(4.50,3.90)	(4.38,2.17)
(-3.69,11.37)	(4.00,12.00)	(3.40,13.75)	(6.60,7.60)	(4.38,15.65)
(-2.65,5.18)	(0.00,14.00)	(4.36,12.70)	(0.00,2.08)	(6.92,4.87)
(0.00,13.38)	(0.00,3.98)	(0.00,2.99)	(6.07,11.50)	(0.00,0.85)
(0.00,4.35)	(-3.50,12.74)	(0.00,14.65)	(-4.73,4.00)	(0.00,16.83)
(1.52,11.53)	(-3.50,4.90)	(-3.56,13.42)	(6.33,6.50)	(-5.41,14.70)
(1.52,6.10)	(-4.59,11.20)	(-3.56,4.20)	(-6.33,11.00)	(-5.41,3.90)
(3.97,10.90)	(3.34,4.85)	(-5.39,6.50)	(0.00,15.50)	(-7.32,12.00)

1. 用一元线性回归法处理实验数据示例

根据图 6-14-2，测量同心圆半径 R(cm)，并求出其对数值 $\ln R$(cm)，根据测得的等势圆电势 U_r(V)，计算得出 U_r/U_0，以便于数据的处理与分析. 测量的 R(cm)、U_r(V) 与计算的 $\ln R$(cm)、U_r/U_0 见表 6-14-2.

表 6-14-2 测量值 R(cm)、U_r(V) 与计算值的 $\ln R$(cm)、U_r/U_0

R/cm	$\ln R$/cm	U_r/V	U_r/U_0
1.05	0.0488	0.0	0.0000
1.45	0.3716	1.2	0.2000
1.92	0.6523	2.0	0.3333
2.52	0.9243	2.8	0.4667
3.40	1.2238	3.6	0.6000
4.48	1.4996	4.4	0.7333
5.82	1.7613	5.2	0.8667
7.99	2.0782	6.0	1.0000

根据一元线性回归法原理进行数据拟合. 设

$$y = \ln R, \quad x = U_r/U_0, \quad a = \ln(r_b), \quad b = \ln(r_b/r_a)$$

则由公式

$$\ln R = \ln(r_b) - (U_r/U_0)\ln(r_b/r_a)$$

得出

$$y = a - bx$$

其中 r_a 为内圆半径;r_b 为外圆半径. 根据最小二乘法计算得

$a = -0.021633383$, $s_a = 0.027375722$, $b = 2.070550812$, $s_b = 0.02215$

$r = 0.99925658$, $r_a = 1.022$cm, $r_b = 8.104$cm

由上计算结果可知,最里面同心圆的半径为 $r_a = 1.022$cm,最外面同心圆的半径为 $r_b = 8.104$cm.

2. 用二元线性回归法处理实验数据示例

以 (u_1, v_1) 为例,根据上述介绍的二元线性回归法拟合实验数据.

设回归方程为 $(u-a)^2 + (v-b)^2 = r^2$ 的展开,有 $(u^2 + v^2) = r^2 - a^2 - b^2 + 2au + 2bu$ 与回归方程(假定 y 随 x_1、x_2 而变化) $y = a_0 + a_1 x_1 + a_2 x_2$ 比较,$u^2 + v^2$ 相当于 y,$r^2 - a^2 - b^2$ 相当于 a_0,$2a$ 相当于 a_1,$2b$ 相当于 a_2,u 相当于 x_1,v 相当于 x_2.

$$a = (-3.3861 \pm 0.30) \times 10^{-3} \text{cm}$$

$$b = (8.82 \pm 0.22) \text{cm}$$

$$r = (1.03 \pm 0.01) \text{cm}$$

由处理结果得,此同心圆的半径为 $r = (1.03 \pm 0.01)$cm,同时计算得出同心圆圆心在直角坐标系中的圆心坐标为 $(a,b) = (-0.003861, 8.82)$。参考以 (u_1, v_1) 为例子的数据拟合步骤,同样对另外 14 组数据进行拟合,得出数据处理结果:半径 r,圆心坐标 (a,b),见表 6-14-3。

表 6-14-3 数据处理结果

(u, v)	r/cm	a/cm	b/cm
(u_1, v_1)	1.033	−0.003	8.822
(u_2, v_2)	1.237	0.006	8.783
(u_3, v_3)	1.664	−0.079	8.786
(u_4, v_4)	1.467	0.007	8.788
(u_5, v_5)	2.067	−0.084	8.559
(u_6, v_6)	2.188	−0.110	8.769
(u_7, v_7)	2.562	−0.028	8.843
(u_8, v_8)	2.946	−0.023	8.819
(u_9, v_9)	3.397	0.057	8.815
(u_{10}, v_{10})	4.217	−0.502	8.993
(u_{11}, v_{11})	4.470	−0.015	8.817
(u_{12}, v_{12})	5.149	−0.033	8.870
(u_{13}, v_{13})	5.876	0.065	8.804
(u_{14}, v_{14})	6.698	−0.030	8.787
(u_{15}, v_{15})	8.469	0.026	8.780

3. 用 A 类标准不确定度法处理实验数据示例

根据图 6-14-2,测量电势为 U_r 的 4 个等势点到圆心的距离 $R(\text{cm})$,数据见表 6-14-4。

表 6-14-4 U_r、$R(\text{cm})$、平均值 $\bar{R}(\text{cm})$ 和 A 类不确定度

U_r/V		R/cm			$\bar{R}$/cm	s_r
4.0	3.95	3.95	3.85	3.85	3.90	0.029
4.4	4.43	4.42	4.43	4.55	4.22	0.11
4.8	5.18	5.10	5.15	5.12	5.15	0.027
5.2	5.90	5.89	5.94	5.99	5.92	0.020
5.6	6.66	6.65	6.72	6.76	6.69	0.029

根据上述数据处理原理，可计算得出 U_r 分别为 5.6V、5.2V、4.8V、4.0V 时的 R_b 和 R_a 及其 A 类不确定度 δR_b 和 δR_a，见表 6-14-5。

表 6-14-5　数据处理结果

R_b/cm	δR_b/cm	R_a/cm	δR_a/cm
7.64132	0.8	0.95725	0.004
7.73606	0.4	0.97530	0.004
7.68247	0.28	0.97431	0.007
7.55238	0.20	0.97308	0.012

所以，通过表 6-14-5 可求得 $\overline{R}_b = 7.65306\text{cm}$、$\overline{R}_a = 0.96999\text{cm}$、$\overline{\delta R_b} = 0.42\text{cm}$、$\overline{\delta R_a} = 0.007\text{cm}$。

4. 测量结果与三种计算结果的比较分析

用游标卡尺测量 r_a、r_b 得出 $r_a = 1.032\text{cm}$、$r_b = 8.426\text{cm}$，根据上述处理结果进行误差分析，得出三种方法的实验相对误差 η 值

$$\eta = \left| \frac{\text{计算值} - \text{实际测量值}}{\text{实际测量值}} \right|$$

见表 6-14-6，对比结果得出，由二元线性回归方法处理得出的结果与实际测量值的相对误差较小，而由一元线性回归法计算得出的结果与实际测量值的相对误差较大，由 A 类标准不确定度法计算得出的结果与实际测量值的相对误差更大。

表 6-14-6　数据处理结果

处理方法	r_a/cm	r_b/cm	η_a	η_b
一元线性回归法计算	1.033	8.469	0.0126	0.0051
二元线性回归法计算	1.022	8.104	0.0097	0.0382
A 类不确定度法计算	0.970	7.653	0.0600	0.0920

通过一定函数式，直接测量值可得到间接测量值的最佳值，由相应的函数式传递计算得出不确定度。用三种不同数据处理方法，A 类标准不确定度法、一元线性回归法、二元线性回归法进行同一组数据的处理得出二元线性回归法处理的结果较精确。在实验数据处理过程中可不必把二元问题转化为一元问题进行处理，直接用二元线性回归法处理即可。

【参考文献】

龚镇雄. 1985. 普通物理实验中的数据处理[M]. 西安：西北电讯工程学院出版社：153-156.

杨述武. 2000. 普通物理实验(二、电磁学部分)[M]. 3 版. 北京: 高等教育出版社: 59-66.
张雄, 王黎智, 马力, 等. 2001. 物理实验设计与研究[M]. 北京: 科学出版社: 283-290.
Lu D X. 1980. University Physics [M]. 2nd. Beijing: Higher Education Press.

(张皓晶编)

6.15 牛顿环实验教学研究

【实验设计思想】

在对牛顿环的教学研究中，数据处理部分分别采用了标准误差法、逐差法、作图法、一元线性回归法和加权平均法进行分析(杨述武等, 2000; 李平, 1991; 李晓莉, 2010). 标准误差法只采用了其中一组数据进行研究，主要分析的是测量误差对结果的影响. 逐差法在实验数据处理中是一种常用的方法，但是逐差法不满足非等精度测量实验数据的条件，而加权平均法正好是计算非等精度测量实验数据的方法，所以，在牛顿环实验中，加权平均法比逐差法处理数据更佳. 作图法是一种常用的方法，但它仅是一种粗略的数据处理方法，但可以根据作出的图像的线性问题采用回归方法，在本实验中，由作图可知干涉暗条纹半径 $r_{m_i}^2$ 与暗条纹级次 m_i 为一直线，可考虑采用一元线性回归方法计算，可以得到较精确的计算值. 每种方法都有各自的优缺点和使用条件，在以后的实验数据处理中，可根据情况来选择.

牛顿环的教学研究中，通过用不同的数据处理方法得出实验结果，对实验结果进行比较、分析，使结果准确可靠. 牛顿环实验装置可靠而且易于操作，实验教学效果好，宜于在开放型课外实验的数据处理方法训练中推广使用.

【实验原理】

当一个曲率半径很大的平凸透镜与一块磨光的平玻璃板相接触时，在透镜的凸面与平玻璃板之间形成一环状空气薄膜(空气劈尖)，离接触点等距离的地方厚度相同，等厚度的轨迹是以接触点为中心的圆. 若以波长为 λ 的平行单色光垂直入射到这种装置上，则空气膜上、下两表面反射的光线将互相干涉，形成一系列明、暗相间越来越密的同心圆形环纹. 历史上把这些干涉条纹称为牛顿环，它是一种等厚干涉条纹(张雄, 2009).

设透镜 L 的曲率半径为 R，离接触点 O 任意距离 r 处空气膜厚度为 d，由图 6-15-1 中的几何关系可知(张雄, 2009)

$$R^2 = (R-d)^2 + r^2 = R^2 - 2Rd + d^2 + r^2 \tag{6-15-1}$$

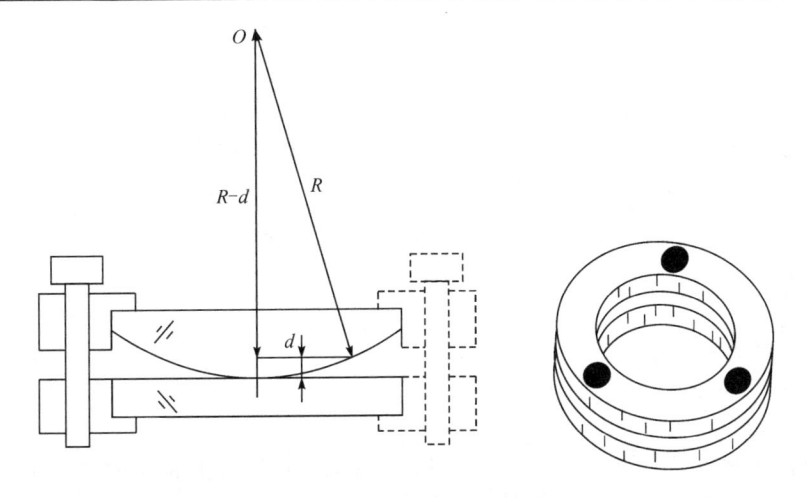

图 6-15-1 牛顿环实验光路

因为 $R \gg d$，故可略去二级小量 d^2，于是有

$$d = \frac{r^2}{2R} \tag{6-15-2}$$

当光线垂直入射时，由空气膜上表面和下表面反射的光所产生的光程差为

$$\Delta = 2d + \frac{\lambda}{2} \tag{6-15-3}$$

式中有 $\frac{\lambda}{2}$ 附加光程差是因为光在平玻璃面上反射时有半波损失，将(6-15-2)式代入(6-15-3)式就得到以 O 为圆心，半径为 r 的圆上各点处的光程差为

$$\Delta = \frac{r^2}{R} + \frac{\lambda}{2} \tag{6-15-4}$$

根据干涉加强、减弱条件可得空气膜反射光干涉的明、暗环纹条件为

$$\frac{r^2}{R} + \frac{\lambda}{2} = m\lambda, \quad m = 1, 2, 3, \cdots, \quad \text{明环}$$

$$\frac{r^2}{R} + \frac{\lambda}{2} = (2m+1)\frac{\lambda}{2}, \quad m = 0, 1, 2, \cdots, \quad \text{暗环}$$

从上式可得暗环纹半径

$$r_m = \sqrt{mR\lambda} \tag{6-15-5}$$

(6-15-5)式表明，当 λ 已知时，只要测出第 m 级暗环纹半径 r_m，就可算出透镜的曲率半径 R；相反，当 R 已知时，就可算出 λ。本实验对牛顿环实验的实验原理、实验方法、实验数据处理和实验误差做了分析，在实验的数据处理中重点用了标准误差法、逐差法、作图法、一元线性回归法和加权平均法进行分析.

【实验方法】

将仪器安装好，并仔细调节牛顿环仪上的三个螺钉H，使环纹稳定地位于望远镜视场中央。实际测量时，应选择干涉环纹较密而且比较清楚的部分进行测量，一般选 m 大于 3. 先把叉丝的中心对准环纹中心，然后使叉丝慢慢向左(或向右)移动. 同时从中心暗斑外第一环纹开始，依次数出环纹数目，不可数错，否则要重测.

【数据处理】

1. 标准误差法处理数据

由暗环纹半径 $r_m = \sqrt{mR\lambda}$ 可知，当 λ 已知时，只要测出 m 级暗环纹半径 r_m 就可算出透镜的曲率半径 R.

$$R = \frac{\overline{r_m^2}}{m\lambda} \tag{6-15-6}$$

标准误差

$$\delta_{\overline{R}} = \sqrt{\left(\frac{\partial R}{\partial r_m}\delta_{\overline{r_m}}\right)^2 + \left(\frac{\partial R}{\partial \lambda}\delta_\lambda\right)^2 + \left(\frac{\partial R}{\partial m}\delta_m\right)^2}$$
$$= \frac{2\overline{r_m}}{m\lambda}\delta_{\overline{r_m}} \tag{6-15-7}$$

r_m 为直接测量值，则平均值误差为

$$\delta_{\overline{r_m}} = \sqrt{\frac{\sum_{i=1}^{N}\left(r_{m_i} - \overline{r_{m_i}}\right)^2}{N(N-1)}} \tag{6-15-8}$$

表 6-15-1 中为测量数据，用移测显微镜共测了 3～22 暗环的直径，每个直径测量 4 次，现取其中一组数据，以 $m = 18$ 为例.

表 6-15-1　测量数据

m	$D_m^{左}$	$D_m^{右}$	$D_m^{左}$	$D_m^{右}$	$D_m^{左}$	$D_m^{右}$	$D_m^{左}$	$D_m^{右}$	r_m	r_m^2
22	0	6.912	0	6.892	0	6.914	0	6.894	3.457	11.947
21	0.073	6.841	0.071	6.802	0.071	6.823	0.080	6.803	3.327	11.067
20	0.151	6.784	0.142	6.736	0.151	6.767	0.142	6.738	3.307	10.933
19	0.220	6.684	0.234	6.669	0.232	6.687	0.212	6.653	3.225	10.398
18	0.320	6.604	0.314	6.586	0.312	6.614	0.311	6.597	3.143	9.878
17	0.391	6.522	0.392	6.492	0.393	6.503	0.394	6.490	3.055	9.331

续表

m	$D_m^{左}$	$D_m^{右}$	$D_m^{左}$	$D_m^{右}$	$D_m^{左}$	$D_m^{右}$	$D_m^{左}$	$D_m^{右}$	r_m	r_m^2
16	0.492	6.432	0.470	6.400	0.480	6.421	0.482	6.402	2.947	8.682
15	0.580	6.340	0.570	6.300	0.582	6.344	0.562	6.314	2.876	8.269
14	0.672	6.240	0.662	6.210	0.680	6.240	0.650	6.222	2.776	7.706
13	0.770	6.142	0.740	6.120	0.772	6.134	0.742	6.124	2.687	7.220
12	0.861	6.052	0.840	6.042	0.860	6.042	0.832	6.034	2.598	6.751
11	0.970	5.952	0.944	5.932	0.950	5.950	0.934	5.926	2.495	6.225
10	1.060	5.850	1.050	5.822	1.050	5.860	1.052	5.822	2.393	5.761
9	1.170	5.742	1.160	5.714	1.160	5.750	1.162	5.714	2.287	5.232
8	1.290	5.622	1.280	5.592	1.280	5.620	1.270	5.592	2.163	4.679
7	1.412	5.502	1.402	5.472	1.410	5.490	1.392	5.470	2.040	4.162
6	1.550	5.362	1.560	5.340	1.550	5.370	1.532	5.354	1.904	3.626
5	1.680	5.220	1.670	5.212	1.682	5.222	1.672	5.204	1.76	3.130
4	1.852	5.070	1.820	5.050	1.840	5.060	1.832	5.064	1.612	2.599
3	3.020	4.900	2.000	4.892	1.980	4.912	1.982	4.884	1.451	2.105

$$\delta_{\overline{r_{18}}} = \sqrt{\frac{\sum_{i=1}^{N}(r_{18i}-\overline{r}_{18i})^2}{4\times(4-1)}} = 0.00308 \text{mm}$$

$$\delta_{\overline{R}} = \frac{2\overline{r}_{18}}{18\lambda}\delta_{\overline{r_{18}}} = 1.8252 \text{mm}$$

$$\overline{R} = \frac{\overline{r}_{18}^2}{18\lambda} = 931.279 \text{mm}$$

由 $m=18$ 级所测得的曲率半径为

$$R = \overline{R} + \delta_{\overline{R}} = (931.3 \pm 1.8) \text{mm}$$

2. 逐差法处理数据

仔细观察牛顿环会发现，牛顿环中心不是一点，而是一个不甚清晰的暗或亮的圆斑，其原因是透镜和平玻璃板接触时，由接触压力引起形变，使接触处为一圆面；另外，镜面上可能有微小灰尘存在，从而引起附加光程差，这都会给测量带来较大的系统误差.

我们可以通过取两个暗环纹半径的平方差来消除附加光程差带来的误差. 假设附加厚度为 α，则光程差为(张雄, 2009；杨述武等, 2000)

$$\Delta = 2(d \pm \alpha) + \frac{\lambda}{2} = (2m+1)\frac{\lambda}{2}$$

即

$$d = m\frac{\lambda}{2} \pm \alpha$$

$$d = \frac{r^2}{R}$$

得

$$r_m^2 = mR\lambda \pm 2R\alpha \tag{6-15-9}$$

取第 m_1、m_2 级暗纹，则对应的暗纹半径为

$$r_{m_1}^2 = m_1 R\lambda \pm 2R\alpha$$

$$r_{m_2}^2 = m_2 R\lambda \pm 2R\alpha$$

两式相减得

$$r_{m_2}^2 - r_{m_1}^2 = (m_2 - m_1)R\lambda$$

即

$$R = \frac{r_{m_2}^2 - r_{m_1}^2}{(m_2 - m_1)\lambda} \tag{6-15-10}$$

这时，R 与附加厚度无关．

由表 6-15-1 中数据，取 $m_{22} - m_{12} = m_{21} - m_{11} = \cdots = m_{13} - m_3 = 10$．曲率半径的平均值为

$$\overline{R} = \frac{\overline{r_{m_2}^2 - r_{m_1}^2}}{(m_2 - m_1)\lambda} = 882.759 \text{mm}$$

$r_{m_2}^2 - r_{m_1}^2$ 平均值的标准偏差

$$S_{\overline{(r_{m_2}^2 - r_{m_1}^2)}} = \sqrt{\frac{\sum_{i=1}^{N}\left[\left(r_{m_{2i}}^2 - r_{m_{1i}}^2\right) - \overline{\left(r_{m_2}^2 - r_{m_1}^2\right)}\right]}{N(N-1)}} = 0.068 \text{mm}^2$$

$$S_{\overline{R}} = \frac{S_{\overline{(r_{m_2}^2 - r_{m_1}^2)}}}{10\lambda} = 11.620 \text{mm}$$

处理结果为

$$R = \overline{R} \pm S_{\overline{R}} = (882.759 \pm 11.620) \text{mm}$$

3. 作图法处理数据

由表 6-15-2 中数据，以 $(m_2 - m_1)$ 为横坐标，$m_1 = 3, m_2 = 4, 5, \cdots, 22$ 对应的

$(r_{m_2}^2 - r_{m_1}^2)$ 为纵坐标，在坐标纸上作 $r_{m_2}^2 - r_{m_1}^2$ 与 $(m_2 - m_1)$ 的关系曲线图(此曲线应为一直线). 可从直线图中取两个点，求出直线的斜率 b.

表 6-15-2　数据处理结果

m_2	m_1	y_m / mm^2	精度 $/\text{mm}^2$	权 $\omega_m / \text{mm}^{-2}$
22	12	20.805	0.484	4.255
21	11	19.376	0.466	4.608
20	10	20.839	0.456	4.808
19	9	20.682	0.441	5.155
18	8	20.600	0.424	5.556
17	7	20.686	0.408	6.024
16	6	20.238	0.388	6.623
15	5	20.569	0.372	7.246
14	4	20.431	0.351	8.130
13	3	20.458	0.331	9.174

由公式

$$r_{m_2}^2 - r_{m_1}^2 = (m_2 - m_1)R\lambda$$

且 x 和 y 的线性关系为($y = r_{m_2}^2 - r_{m_1}^2, x = m_2 - m_1, a = 0, b = R\lambda$)

$$y = a + bx$$

则

$$b = \lambda R$$

$$R = \frac{b}{\lambda}$$

4. 一元线性回归法处理数据

由公式

$$R = \frac{r_{m_2}^2 - r_{m_1}^2}{(m_2 - m_1)\lambda}$$

当 m_1 取一定值时(这里取 $m_1 = 3$)，则 $r_{m_2}^2$ 与 m_2 是线性关系.

设 $y = r_{m_2}^2, a = r_{m_1}^2 - m_1 R\lambda, b = R\lambda, x = m_2$，即

$$r_{m_2}^2 = (r_{m_1}^2 - mR\lambda) + R\lambda m_2 \qquad (6\text{-}15\text{-}11)$$

由最小二乘法原理，要使 a、b 满足(6-15-11)式，并且有最佳值，则需要 $\sum_{i=1}^{n}\varepsilon_i^2 = \sum_{i=1}^{n}(y_i-a-bx_i)^2$ 最小，对 a、b 求微商得(杨述武, 1985)

$$\frac{\partial}{\partial a}\left(\sum_{i=1}^{n}\varepsilon_i^2\right) = -2\sum_{i=1}^{n}(y_i - a - bx_i) = 0$$

$$\frac{\partial}{\partial b}\left(\sum_{i=1}^{n}\varepsilon_i^2\right) = -2\sum_{i=1}^{n}(y_i - a - bx_i) = 0$$

$$\frac{\partial}{\partial a}\left(\sum_{i=1}^{n}\varepsilon_i^2\right) > 0, \quad \frac{\partial}{\partial b}\left(\sum_{i=1}^{n}\varepsilon_i^2\right) > 0$$

整理得

$$\hat{a} = \frac{\sum x_i^2 \sum y_i^2 - \sum x_i \sum x_i y_i}{n\sum x_i^2 - \left(\sum x_i\right)^2}, \quad \hat{b} = \frac{n\sum x_i y_i - \sum x_i \sum y_i}{n\sum x_i^2 - \left(\sum x_i\right)^2}$$

相关系数为

$$\hat{r} = \frac{\sum(x_i - \bar{x})(y_i - \bar{y})}{\left[(x_i - \bar{x})\sum(y_i - \bar{y})^2\right]^{\frac{1}{2}}}$$

$$S_y = \left[\frac{\left[\frac{1-\hat{r}^2}{n-2}\left[\sum y_i^2 - \left(\sum y_i\right)^2\right]\right]}{n}\right]^{\frac{1}{2}}$$

$$S_b = \frac{S_y}{\left[\frac{\sum x_i^2 - \left(\sum x_i\right)^2}{n}\right]^{\frac{1}{2}}}, \quad S_a = S_b\sqrt{\frac{\sum x_i^2}{n}}$$

由计算得到 $\hat{a} = 0.567904$、$\hat{b} = 0.513202$、$S_a = 0.050564$、$S_b = 0.003584$、$\hat{r}^2 = 0.999171$、$S_y = 0.085577$. 回归方程的各项都显著经过了假设检验，相关性非常好.

根据

$$a = r_{m_1}^2 - m_1 R\lambda, \quad m_1 = 3$$

得
$$\overline{R} = \frac{r_{m_1}^2 - a}{m_1 \lambda} = 869.447 \text{mm}$$

$$\frac{S_R}{R} = \frac{S_b}{b} = 0.698\%$$

$$S_R = 6.072 \text{mm}$$

处理结果为
$$R = \overline{R} \pm S_R = (869.477 \pm 6.072) \text{mm}$$

5. 加权平均法处理数据

实验中，牛顿环的直径为 $D_m = D_{Lm} - D_{Rm}$，其中 D_{Lm}、D_{Rm} 分别是第 m 级牛顿环左、右两端位置坐标. 由于它们是由相同的读数显微测得，故测量精度相同，皆为该读数显微镜的精度，即 0.01mm，这样便有(李平, 1991)

$$\Delta[D_{Lm}] = \Delta[D_{Rm}] = 0.01 \text{mm}$$

又从误差传递性来看，牛顿环直径的测量精度为

$$\Delta[D_m] = \Delta[D_{Lm}] + \Delta[D_{Rm}] = 0.02 \text{mm}$$

而牛顿环直径平方 D_m^2 的测量精度却为

$$\Delta\left[D_m^2\right] = 2 \cdot \Delta[D_m] D_m = 0.04 D_m$$

它们不再相同，而是与 D_m 密切相关，对于不同的 D_m 就有不同的测量精度 $\Delta\left[D_m^2\right]$.

同理，m 个相邻牛顿环的直径平方之差 $D_{m_2}^2 - D_{m_1}^2$（$m_1 = 3, 4, \cdots, 12$，$m_2 = 13, 14, \cdots, 22$）的测量精度

$$\Delta\left[D_{m_2}^2 - D_{m_1}^2\right] = 2\Delta[D_{m_2}]D_{m_2} + 2\Delta[D_{m_1}]D_{m_1} = 0.04\left[D_{m_2} + D_{m_1}\right]$$

也是非等精度的与 D_{m_2}、D_{m_1} 有关. 对非等精度的测量，不能再选用算术平均值作为该测量量的最佳值，而必须用该测量量的加权平均值作为最佳值.

令 $y_m = D_{m_2}^2 - D_{m_1}^2$，相应的权为

$$\omega_m = \frac{1}{\left(\Delta \overline{y}_m\right)^2} \tag{6-15-12}$$

计算可得加权平均值为(李晓莉, 2010)

$$\overline{y} = \frac{\sum_{i=1}^{10} \omega_i y_i}{\sum_{i=1}^{10} \omega_i} = 20.470 \text{mm}^2$$

标准偏差为

$$\delta_y = \sqrt{\frac{\sum_{i=1}^{10}(\overline{y}-y_i)^2}{(n-1)\sum_{i=1}^{10}\omega_i}} = 0.054\text{mm}^2$$

从而得曲率半径的平均值为

$$\overline{R} = \frac{y}{4m\lambda} = 868.403\text{mm}$$

相对标准差为

$$\frac{\delta_R}{R} = \frac{\delta_y}{y} = 0.26\%$$

则实验结果的测量精度为

$$\delta_R = 2.291\text{mm}$$

所以实验结果为

$$R = \overline{R} \pm \delta_R = (868 \pm 2)\text{mm}$$

6. 误差分析

(1) 理论误差.

由公式(6-15-2)可知，劈尖干涉光程差 d 不可能太大，若超过白光、钠光相干长度时，就不可能产生干涉条件(胡春魁, 1999).

(2) 测量误差.

在用移测显微镜测量牛顿环直径时，会引入测量误差，可通过多次测量取平均值来减小误差，在本次测量中就对每一个牛顿环左、右直径都做了 4 次测量，在数据处理中都使用平均值计算，有效地减小了测量误差.

(3) 形变误差.

在实验中，牛顿环仪的三个螺丝如果调得松紧不一致，除了会引起上述误差外，还会使干涉条纹产生不对称的现象，这显然会给实验带来误差. 有的同学为了消除这一误差，就把三个螺丝都调得很紧，这样虽然保证了面的对称性，得到了很好的干涉图形，但透镜与平玻璃板挤压而产生形变，使接触处为一个不甚清晰的暗或亮的圆斑.

在常规下进行测量时，一般理论误差和形变误差可以忽略不计，主要考虑的是测量误差，以及镜面上可能有微小灰尘存在，从而引起的附加光程差，这些误差在测量和计算时我们采取有效的方法可以尽量减小.

【参考文献】

胡春魁. 1999. 牛顿环实验的误差分析[J]. 武陵学刊: 自然科学版, (3): 38-40.
李平. 1991. 牛顿环实验的三种数据处理方法[J]. 物理实验, (3): 115-117.
李晓莉. 2010. 牛顿环测透镜曲率半径数据处理方法的分析[J]. 现代电子技术, 33(8): 141-144.
杨述武. 2000. 普通物理实验(三、光学部分)[M]. 3 版. 北京: 高等教育出版社: 113-117.
张雄, 王黎智, 马力, 等. 2001. 物理实验设计与研究[M]. 北京: 科学出版社: 63-66.
张雄. 2009. 分光仪上的综合与设计性物理实验[M]. 北京: 科学出版社: 59-64.

(张皓晶编)

附表 物理常数表

附-1 固体的密度 (单位：g/cm³)

物质	密度	物质	密度	物质	密度
银	10.492	铅锡合金	10.60	软木	0.22～0.26
金	19.3	磷青铜[8]	8.80	电木板(纸层)	1.32～1.40
铝	2.7	不锈钢[9]	7.91	纸	0.7～1.1
铁	7.86	花岗岩	2.6～2.7	石蜡	0.87～0.94
铜	8.933	大理石	1.52～2.86	蜂蜡	0.96
镍	8.85	玛瑙	2.5～2.8	煤	1.2～1.7
钴	8.71	熔融石英	2.2	石板	2.7～2.9
铬	7.14	玻璃(普通)	2.4～2.6	橡胶	0.91～0.96
铅	11.342	玻璃(冕牌)	2.2～2.6	硬橡胶	1.1～1.4
锡(白、四方)	7.29	玻璃(火石)	2.8～4.5	丙烯树脂	1.182
锌	7.12	瓷器	2.0～2.6	尼龙	1.11
黄铜[1]	8.5～8.7	砂	1.4～1.7	聚乙烯	0.90
青铜[2]	8.78	砖	1.2～2.2	聚苯乙烯	1.056
康铜[3]	8.88	混凝土[10]	2.4	聚氯乙烯	1.2～1.6
硬铝[4]	2.79	沥青	1.04～1.40	冰(0℃)	0.917
德银[5]	8.30	松木	0.52		
殷钢[6]	8.0	竹	0.31～0.40		

注：(1) Cu_{70}, Zn_{30}；
(2) Cu_{90}, Sn_{10}；
(3) Cu_{60}, Ni_{40}；
(4) Cu_4, $Mg_{0.5}$, $Mn_{0.5}$ 其余为 Al；
(5) $Cu_{26.2}$, $Zn_{36.6}$, $Ni_{36.8}$；
(6) $Fe_{63.8}$, Ni_{36}, $C_{0.2}$；
(7) $Pb_{87.5}$, $Sn_{12.5}$；
(8) $Cu_{79.7}$, Sn_{10}, $Sb_{9.5}$, $P_{0.8}$；
(9) Cr_{18}, Ni_8, Fe_{74}；
(10) 水泥1，砂2，碎石4.

附-2　液体的密度　　　(单位：g/cm³)

物质	密度	物质	密度	物质	密度
丙酮	0.791°	甲苯	0.8668°	海水	1.01~1.05
乙醇	0.7893°	重水	1.105°	牛乳	1.03~1.04
甲醇	0.7913°	汽油	0.66~0.75		
苯	0.8790°	柴油	0.85~0.90		
三氯甲烷	1.489°	松节油	0.87		
甘油	1.261°	蓖麻油	0.96~0.97		

注：标有"°"记号者为 20℃ 值.

附-3　水的密度　　　(单位：g/cm³)

温度/℃	0°	1°	2°	3°	4°	5°	6°	7°	8°	9°
0+	0.99984	0.99990	0.99994	0.99996	0.99997	0.99996	0.99994	0.99991	0.99988	0.99981
10+	0.99973	0.99963	0.99952	0.99940	0.99927	0.99913	0.99897	0.99880	0.99862	0.99843
20+	0.99823	0.99802	0.99780	0.99757	0.99733	0.99706	0.99681	0.99654	0.99626	0.99597
30+	0.99568	0.99537	0.99505	0.99473	0.99440	0.99406	0.99371	0.99336	0.99299	0.99262
40+	0.9922	0.9919	0.9915	0.9911	0.9907	0.9902	0.9898	0.9894	0.9890	0.9885
50+	0.9881	0.9876	0.9872	0.9867	0.9862	0.9857	0.9853	0.9848	0.9843	0.9838
60+	0.9832	0.9827	0.9822	0.9817	0.9811	0.9806	0.9801	0.9795	0.9789	0.6784
70+	0.9778	0.9772	0.9767	0.9761	0.9755	0.9749	0.9743	0.9737	0.9731	0.9725
80+	0.9718	0.9712	0.9706	0.9699	0.9693	0.9687	0.9680	0.9673	0.9667	0.9660
90+	0.9653	0.9647	0.9640	0.9633	0.9626	0.9619	0.9612	0.9605	0.9593	0.9591
100+	0.9584	0.9577	0.9569							

附-4　水银的密度

温度/℃	密度/(g/cm³)	温度/℃	密度/(g/cm³)
0	13.5951	60	13.4484
10	13.5705	70	13.4241
20	13.5460	80	13.3999
30	13.5216	90	13.3757
40	13.4971	100	13.3517
50	13.4727		

附-5 空气密度 (单位：g/cm³)

压强 mmHg 温度 ℃	720	730	740	750	760	770	780
0	1.225	1.242	1.259	1.276	1.293	1.310	1.327
4	1.207	1.224	1.241	1.258	1.274	1.291	1.308
8	1.190	1.207	1.223	1.240	1.256	1.273	1.289
12	1.173	1.190	1.206	1.222	1.238	1.255	1.271
16	1.157	1.173	1.189	1.205	1.221	1.237	1.253
20	1.141	1.157	1.173	1.189	1.205	1.220	1.236
24	1.126	1.141	1.157	1.173	1.188	1.204	1.220
28	1.111	1.126	1.142	1.157	1.173	1.188	1.203

附-6 气体的密度(1atm 0℃) (单位：g/cm³)

物质	密度	物质	密度
Ar	1.7837	Cl_2	3.214
H_2	0.0899	NH_3	0.7710
He	0.1785	乙炔	1.173
Ne	0.9003	乙烷	1.356(10℃)
N_2	1.2505	甲烷	0.7168
O_2	1.4290	丙烷	2.009
CO_2	1.977		

附-7 各种固体的弹性模量

名称	杨氏模量 $E/(\times 10^{10} \text{N/m}^2)$	切变模量 $N/(\times 10^{10} \text{N/m}^2)$	泊松比 σ	名称	杨氏模量 $E/(\times 10^{10} \text{N/m}^2)$	切变模量 $N/(\times 10^{10} \text{N/m}^2)$	泊松比 σ
金	8.1	2.85	0.42	硬铝	7.14	2.67	0.335
银	8.27	3.03	0.38	磷青铜	12.0	4.36	0.38
铜	16.8	6.4	0.30	不锈钢	19.7	7.57	0.30
铁(软)	12.9	4.8	0.37	黄铜	10.5	3.8	0.374
铁(铸)	21.19	8.16	0.29	康铜	16.2	6.1	0.33
铁(钢)	15.2	6.0	0.27	熔融石英	7.31	3.12	0.170
铂	20.1~21.6	7.8~8.4	0.28~0.30	玻璃(冕牌)	7.1	2.9	0.22
铝	7.03	2.4~2.6	0.355	玻璃(火石)	8.0	3.2	0.27
锌	10.5	4.2	0.25	尼龙	0.35	0.122	0.4
铅	1.6	0.54	0.43	聚乙烯	0.077	0.026	0.46
锡	5.0	1.84	0.34	聚苯乙烯	0.36	0.133	0.35
镍	21.4	8.0	0.336	橡胶(弹性)	$(1.5\sim5)\times10^{-4}$	$(1.5\sim5)\times10^{-5}$	0.46~0.49

附-8 固体的摩擦系数

I	II	静摩擦系数		动摩擦系数	
		干燥	涂油	干燥	涂油
钢铁	钢铁	0.7	0.005~0.1	0.5	0.03~0.1
钢铁	铸铁	—	0.18	0.23	0.13
钢铁	铅	0.95	0.5	0.95	0.3
镍	钢铁	—	—	0.64	0.18
铝	钢铁	0.61	—	0.47	—
铜	钢铁	0.53	—	0.36	0.18
黄铜	钢铁	0.51	0.11	0.44	—
黄铜	铸铁	—	—	0.30	—
铜	铸铁	1.05	—	0.29	—
铸铁	铸铁	1.10	0.2	0.15	0.070
铝	铝	1.05	0.30	1.4	—
玻璃	玻璃	0.94	0.35	0.4	0.09
钢	玻璃	0.68	—	0.53	—
聚四氟乙烯	聚四氟乙烯	0.04	—	0.04	—
聚四氟乙烯	钢铁	0.04	—	0.04	—

注：物体 I 在物体 II 上静止或运动的情况.

附-9 液体的黏滞系数 (单位：$\times 10^{-3}$P)

物质 温度/℃	水	水银	乙醇	氯苯	苯	四氯化碳
0	17.94	16.85	18.43	10.56	9.12	13.5
10	13.10	16.15	15.25	9.15	7.58	11.3
20	10.09	15.54	12.0	8.02	6.52	9.7
30	8.00	14.99	9.91	7.09	5.64	8.4
40	6.54	14.50	8.29	6.35	5.03	7.4
50	5.49	14.07	7.06	5.74	4.42	6.5
60	4.70	13.67	5.91	5.20	3.91	5.9
70	4.07	13.31	5.03	4.76	3.54	5.2
80	3.57	12.98	4.35	4.38	3.23	4.7
90	3.17	12.68	3.76	3.97	2.86	4.3
100	2.84	12.40	3.25	3.67	2.61	3.9

附-10 物质的黏滞系数(1atm, 20℃)

物质	黏滞系数/($\times 10^{-6}$P)	物质	黏滞系数/($\times 10^{-6}$P)
Ar	222.86	Cl_2	133.0
H_2	88.77	NH_3	97.4
He	196.14	空气	181.92
Ne	313.8	乙炔	93.5(0℃)
N_2	175.69	乙烷	91.0
O_2	203.31	甲烷	109.8
CO_2	146.63	丙烷	80.0

注:1atm=1.01325×10^5Pa.

附-11 液体的表面张力

物质	接触气体	温度/℃	表面张力系数/(dyn/cm)
水	空气	10	74.22
	空气	30	71.18
	空气	50	67.91
	空气	70	64.4
	空气	100	58.9
水银	空气	15	487
乙醇	空气	20	22.3
甲醇	空气	20	22.6
乙醚	蒸汽	20	16.5
甘油	空气	20	63.4

注:1dyn=10^{-5}N.

附-12 固体中的声速(沿棒传播的纵波) (单位:m/s)

固体	声速	固体	声速
铝	5000	锡	2730
黄铜(Cu_{70}, Zn_{30})	3480	钨	4320
铜	3750	锌	3850
硬铝	5150	银	2680
金	2030	硼硅酸玻璃	5170
电解铁	5120	重硅钾铅玻璃	3720
铅	1210	轻氯铜银冕玻璃	4540
镁	4940	丙烯树脂	1840
莫涅尔合金	4400	尼龙	1800
镍	4900	聚乙烯	920
铂	2800	聚苯乙烯	2240
不锈钢	5000	熔融石英	5760

附-13 液体中的声速 20℃ （单位：m/s）

液体	声速	液体	声速
CCl_4	935	$C_3H_8O_3$(100℃)	1923
C_6H_6	1324	CH_3OH	1121
$CHBr_3$	928	C_2H_5OH	1168
$C_6H_6CH_3$	1327.5	CS_2	1158.0
CH_3COCH_3	1190	H_2O	1482.9
$CHCl_3$	1002.5	Hg	1451.0
C_6H_5Cl	1284.5	NaCl4.8%水溶液	1542

附-14 气体中的声速(标准状态下) （单位：m/s）

气体	声速	气体	声速
空气	331.45	H_2O(水蒸气)(100℃)	404.8
Ar	319	He	970
CH_4	432	N_2	337
C_2H_4	314	NH_3	415
CO	337.1	NO	325
CO_2	258.0	N_2O	261.8
CS_2	189	Ne	435
Cl_2	205.3	O_2	317.2
H_2	1269.5		

附-15 水的饱和蒸气压与温度的关系

(压强单位：100℃以上为 atm，100℃以下为 mmHg)

温度/℃	0.0	1.0	2.0	3.0	4.0	5.0	6.0	7.0	8.0	9.0
−20.0	0.7790	0.7076	0.6422	0.5824	0.5277	0.4778	0.4323	0.3907	0.3529	0.3184
−10.0	1.956	1.790	1.636	1.495	1.365	1.246	1.1358	1.0348	0.9421	0.8570
−0.0	4.581	4.220	3.884	3.573	3.285	3.018	2.771	2.542	2.331	2.136
0.0+	4.581	4.925	5.292	5.683	6.099	6.542	7.012	7.513	8.045	8.609
10.0+	9.209	9.844	10.518	11.231	11.988	12.788	13.635	14.531	15.478	16.478
20.0+	17.535	18.651	19.828	21.070	22.379	23.759	25.212	26.742	28.352	30.046
30.0+	31.827	33.700	35.668	37.735	39.904	42.181	44.570	47.075	49.701	52.453
40.0+	55.335	58.354	61.513	64.819	68.277	71.892	75.671	79.619	83.744	88.050
50.0+	92.545	97.236	102.129	107.232	112.551	118.09	123.87	129.88	136.14	142.66
60.0+	149.44	156.50	163.83	171.46	179.38	187.62	196.17	205.05	214.27	223.84
70.0+	233.76	244.06	254.74	265.81	277.29	289.17	301.49	314.24	327.45	341.12

续表

温度/℃	0.0	1.0	2.0	3.0	4.0	5.0	6.0	7.0	8.0	9.0
80.0+	355.26	369.89	385.03	400.68	416.87	433.59	450.88	468.73	487.18	506.22
90.0+	525.88	546.18	567.12	588.73	611.02	634.01	657.71	682.14	707.32	733.27
100.0+	1.000	1.036	1.074	1.112	1.151	1.192	1.234	1.277	1.3214	1.3670
110.0+	1.4138	1.4620	1.5116	1.5624	1.6147	1.6684	1.7236	1.7803	1.8384	1.8980
120.0+	1.9593	2.0222	2.0867	2.1529	2.2208	2.2904	2.3618	2.4350	2.5101	2.5870
130.0+	2.6653	2.7466	2.9139	2.9139	3.0007	3.0896	3.1805	3.2736	3.3689	3.4664

附-16　水的沸点与压强的关系

p/mmHg	0.0	1.0	2.0	3.0	4.0	5.0	6.0	7.0	8.0	9.0
700.0+	97.714	97.753	97.792	97.832	97.871	97.910	97.949	97.989	98.028	98.067
710.0+	98.106	98.145	98.184	98.223	98.261	98.300	98.339	98.378	98.416	98.455
720.0+	98.493	98.532	98.570	98.609	98.647	98.686	98.724	98.762	98.800	98.838
730.0+	98.877	98.915	98.953	98.991	99.029	99.067	99.104	99.142	99.180	99.218
740.0+	99.255	99.293	99.331	99.368	99.406	99.443	99.481	99.518	99.555	99.592
750.0+	99.630	99.667	99.704	99.741	99.778	99.815	99.852	99.889	99.926	99.963
760.0+	100.000	100.037	100.074	100.110	100.147	100.184	100.220	100.257	100.293	100.330
770.0+	100.366	100.403	100.439	100.475	100.511	100.548	100.584	100.620	100.656	100.692
780.0+	100.728	100.764	100.800	100.836	100.872	100.908	100.944	100.979	101.015	101.051
790.0+	101.087	101.122	101.158	101.193	101.229	101.264	101.300	101.335	101.370	101.406

注：压强 p 单位用 mmHg，温度单位用℃，则水的沸点(t)与压强(p)的近似关系为
$t=100.00+0.0367(p-760)-0.000023(p-760)^2$.

附-17　1atm 下一些元素的熔点和沸点

元素	熔点/℃	沸点/℃	元素	熔点/℃	沸点/℃
铜	1084.5	2580	金	1064.43	2710
铁	1535	2754	银	961.93	2184
镍	1455	2731	锡	231.97	2270
铬	1890	2212	铅	327.5	1750
铝	660.4	2486	汞	−38.86	356.72
锌	419.58	903	金	1064.43	2710

附-18 固体的线胀系数(latm)

物质	温度/℃	线胀系数/($\times 10^{-6}$℃$^{-1}$)	物质	温度/℃	线胀系数/($\times 10^{-6}$℃$^{-1}$)
金	20	14.2	碳素钢	—	约11
银	20	19.0	不锈钢	20~100	16.0
铜	20	16.7	镍铬合金	100	13.0
铁	20	11.8	石英玻璃	20~100	0.4
锡	20	21	玻璃	0~300	8~10
铅	20	28.7	陶瓷	—	3~6
铝	20	23.0	大理石	25~100	5~16
镍	20	12.8	花岗岩	20	8.3
黄铜	20	18~19	混凝土	−30~21	6.8~12.7
殷钢	−250~100	−1.5~2.0	木材(平行纤维)	—	3~5
锰铜	20~100	18.1	木材(垂直纤维)	—	35~60
磷青铜	—	71	电木板	—	21~33
镍钢(Ni$_{10}$)	—	13	橡胶	16.7~25.8	77
镍钢(Ni$_{43}$)	—	7.9	硬橡胶	—	50~80
石蜡	16~38	130.3	冰	−50	45.6
聚乙烯	—	180	冰	−100	33.9
冰	0	52.7	—	—	—

附-19 液体的体胀系数(latm)

物质	温度/℃	体胀系数/($\times 10^{-3}$℃$^{-1}$)	物质	温度/℃	体胀系数/($\times 10^{-3}$℃$^{-1}$)
丙酮	20	1.43	水	20	0.207
乙醚	20	1.66	水银	20	0.182
甲醇	20	1.19	甘油	20	0.505
乙醇	20	1.08	苯	20	1.23

附-20 物质的比热容

元素	温度/℃	比热 /(cal/(g·℃))	比热 /(×10²J/(kg·℃))	元素	温度/℃	比热 /(cal/(g·℃))	比热 /(×10²J/(kg·℃))
Al	25	0.216	9.04	水	25	0.9970	41.73
Ag	25	0.0565	2.37	乙醇	25	0.5779	24.19
Au	25	0.0306	1.28	石英玻璃	20～100	0.188	7.87
C(石墨)	25	0.169	7.07	黄铜	0	0.0883	3.70
Cu	25	0.09197	3.850	康铜	18	0.0977	4.09
Fe	25	0.107	4.48	石棉	0～100	0.19	7.95
Ni	25	0.1049	4.39	玻璃	20	0.14～0.22	5.9～9.2
Pb	25	0.0305	1.28	云母	20	0.10	4.2
Pt	25	0.03255	1.363	橡胶	15～100	0.27～0.48	11.3～20
Si	25	0.1702	7.125	石蜡	0～20	0.694	29.1
Sn(白)	25	0.0531	2.22	木材	20	约0.30	约12.5
Zn	25	0.0929	3.89	陶瓷	20～200	0.17～0.21	7.1～8.8

附-21 气体导热系数(1atm)

物质	温度/K	导热系数 /(×10⁻²J/(m·s·K))	物质	温度/K	导热系数 /(×10⁻²J/(m·s·K))
CH_4	300	3.43	Hg	476	0.77
C_6H_6	300	1.04	N_2	300	2.598
C_2H_5OH	373	2.09	O_2	300	2.674
H_2	300	18.15	空气	300	2.61
H_2O	380	2.45	空气	1000	6.72

附-22 液体的导热系数

物质	温度/K	导热系数 /(×10⁻¹J/(m·s·℃))	物质	温度/K	导热系数 /(×10⁻¹J/(m·s·℃))
C_6H_6	300	1.44	甘油	293	2.83
C_2H_5OH	293	1.68	石油	293	1.50
H_2O	273	5.62	硅油(分子量)162	333	0.993
H_2O	293	5.97	硅油(分子量)1200	333	1.32
H_2O	360	6.74	硅油(分子量)15800	333	1.60
Hg	273	84			

附-23　固体的导热系数

物质	温度/K	导热系数 /($\times 10^{-1}$ J/(m·s·℃))	物质	温度/K	导热系数 /($\times 10^{-1}$ J/(m·s·℃))
Ag	273	4.28	锰铜	273	0.22
Al	273	2.35	康铜	273	0.22
Au	273	3.18	不锈钢	273	0.14
C(金刚石)	273	6.60	镍铬合金	273	0.11
C(石墨)(⊥c)	273	2.50	硼硅酸玻璃	300	0.011
Ca	273	0.98	软木	300	0.00042
Cu	273	4.01	耐火砖	500	0.0021
Fe	273	0.835	混凝土	273	0.0084
Ni	273	0.91	玻璃布	300	0.00034
Pb	273	0.35	云母(黑)	373	0.0054
Pt	273	0.73	花岗岩	300	0.016
Si	273	1.70	赛璐珞	303	0.0002
Sn	273	0.67	橡胶(天然)	298	0.0015
水晶(//c)	273	0.12	杉木	293	0.00113
水晶(⊥c)	273	0.068	棉布	313	0.0008
石英玻璃	273	0.014	呢绒	303	0.00043
黄铜	273	1.20			

注：⊥c 为垂直于晶轴，//c 为平行于晶轴。

附-24　国际实用温标(IPTS)—T_{68} 的 27 个固定点及其温度值

第一类固定点 11 个

	T_{68}/K	T_{68}/℃
稳态氢的三相点	13.81	−259.34
稳态氢的平衡点	17.042	256.108
稳态氢的沸点	20.28	−252.87
氖的沸点	27.102	−246.048
氧的三相点	54.361	−218.789
氧的沸点	90.188	−182.962
水的三相点	273.16	0.01
水的沸点	373.15	100
锌的凝固点	692.73	419.58
银的凝固点	1235.08	961.93
金的凝固点	1337.58	1064.4

注：可用锡的凝固点(T_{68}=231.9681℃)代替。

第二类固定点 16 个

	T_{68}/K	T_{68}/℃
正常氢的沸点	20.397	−252.753
氖的沸点	77.348	−195.802
二氧化碳的升华点	194.674	−78.476
汞的凝固点	234.318	−38.832
水的凝固点	273.15	0.00
苯甲酸的三相点	395.52	122.37
铟的凝固点	429.784	156.634
铋的凝固点	544.592	271.442
镉的凝固点	594.258	321.108
铅的凝固点	600.652	327.502
锑的凝固点	903.89	630.74[1]
铝的凝固点	933.52	660.37
铜的凝固点	1357.95	1084.8[2]
镍的凝固点	1728.15	1455
钯的凝固点	1827.15	1554
铂的凝固点	2041.15	1768

注：1. 1975 年推荐值为 630.755℃；
2. 1975 年推荐值为 1084.88℃.

附-25 可见区定标用已知波长
汞(Hg)的发射光谱

波长/nm	相对强度 电弧	相对强度 火花	波长/nm	相对强度 电弧	相对强度 火花	波长/nm	相对强度 电弧	相对强度 火花
404.66	200	300	546.07	—	[2000]	607.26	—	[10]
407.78	150	150	567.59	—	[80]	612.33	—	[15]
433.92	150	20	576.96	600	200	623.44	—	[15]
434.75	200	50	579.07	—	[1000]	671.62	—	[80]
435.83	3000	500	580.38	—	[70]	690.72	—	[125]
491.61	—	[50]	585.93	—	[30]	708.19	—	[125]
535.41	—	[30]	589.02	—	[40]	709.19	—	[100]

镉(Cd)的发射光谱

波长/nm	相对强度 电弧	相对强度 火花	波长/nm	相对强度 电弧	相对强度 火花	波长/nm	相对强度 电弧	相对强度 火花
441.56	—	200	508.58	1000	500	609.91	300	—
467.82	200	200	537.80	5	50	632.52	100	—
479.99	300	300	603.14	30	—	643.85	2000	1000

附-26　一些常用元素谱线波长(较强线)

(1) 氢(H)(全 54 条)

波长/nm	强度 放电管	波长/nm	强度 放电管	波长/nm	强度 放电管	波长/nm	强度 放电管
369.72	3	373.40	8	383.54	40	434.05	200
370.39	4	375.02	10	388.91	60	486.13	500
371.21	5	377.06	15	397.01	80	656.27	1000
372.20	6	379.79	20	410.17	100	656.29	2000

(2) 氦(He)(全 129 条)

波长/nm	强度 放电管	波长/nm	强度 放电管	波长/nm	强度 放电管	波长/nm	强度 放电管
294.51	100	492.19	50	1002.77	40	1700.24	900
318.77	200	501.57	100	1031.12	40	1868.60	1500
320.31	100	541.16	50	1066.77	30	1908.94	250
388.87	1000	587.56	1000	1082.91	500	1954.31	30
396.47	50	587.60	3000	1083.025	1500	2058.13	5000
402.62	70	656.01	100	1083.034	2000	2112.00	120
412.08	25	667.82	100	1091.29	600	2112.13	120
438.79	30	706.52	70	1091.70	50		
447.15	400	706.57	1000	1104.50	40		
447.17	50	728.14	30	1196.91	90		
468.58	300	946.36	60	1252.75	40		
471.32	40	951.66	30	1508.37	30		

(3) 钠(Na)的可见光谱(全 175 条)

波长/nm	强度 放电管	波长/nm	强度 放电管	波长/nm	强度 放电管	波长/nm	强度 放电管
412.31	10	449.77	70	497.86	15	568.27	80
419.83	10	454.17	10	498.29	200	568.82	300
439.01	15	454.52	15	514.88	400	568.86	10
439.35	20	466.49	80	515.34	600	588.995	9000R
441.99	15	466.86	200	553.20	15	589.592	5000R
442.33	20	474.80	15	566.98	100	615.42	500
449.43	60	475.19	20	567.57	150	616.06	500

(4) 氖(Ne)的可见强度(全 1040 条)

波长/nm	强度 放电管	波长/nm	强度 放电管	波长/nm	强度 放电管	波长/nm	强度 放电管
421.98	100	470.25	150	520.39	150	603.00	1000
429.04	100	470.44	1500	529.82	150	607.43	1000
437.95	100	470.89	1200	533.08	600	609.62	300
439.19	150	471.21	1000	534.11	1000	612.85	100
439.79	100	471.53	1500	534.33	600	614.31	1000
440.93	150	474.96	300	534.92	150	615.03	100
442.25	300	475.27	1000	535.54	150	616.36	1000
442.48	300	475.44	100	536.00	150	618.22	150
442.54	150	475.87	150	540.06	2000	621.39	150
442.85	100	478.89	300	541.27	250	621.73	1000
446.02	100	481.01	150	541.86	150	624.67	100
447.57	100	481.76	300	543.37	250	626.65	1000
448.32	150	482.19	300	544.85	150	630.48	700
448.81	300	482.73	1000	556.28	500	631.37	150
453.63	150	483.73	500	565.67	500	632.82	300
453.77	300	485.27	100	568.98	150	633.09	150
453.78	1000	486.31	100	571.92	500	633.44	1000
453.81	300	488.49	1000	574.83	500	635.19	100
457.51	300	489.21	500	576.44	700	636.50	100
458.20	150	495.50	150	580.44	500	838.30	1000
461.00	150	495.70	1000	581.14	300	640.22	2000
461.44	100	499.49	150	582.01	500	644.47	150

续表

波长/nm	强度 放电管	波长/nm	强度 放电管	波长/nm	强度 放电管	波长/nm	强度 放电管
462.83	150	500.52	500	585.25	2000	650.65	1000
464.54	300	503.14	250	588.19	1000	659.90	1000
465.64	300	503.78	500	591.36	250	665.21	150
466.11	150	508.04	150	591.89	250	667.83	500
466.74	100	511.65	150	594.48	500	692.95	1000
467.82	300	512.23	150	596.55	500	702.41	500
467.90	150	514.50	500	597.46	500	703.24	1000
468.04	100	518.86	150	597.55	600	717.39	1000
468.77	100	519.32	150	598.79	150	724.52	1000

附-27 几种常用元素的灵敏线

元素	波长/nm	强度 电弧	强度 火花	元素	波长/nm	强度 电弧	强度 火花	元素	波长/nm	强度 电弧	强度 火花
氢	656.28	[3000]		钠	589.59	5000R	500R	锂	670.78	3000R	200
	486.13	[500]			589.00	9000R	1000R		610.36	2000R	300
氦	587.56	[1000]			568.82	300	—		460.29	800	—
	468.58	[300]			568.27	80	—		323.26	1000R	500
	388.87	[1000]		汞	330.30	300R	150R	碳	426.73	—	500
氖	640.22	[2000]			330.23	600R	300R		426.70	—	350
	585.25	[2000]			546.07	—	[2000]		283.76	—	40
	540.06	[2000]			435.84	3000	500		283.67	—	200
氩	811.53	[5000]			404.66	200	300		247.86	400	[400]
	750.39	[700]			366.33	500	400		229.69		200
	706.72	[400]			365.48	—	[200]	氯	481.95		[200]
	696.54	[400]			365.01	200	500		481.01		[200]
氮	587.09	[3000]			253.65	2000R	1000R		479.45		[250]
	557.03	[2000]		钾	769.90	5000R	200	氧	777.54		[100]
氙	467.12	[2000]			766.49	9000R	400		777.41		[300]
	462.43	[1000]			404.72	400	200		777.19		[1000]
	450.10	[500]			404.41	800	400				

注：

1. 元素光谱线的强度随着激发电源及其参数的变化而发生较大的改变。另外，谱线强度接收器(如感光板、光电管等)的灵敏度也随不同的光谱区域变化很大。本表所列强度值仅是一种定性的估计。

2. 电弧行中的强度条件：直流电弧、220V、空气中激发、串有镇流电阻和电感、电流强度约为10A。

3. 火花行中的强度是指20000V，极距为5mm的电容火花所激发。

4. []号中的强度是指用放电管(如盖斯勒管)或空心阴极管激发的。

5. 相对强度是选择了各个元素自己的强度正比例尺做的。把最强的谱线定为9000个强度单位，把能够观察到的最弱谱线定为1个强度单位，中间强度的谱线根据谱线的强弱，分别由25个不同的强度数值确定。

6. 表中的"—"号表示缺乏其他数据，或其强度甚小。

7. "R"号表示宽自反线。

附-28　几种常用激光器的主要波长

名称	波长/nm	名称	波长/nm	名称	波长
氦氖激光	632.82	氩离子激光	528.7	钕激光	475.94
氦镉激光	441.6		514.53		454.5
	325.0		501.72		437.07
二氧化碳激光	10.6×10^3		496.51		1.35×10^3
红宝石激光	694.3		487.99		1.336×10^3
	693.4		476.49		1.317×10^3
	510.0		492.69		1.06×10^3
	360.0		465.79		0.914×10^3

附-29　常用物质的折射率(λ_D=589.3nm)

(1) 气体

名称	n	名称	n	名称	n	名称	n
空气	1.000292	氨气	1.000379	氯气	1.000768	硫化氢	1.000641
氢气	1.000132	氦气	1.000035	一氧化碳	1.000334	乙烯	1.000719
氧气	1.000271	氖气	1.000067	二氧化碳	1.000451	水蒸气	1.000255
氮气	1.000298	氩气	1.000281	二氧化硫	1.000686	甲烷	1.000444

(2) 液体(t=20℃)

名称	n	名称	n	名称	n	名称	n
水	1.3330	戊醇 13℃	1.414	乙基苯	1.4959	四氯化碳 15℃	1.46305
甲醇	1.3288	甲酸	1.37137	丙酮	1.3591	二硫化碳 18℃	1.62950
乙醇(18℃)	1.36242	甲苯	1.49693	苯	1.50112	醋酸乙酯 18℃	1.37216
正丙醇	1.38543	乙醛	1.3316	甘油	1.4730	氯苯	1.52479
丁醇	1.39931	乙醚	1.3538	硝基苯	1.55291	三氯甲烷 18℃	1.44643
加拿大胶	1.530	蓖麻油	1.482	松节油	1.4721	橄榄油	1.4763
二碘甲烷	1.74	A-溴带萘	1.6582				

(3) 不同温度下蒸馏水的折射率

温度/℃	14	16	18	20	22	24	26	28	30
n	1.33348	1.33333	1.33317	1.33297	1.33281	1.33262	1.33241	1.33218	1.33192